专业园艺师的不败指南

TAO
XINPINZHONG
XINJISHU

桃

新品种新技术

郑精杰 ◎编著

中国农业出版社

北 京

U0644529

CONTENTS 目录

第一章

桃的种类及新优品种

第一节　种类和品种群

桃是世界上栽培最为广泛的温带果树之一，原产中国，人工栽培历史悠久。从有文字记载看，公元前 10 世纪就已有人工栽培，至今有 4 000 多年的栽培历史。目前，山西、甘肃、云南、西藏南部等都有野生桃分布。桃的一些近缘种如新疆桃、甘肃桃、山桃也存在很多野生群落。

一、主要种类

桃属于蔷薇科（Rosaceae）、李亚科（Prunoideae）、李属（*Prunus*）、桃亚属（*Amygdalus*）。在我国分布有 6 个种，即桃（*Prunus persica* L. Batsch）、山桃（*Prunus davidiana*）、光核桃（*Prunus mira* Koehne）、新疆桃（*Prunus ferganensis* Kost. et Kieb.）、甘肃桃（*Prunus kansuensis* Rehd.）和陕甘山桃（*Prunus potaninii*）。

1. 桃　又称为普通桃、毛桃。属于世界性重要的温带桃树，原产中国。栽培历史悠久，分布广泛，栽培品种也很多。

落叶中小乔木，一般高 3～5 m，树冠宽广或半开张，树皮暗红褐色，老树皮粗糙呈鳞片状。嫩枝绿色，阳面呈紫红色，光滑。顶芽为单生叶芽。每节有 3 个叶芽，其中两个多为隐芽。花芽 0～6 个，多为 1～2 个。复芽多为两侧花芽中间叶芽。叶互生，叶基数 5，叶片长椭圆披针形或卵圆披针形，先端渐尖或急尖，基部楔形或广楔形或尖形。叶缘具细钝锯齿。花具短梗，蔷薇形或铃形；多数为粉红色，少白色或红色；多单瓣少重瓣；萼筒钟形，外被短柔毛；花柱与雄蕊等长、稍长或稍短。桃实形状多近圆形，少扁圆形；直径大多 5～7 cm，密被短茸毛，或光滑无毛。桃柄短，深入桃洼。桃肉白色、黄色，少红色；肉质有溶质、不溶质、硬脆之分，汁多、有香气，味甜或酸甜；粘核或离核，核面布有点纹和沟纹。该种有如下几个变种。

（1）油桃（*Prunus persica* var. *nectarina*）。桃实表面光滑无毛，稍小于普通桃。经济栽培品种多。

（2）蟠桃（*Prunus persica* var. *nectariana*）。桃实扁平，桃顶处平或凹陷，多数品种桃顶开裂。核小，纵径短。

（3）寿星桃（*Prunus persica* var. *densa*）。常作观赏用。植株矮小，约为普通桃的 1/3。节间极短，节不明显。叶片大，狭长。桃实较小，成熟时桃肉绵软。

（4）碧桃（*Prunus persica* var. *duplex*）。花重瓣，花色变化大。有垂枝类型。常具 2 个或 2 个以上子房。作观赏用。植株高大，直立性强，节间长。花芽多为单花序。多数花粉不稔，结实很少，多为畸形桃，桃肉味苦涩。核较长，腹缝线一侧弧度小，侧观较偏，呈半月形。

2. 新疆桃 又名大宛桃。桃的近缘种，与桃相似。可和桃杂交，后代可育。主要在新疆喀什地区栽培。

新疆桃为乔木，树皮暗红褐色，粗糙，多数突出皮孔。嫩枝光滑绿色，向阳面略显红色。冬芽密被短柔毛。叶长椭圆披针形，叶缘具细锯齿，叶面暗绿色。与普通桃的区别是侧脉直伸叶缘，不形成网状，脉网不很明显。蜜腺绿色，多为 2～3 个。花单生，淡粉红色，花瓣近圆形。桃实近球形，纵径略小，偶有扁平形，外被短柔毛，极少无毛，绿白色和黄色，有时具浅红晕。桃肉有绿白色和黄金色两种，风味酸甜，有香气。离核，核近圆形或广椭圆形，核面具平行、大而深沟纹，无点纹。种仁味苦涩，也有甜仁类型。该种有许多优良栽培类型，在新疆作地方品种栽培，桃实不耐运输。

3. 甘肃桃 桃的近缘种，髓周围有红色和白色两种类型。可以和桃杂交，后代可育。也可作桃的砧木。原产陕西、甘肃，主要分布在北纬 32°40′～36°50′，垂直分布在海拔 600～2 000 m 地带，常见于向阳的山坡下部、林区边缘、河谷侧畔，多为散生。

甘肃桃为落叶小乔木，树干粗糙，灰褐色，新梢绿色，向阳面紫红色。冬芽小，无毛。叶片卵圆披针形，叶缘具细锯齿，叶尖急尖，基部尖形或楔形，叶面深绿色。花白色或淡粉色，萼筒紫红色，外被柔毛，花柱长于雄蕊。桃实圆形，直径 2～3.5 cm，有毛，缝合线明显，淡黄色。风味酸甜，可食，晚熟后汁多。离核，核面有倾斜沟纹，无点纹。桃实有大小之分，种仁有甜苦之分。

4. 山桃 桃的近缘种。野生于我国华北、西北等地带。花有粉色和白色两种，多为粉色。可和桃杂交。后代可育。北方作桃的砧木。桃实球形，桃肉不能食用。离核。植株较桃抗旱、抗寒、耐盐碱。花期早。

野生山桃多为丛状，有干性但不强，树冠开张，树皮暗紫色，光滑，有光泽，老时褐色。叶片卵圆披针形，边缘具细锯齿，两面无毛。有蜜腺。花单生，淡粉红色或白色，直径 2～3 cm。桃实圆球形，直径 3 cm 左右，桃肉淡黄色，薄而苦，不可食。离核，核近球形，顶端和基部圆钝，核面有孔纹或短沟纹。开花早，耐寒、耐盐碱、不耐涝。

5. 光核桃（西藏桃） 桃的近缘种。原产我国四川及西藏等地，多生长在海拔 1 700～4 200 m 处。桃实近球形，小。核表面光滑无纹，叶片小，狭长。

光核桃树体高大，百余年生树高 10～20 m，干周 2～6 m。枝条细长，嫩枝绿色，阳面红色，老时褐灰色，叶片椭圆披针形或卵圆披针形或长披针形，长 12～20 cm，宽 3～4 cm，叶尖渐尖或急尖，叶基楔形或广楔形，叶缘钝锯齿状，叶面绿色，平展，主脉微具茸毛，叶柄长 0.7～1.6 cm。蜜腺肾形或圆形，1～4 个。花单生或 2 朵，直径 2.5～3.0 cm，花柄长 0.4～1.0 cm；萼筒内壁绿黄色；花瓣倒卵形或卵圆形，白色，少数淡红色。桃实椭圆、圆或扁圆形。浅沟型桃实小，2～25 g，深沟型桃实略大，52～81 g，大桃可达 90 g，桃皮密被茸毛，阳面具紫红色晕，缝合线浅，对称或不对称，桃顶圆平，凹入或圆凸；桃肉多为白色，也有淡黄色，多溶质，风味酸。粘核或离核，核卵圆形或椭圆形，扁平，光滑。种子萌发时，幼苗子叶出土。

6. 陕甘山桃 山桃的变种。主要产于陕西、甘肃、山西。生于山坡灌丛或疏林下，海拔 900～2 000 m。本变种为西北地区核桃类桃树重要砧木，其他经济用途同山桃。

陕甘山桃为乔木，高 3～8 m，树冠宽广而平展，树皮暗红褐色，老时粗糙呈鳞片状，小枝细长，无毛，有光泽，绿色，向阳处转变成红色，具大量小皮孔，冬芽圆锥形，顶端钝，外被短柔毛，常 2～3 个簇生，中间为叶芽，两侧为花芽。叶片长圆披针形、椭圆披针形或倒卵状披针形，长 7～15 cm，宽 2～3.5 cm，先端渐尖，基部宽楔形，上面无毛，下面在脉腋间具少数短柔毛或无毛，叶边具细锯齿或粗锯齿，齿端具腺体或无腺体，叶柄粗壮，长 1～2 cm，常具 1 至数枚腺体，有时无腺体。花单生，先于叶开放，直径 2.5～3.5 cm；花梗极短或几无梗；萼筒钟形，被短柔毛，稀几无毛，绿色而具红色斑点；萼片卵形至长圆形，顶端圆钝，外被短柔毛；花瓣长圆状椭圆形至宽倒卵形，粉红色，罕为白色；雄蕊 20～30 个，花药绯红色，花柱与雄蕊等长或稍短，子房被短柔毛。桃实为卵形、宽椭圆形或扁圆形，直径 5～7 cm，长与宽相等，色泽变化由淡绿白色至橙黄色，常在向阳面具红晕，外面密被短柔毛，稀无毛，腹缝明显，桃梗短而深入桃洼；桃肉白色、浅绿白色、黄色、橙黄色或红色，多汁有香味，甜或酸甜；核大，离核或粘核，椭圆形或近圆形，两侧扁平，顶端渐尖，表面具纵、横沟纹和孔穴；种仁味苦，稀味甜。花期 3～4 月，桃实成熟期因品种而异，通常为 8～9 月。变种叶片基部圆形至宽楔形，边缘锯齿较细钝，桃实及核均为椭圆形或长圆形。而原变种叶片基部常为楔形，边缘锯齿较尖锐，桃实及核近球形。

二、品种群

桃的品种很多，世界上大约有 3 000 种，我国有 1 000 种左右。

栽培上根据对气候的适应性、形态特征和生长发育习性等，将桃品种划分为以下五个品种群。

（一）北方品种群

主要分布在黄河流域，以山东、河北、山西、河南、甘肃、湖北、新疆一带栽培较多。主要特点是树型直立或半直立，分枝角度小；发枝力稍弱，以中、短枝结桃为主，结桃较晚；冬芽瘦长、单芽多，花芽抗寒力差，易受冻，桃实大，桃顶部有突尖，缝合线深，桃肉多为不溶质，又称"硬肉群"，适合鲜食和加工。

依据桃品种的进化程度，本品种群又可分为面桃系和蜜桃系两大系。面桃系的品种比较古老，桃顶有明显突起，硬熟时桃肉脆，成熟后桃肉发绵，水分少，品质下降，多为离核，对不良环境和病害的抗性较强，其代表品种有北京的五月鲜、六月鲜等。蜜桃系品质较好，桃实较大，有桃尖，硬熟时肉质致密，成熟后多汁，桃肉大多白色，粘核，成熟期较晚，较耐运输，其代表品种有天津水蜜桃、山东肥城佛桃、河北深州蜜桃等。

在西北桃生态区，以陕西和甘肃为桃的原生中心，由于长期沿用实生繁殖，产生了大量的天然杂种，形成有毛、无毛、圆桃、蟠桃、白肉、黄肉，溶质、不溶质，甜仁、苦仁，粘核、离核等多种类型，为桃的育种提供了宝贵的基因资源。

（二）南方品种群

主要分布于长江流域，主要特点是树形开张或半开张；成枝力较强，以中长枝结桃为主，结桃早，冬芽肥胖，复芽多，花芽抗寒力较强，桃实圆形或长圆形，桃顶平圆或凹陷，桃肉柔软多汁，不耐贮藏运输。主要品种有上海水蜜、玉露水蜜、大久保、冈山白、早生水蜜、庆丰、雨花露等。

（三）黄肉桃品种群

主要分布于西北、西南一带，华北及江浙一带也有栽培。主要特点是桃皮、桃肉均呈金黄色，肉质紧密坚韧，适合加工制罐。树姿直立，生长强势，发枝力较北方品种稍强，以中、长枝结桃多。优良品种有华北早黄金、甘肃灵武黄甘桃、云南呈贡黄离核桃、丰黄、明星、金旭等。

（四）蟠桃品种群

主要分布在江浙一带，华北、西北也有栽培。主要特点是树形开张，发枝力强，桃实扁平，呈磨盘状，两端凹入，枝条短而密，花芽较多，桃实柔软多汁，品质优良，优良品种有撒花红蟠桃、白芒蟠桃、早蟠桃、黄金蟠桃、陈圃蟠桃及北方的五月鲜扁干等。

（五）油桃品种群

主要分布在甘肃、新疆一带。主要特点是桃皮光滑无毛、桃实较小，多为圆形。肉质硬脆、汁少味酸，也有甜味品种。早期的油桃品种质量欠佳，经过杂交育种改良后的油桃品种色泽艳丽，外形美观，品质优良，对消费者具有很大的吸引力。主要品种有新疆早熟李光桃、黄李光桃、甜仁李光桃、甘肃紫胭桃等。

第二节　我国桃树适栽区划分

我国幅员辽阔，各地自然条件、社会经济条件和栽培技术水平都存在着很大的差异。桃树栽培区的划分能客观反映桃的品种、类群与生态环境的关系，明确其最适栽培区、次适栽培区、不宜栽培区，可为建立商品生产基地，以及引种、育种工作提供科学依据。

一般而言，凡是冬季绝对最低气温不低于－25℃，休眠期日平均气温小于或等于7.2℃的日数在30天以上的地区，均为桃的适宜栽培区。因此，东北除黑龙江的饶河、宝清、佳木斯、伊春、北安、讷河，内蒙古的扎兰屯市、阿尔山以北地区，新疆除准噶尔盆地以北地区，华南除海南岛及北纬23°以南地区不宜种植桃树外，全国绝大多数省、自治区、直辖市均能栽培桃树。根据各地的生态条件和桃分布现状及其栽培特点，将中国桃产区划为7个栽培区。其中5个适宜栽培区分别为西北高旱桃区、华北平原桃区、长江流域桃区、云贵高原桃区、青藏高原桃区。2个次适栽培区分别为东北高寒桃区、华南亚热带桃区。

一、 西北高旱桃区

该桃区位于中国西北部，包括新疆、陕西、甘肃、宁夏等地，海拔较高，属于大陆性气候的高原地带，季节分明，气温变化剧烈。降水量稀少（250 mm 左右），空气干燥。夏季高温，冬季寒冷，极端最低气温常在－20 ℃以下。生长季节短，无霜期150 d 以上，晚霜在 4 月中旬至 5 月中旬之间，逢花期易造成霜害。本区栽植桃品种主要为黄桃和白桃。

二、 华北平原桃区

该桃区包括秦岭-淮河以北地区，包括北京、天津、河北大部、辽宁南部、山东、山西、河南大部、江苏和安徽北部。年平均气温10～15 ℃，夏季气温由北向南渐高，冬季气温自南向北渐低，无霜期 200 d 左右，年降水量 700～900 mm。本区为中国北方桃树主要经济栽培区，主要栽植品种为北方硬桃和蜜桃。

三、 长江流域桃区

该桃区位于长江两岸，包括江苏南部、浙江、上海、安徽南部、江西和湖南北部、湖北大部及成都平原、汉中盆地，处于暖温带与亚热带的过渡地带。雨量充沛，年降水量在 1 000 mm 以上，地下水位高。年平均气温 14～15 ℃，生长期长，无霜期 250～300 d。本区栽植品种主要为水蜜桃。

四、 云贵高原桃区

该桃区包括云南、贵州和四川的西南部，纬度低，海拔高，形成立体垂直气候。夏季冷凉多雨，7月份平均气温25℃以下，冬季温暖干旱（1℃以上）。年降水量1000 mm左右。本区栽植品种主要为黄桃。

五、青藏高原桃区

该桃区包括西藏、青海大部、四川西部，为高原地带，海拔多为3 000 m以上，地势高，气温低，降水量少，气候干燥。桃树栽植于2 600 m以下的高原地带。本区的栽植品种主要为硬核桃品种，如夏至桃、六月红、早桃、青桃等。

六、东北高寒桃区

该桃区位于北纬41°以北，是我国最北的桃区，生长季节短，无霜期125～150 d，极端气温常在－30℃以下，桃树易受冻害，影响产量。本区的主栽品种为耐严寒的延边毛桃。

七、华南亚热带桃区

该桃区位于北纬23°以北，长江流域以南，包括福建、江西、湖南南部、广东、广西北部和台湾，夏季湿热，冬季温暖，属亚热带气候。年平均气温17～22℃，无霜期300 d以上，降水量1 500～2 000 mm。本区栽植品种主要为硬肉桃，如砖冰桃、鹰嘴桃、南山田桃等。

第三节　桃树品种的分类

目前桃树品种的分类方法较多，一般以桃实的形态、性状，树体对生态环境条件的适应性作为主要的分类依据。

一、按桃实形态、性状和生长发育特性分类

(一)圆桃和扁桃

1. 圆桃 桃实近圆形或长圆形,桃顶微凸到突尖,目前世界上栽培的桃品种绝大部分属于圆桃类型。

2. 扁桃 又称为蟠桃,桃实扁圆,两端凹入,如早露蟠、陈圃蟠桃、太仓蟠桃等。近年来随着桃生产量的增加和消费者追求桃形多样化,蟠桃备受消费者的青睐。

(二)毛桃和油桃

1. 毛桃 又称为普通桃,桃实表面覆有一层茸毛,目前世界上栽培的桃树绝大部分属于普通桃类型。

2. 油桃 普通桃的变异,特点是桃实表面光滑无茸毛,桃实成熟时色泽艳丽、食用方便,深受广大消费者喜爱,是鲜食桃主要发展方向。代表品种有瑞光 3 号、瑞光 5 号、瑞光 22、早红珠、艳光等。

(三)离核、粘核和半粘核(按桃核与桃肉的粘离度)

1. 离核品种 桃肉组织较松散,尤其是近核处的桃肉,桃核容易从桃肉上剥离。

2. 粘核品种 桃肉致密,桃实成熟时,桃肉与核不易分离。由于粘核品种的桃实易于挖核,因此加工制罐的桃品种要求为粘核。

3. 半粘核品种 居于上述两者之间。

(四)肉溶质、不溶质和硬肉桃(按桃实成熟时肉质特性)

1. 肉溶质品种 桃实成熟时,桃肉柔软多汁,适合鲜食。如大久保、冈山白、白凤、冈山 500、离核、传十郎、橘早生、早生水蜜等;溶质类型又可分为硬溶质和软溶质两种类型。

2. 不溶质品种 又称为橡皮质,在桃实成熟时,桃肉质地强韧,富有弹性,加工时耐烫煮,且多为粘核,一般均为加工制罐品种。

3. 硬肉桃品种　在桃实成熟初期，桃肉硬而脆，但完熟时桃汁少，桃肉变绵。如五月鲜、六月白、和尚帽等。

（五）白肉桃、黄肉桃和红肉桃（按桃实颜色）

1. 白肉桃　肉色呈白或乳白色，包括肉色呈白或乳白色而近核处桃肉带红色的品种。桃实含酸量较低，符合东方人喜食偏甜少酸水桃的习惯。因此，主栽的鲜食品种绝大多数为白肉桃类型。

2. 黄肉桃　肉色呈黄或橙黄色。黄色品种在加工制罐时能保证汁液清澈透明，故除少数兼用的白色桃品种外，专用的制罐品种都为黄肉桃品种。黄肉桃一般桃实含酸量偏高，风味较浓。在西欧的一些国家和美国，黄肉桃的鲜食品种占有较大的比重。

3. 红肉桃　桃肉血红色，如血桃、天津水蜜桃及国外的 Red Robin 等品种。

（六）早、中、晚熟及特晚熟桃（依据桃实成熟期）

1. 早熟桃　桃实生长发育期间硬核期较短或无明显的硬核期，桃实成熟后有的品种核未完全木质化（如春蕾）。

2. 晚熟桃　桃实具较长时间的缓慢生长期（即硬化期），桃实生长发育期长，成熟期一般在 8 月下旬至 9 月底。

3. 特晚熟桃　桃实成熟期在 10 月之后，如冬桃和雪桃。

二、 按桃实利用方式分类

一般分为鲜食、罐藏和兼用品种。鲜食和罐藏品种只分别用于鲜食和加工制作罐头。优良的鲜食品种要求色彩艳丽，汁多味美。因此，栽培的鲜食品种绝大多数属于肉溶质类型。

罐藏用品种要求桃大核小、缝合线两侧对称、加工时利用率高，须满足下面三个条件：一是桃肉黄色且近核处无红色，在加工过程中酶褐变不明显；二是桃实成熟时桃肉为不溶质；三是桃核为粘核，以劈桃挖核时能保持桃肉表面光洁为准。而兼用型品种，既可鲜食，又可制罐加工。

三、按生态类型分类

桃原产于我国西北高海拔地区。在我国华北、西北栽培后，通过不断选育，形成了一定数量的品种群体。自从桃向我国南方（长江流域，以南京、杭州、上海为中心）、小亚细亚、南欧传播后，形成了适应不同生态条件的新品种群。

（一）北方品种群

属于一个古老的、历史最为悠久的品种群。本品种群形成于我国黄河流域的华北及西北，以甘肃、陕西、河北、山西、山东和河南等地栽培最多。

本品种群桃实特点为桃顶尖而突起，缝合线及梗洼较深，肉质较硬，致密；树势强健，树姿多为直立和半直立类型；枝条生长势强，中长桃枝上花芽形成数量少，节位高，单花芽比例较高。由于北方品种群桃的桃实梗洼深，桃柄短，在桃实发育后期（近成熟时）粗壮长桃枝不易弯曲，会造成桃实自然脱落。因此本品种群的品种多利用中、短桃枝和花束状桃枝结桃。

该品种群又可分为蜜桃和硬肉桃两大亚群。

1. 蜜桃亚群　桃大，粘核，桃肉多为白色，成熟时柔软多汁，且多为中、晚熟品种。代表品种如山东肥城桃、河北深州水蜜桃、天津水蜜桃、陕西渭南甜桃等。

2. 硬肉桃亚群　桃实初熟时肉质鲜嫩多汁，但完熟时肉质变软或发绵，汁液少，如河北的五月鲜。北方品种群品种移至南方栽培，往往表现出生长发育不良，产量低，且抗病能力差。山东肥城桃、河北深州水蜜桃，即便从原产地移至北方其他地区栽培，也生长不良，如产量不稳定及品种变差。本品种群的桃树多表现为树体抗寒性强，但花芽的抗寒性较差，过冬后易出现僵芽现象。

（二）南方品种群

本品种群是在长江流域，尤其以南京、杭州、上海为中心形成的一类适应于温暖多湿生态条件的品种群体。本品种群树势壮健，枝梢粗壮，中长桃实比例大，结桃好。

南方品种群又可分为水蜜桃、硬肉桃和蟠桃三大亚群。

1. 水蜜桃亚群　桃实圆形和长圆形，桃顶无明显的突尖，桃肉柔软多汁，不耐贮运。代表品种有玉露、白花、上海水蜜桃等。日本自我国引入水蜜桃后杂交培育出许多优良品种。如大久保、冈山白、白凤、冈山500、离核、传十郎、橘早生、早生水蜜等，基本都保持了南方品种的特性，但在我国南方、北方栽培均适宜。

2. 硬肉桃亚群　桃实顶端短尖，肉质硬脆致密，汁少。主要品种有吊枝白、象牙白等。硬肉桃亚群为南方品种群中古老类型，水蜜桃亚群为较进化类型。这两个亚群除在桃实特征上有上述的显著差异外，在树体的生长势和枝芽类型上也存在着较大的不同。水蜜桃亚群树姿开张或半开张，发枝力强，中长桃枝上多复花芽。而硬肉桃亚群树姿直立，中长桃枝上多单花芽。

3. 蟠桃亚群　除桃实形状为扁圆外，树体的生长特征与水蜜桃亚群基本相同。南方品种群属进化类型，具有适应北方生态环境的特点。因此，大多数情况下，南方品种群的品种移至北方，也能实现丰产优质。

（三）南欧品种群

本品种群是自我国经伊朗、小亚细亚传至南欧后经长期驯化形成的品种。适应夏季干燥、光照强，冬季温和气候。美国及南欧各国的品种大多属本品种群。包括黄肉、白肉品种，引入我国栽培的有新端阳、塔斯坎、西洋黄肉等。由于本品种群的适应性与北方品种群相似，因此在华北栽培一般生长结桃良好。

第四节　桃品种介绍

一、优良普通毛桃品种

1. 中桃红玉

[审定情况] 2014年通过河南省林木良种审定。

[**特征特性**] 桃实圆形，两半部对称，缝合线明显、浅，成熟状态一致（图 1-1）。河南省郑州地区桃实 6 月 15 日成熟，桃实生育期 80 d 左右。需冷量 500 h。平均单桃重 180 g，大桃重 200 g；桃肉白色，肉质为硬溶质，耐运输；桃实风味甜，可溶性固形物含量 12%，粘核。花为蔷薇形，自花结实。

图 1-1　中桃红玉

[**栽培技术要点**] 冬季修剪时，多留健壮的长桃枝，疏除细弱的短、小桃枝。为保证桃实质量，必须严格疏花疏桃。

[**适宜推广地区**] 适合全国各地种植及设施栽培。

2. 中桃紫玉

[**审定情况**] 2015 年通过河南省林木良种审定。

[**特征特性**] 河南省郑州地区 6 月 20 日成熟；平均单桃重 180 g，大桃重 200 g；桃面全红，着鲜红色晕，十分美观，成熟后皮能剥离；桃肉白色，红色素多，肉质为硬溶

图 1-2　中桃紫玉

质；汁液多，纤维中等；桃实风味甜，可溶性固形物含量 12%，粘核（图 1-2）。

[**栽培技术要点**] 坐桃率很高，为保证桃实质量，必须严格疏花疏桃。

[**适宜推广地区**] 适合长江以北地区种植，在长江以南选择能够满足需冷量 600 h 以上的地区种植。

3. 中桃绯玉

［审定情况］2016 年通过河南省林木良种审定。

［特征特性］河南省郑州地区 6 月 4 日成熟；平均单桃重 150 g，大桃重 250 g；桃肉白色，红色素多，肉质为硬溶质；汁液多，纤维中等；桃实风味甜，可溶性固形物含量 12%，粘核（图 1-3）。

图 1-3　中桃绯玉

［栽培技术要点］注重严格疏花疏桃。

［适宜推广地区］适合长江以北地区种植，在长江以南选择能够满足需冷量 600 h 以上的地区种植。

4. 春美

［审定情况］2012 年通过国家林业局林木良种审定。

［特征特性］早熟、耐贮、全红型白肉桃品种。6 月上中旬成熟，桃实发育期 70 d 左右；单桃重 135~162 g，大桃重 278 g；桃肉白色，溶质，风味甜，可溶性固形物含量 11.5%，可滴定酸含量 0.44%，粘核。花蔷薇形，有花粉，自花结实，丰产。

图 1-4　春美

［栽培技术要点］无特殊技术要求。

［适宜推广地区］全国各桃主产区。

5. 春蜜

［审定情况］2012 年通过国家林木良种审定。

[**特征特性**] 早熟、耐贮、全红型白肉桃品种。6 月上中旬成熟，单桃重 135～162 g，大桃重 278 g；桃肉白色，溶质，风味甜。粘核。桃实可溶性固形物含量 12.4%，总糖 9.89%，总酸 0.36%，维生素 C 含量每 100 g 为 12.24 mg。花蔷薇形，有花粉，自花结实，丰产。

图 1-5　春蜜

[**栽培技术要点**] 采收前 10 d 控制浇水，避免风味变淡。合理负载，花后 40 d 定桃，疏除畸形桃和过密桃，盛桃期亩*产控制在 2 000～2 500 kg，单桃间距 10 cm 左右。大部分或全部桃面着鲜红色、口感脆甜时采收上市。

[**适宜推广地区**] 全国各桃主产区。

6. 黄金蜜桃 1 号

[**审定情况**] 2016 年通过河南省林木良种审定。

[**特征特性**] 6 月上旬成熟，桃实发育期 65～68 d。单桃重 150～175 g。桃肉金黄色，风味浓甜，香气浓郁，可溶性固形物含量 11%～14%，品质优。肉脆，完熟后柔软多汁。粘核，花蔷薇形，自花结实，丰产，需冷量 550 h。

图 1-6　黄金蜜桃 1 号

[**栽培技术要点**] 无特殊技术要求。

[**适宜推广地区**] 全国各桃主产区。

---

　*　亩为非法定计量单位，1 亩＝1/15 hm²。——编者注

7. 黄金蜜桃 3 号

[**审定情况**] 2015 年通过河南省林木良种审定。

[**特征特性**] 黄肉，鲜食桃品种，桃实 7 月底成熟。桃个大，平均单桃重 245 g，大桃重 400 g 以上。桃实表面茸毛中等，底色黄，成熟时多数桃面着深红色。桃肉黄色，硬溶质，肉质细，汁液中多，风味浓甜，近核处有红色素。可溶性固形物含量 11.8%～13.6%，总糖

图 1-7　黄金蜜桃 3 号

含量 10.6%，总酸含量 0.34%，富含类胡萝卜素，品质优。粘核。花铃形，花粉多，自花结实。市场价格高于同期白肉桃。

[**栽培技术要点**] 无特殊技术要求。

[**适宜推广地区**] 全国各桃主产区。

8. 中桃 4 号

[**审定情况**] 2014 年通过河南省林木良种审定。

[**特征特性**] 6 月底至 7 月初成熟，桃实发育期约 90 d。桃实近圆形，单桃重 201～286 g，成熟后大部分桃面着鲜红色。桃肉白色，风味浓甜，可溶性固形物含量 13%～15%，品质佳。硬溶质，留树时间较长。离核。花蔷薇形，无花粉。

图 1-8　中桃 4 号

[**栽培技术要点**] 需配置授粉树。

[**适宜推广地区**] 全国各桃主产区。

9. 中桃 21

[审定情况] 2012 年通过河南省林木良种审定。

[特征特性] 8 月下旬成熟，单桃重 208～310 g；桃肉白色，硬溶质，可溶性固形物含量 12%～15%，品质优，风味浓甜，粘核；花蔷薇形，无花粉。

[栽培技术要点] 需配置授粉树。

[适宜推广地区] 全国各桃主产区。

图 1-9　中桃 21

10. 中桃 5 号

[审定情况] 2015 年通过河南省林木良种审定。

[特征特性] 中熟桃品种，在黄河中下游地区 7 月下旬成熟。桃实大，平均单桃重 263 g，大桃重 500 g 以上。桃肉白色，溶质，肉质细，汁液中多，风味甜，近核处红色素中等。可溶性固形物含量 12.6%～13.9%，总糖含量 10.9%，总酸含量 0.27%，维生素 C 含量每 100 g 为 11.56 mg，品质优良。桃核长椭圆形，粘核。花蔷薇形，花粉多，自花结实。

图 1-10　中桃 5 号

[栽培技术要点] 无特殊技术要求。

[适宜推广地区] 全国各桃主产区。

11. 中桃 22

[审定情况] 2015年通过河南省林木良种审定。

[特征特性] 晚熟白肉桃品种，桃实9月中旬成熟。桃实大，平均单桃重267 g，大桃重430 g。桃肉白色，溶质，肉质细，汁液中等，风味甜香，近核处红色素较多。可溶性固形物含量12.2%～13.7%，总糖含量11.4%，总酸含量0.32%。桃核长椭圆形，粘核。花蔷薇形，花粉多，自花

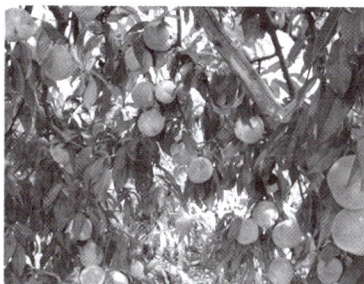

图1-11　中桃22

结实。可满足中秋前后桃品市场需求。

[栽培技术要点] 无特殊技术要求。

[适宜推广地区] 全国各桃主产区。

12. 早霞露

[品种来源] 浙江省农业科学院与杭州市果树研究所合作，用砂子早生作母本，雨花露作父本进行杂交培育出的特早熟桃新品种。1990年定名。

[特征特性] 桃实近圆形，平均桃重90 g，最大桃重126 g。桃顶微凹，缝合线浅，两半部较对称。桃皮底色浅绿白，60%以上桃面着红色。茸毛稀疏，外观美丽。桃肉乳白色，近核处无红色，肉质柔软，汁液较多，风味较甜，略有香气，可溶性固形物含量为9%～11%，品质较好。粘核，核中大，不裂桃。桃实发育期50～55 d，

图1-12　早霞露

在秦皇岛地区6月上中旬成熟，比春蕾早熟2d左右。

[栽培技术要点] 由于成熟期较早，施肥上应重视秋施基肥和早春肥，萌芽前肥可用三元复合肥与尿素混施。加强疏桃，在谢花后15d，幼桃出现大小桃时，应及时进行疏桃。加强采收后的夏季修剪工作，以防采桃后新梢旺长造成上层枝叶过密，下层梢受光不足，生长势弱，花芽形成不良。

13. 早美

[品种来源] 北京市农林科学院林业果树研究所以庆丰为母本，朝霞为父本培育出的极早熟桃新品种。

[特征特性] 平均桃重97g，最大桃重168g，桃实近圆形，桃型整齐，色泽鲜艳。桃顶圆，缝合线浅，两侧较对称。桃面1/2至全面着玫瑰红

图1-13　早美

色细点或晕，桃皮底色黄白，桃皮不易剥离。茸毛短、少。桃肉白色，近核处与桃肉同色，肉质为硬溶质，完熟后多汁。味甜，风味浓，有香气，无涩味。可溶性固形物含量为9.5%。粘核，核较小，桃实成熟时硬核且不裂核。桃实发育期50～55d，在秦皇岛地区6月上中旬成熟。

[栽培技术要点] 同早霞露。

14. 云露

[品种来源] 扬州大学农学院园艺系育成。

[特征特性] 桃实较大，平均单桃重91g，最大单桃重148g。桃实略呈椭圆形，桃形指数1.1，桃顶平，缝合线浅，两半部对称。桃皮黄绿色，阳面着鲜红晕，外观艳丽，易剥皮。桃肉乳白色，肉质细腻，汁液多，纤维较少，风味甜，有微酸，香气中，可

溶性固形物 7.8%～10.4%，可溶性糖 5.96%～7.10%，可滴定酸 0.19%～0.28%，粘核。扬州地区 4 月上旬开花，5 月底桃实成熟，桃实发育期 55 d。

[栽培技术要点] 同早霞露。

15. 春霞蜜

[品种来源] 由河北省农林科学院石家庄果树研究所用深州蜜桃与雨花露杂交培育成的特早熟桃新品种。

[特征特性] 桃实长圆形，平均桃重 125 g，最大桃重 207.5 g。桃皮底色黄绿色，阳面着红色晕，外观美丽。肉质较硬，汁液较少，纤维少，有香气，可溶性固形物含量为 10.0%～11.5%，粘核，完熟后半离，不裂核。桃实生育期 55～58 d，在秦皇岛地区 6 月中下旬成熟，在早花露之后，雨花露之前。

图 1-14 春霞蜜

[栽培技术要点] 坐桃率很高，如不疏桃，满树都是"蒜瓣状"，桃个小，品质差，必须严格疏桃，使桃实在树上的空间距离保持在 15～18 cm 之间，均匀分布。成熟早，桃实较大，基肥应占全年施肥量的 90%，以优质有机肥（如发酵好的鸡粪）为主。加强采收后的夏季修剪工作，以防采桃后新梢旺长造成上层枝叶过密，下层梢受光不足，生长势弱，花芽形成不良。

16. 京春

[品种来源] 北京市农林科学院林业果树研究所于 1974 年利用早生黄金自然杂交种子选育而成。

[特征特性] 桃实中等大，平均桃重 126 g，最大桃重 205 g，大小均匀。桃实近圆形，桃顶平，缝合线浅。桃皮底色绿白，1/2 桃面

着红晕，茸毛较少，不易剥离。桃肉白色，硬溶质，味甜，成熟后柔软多汁，可溶性固形物含量为 9.5%～10%。粘核。桃实生育期 62～66 d，在秦皇岛地区 6 月中下旬成熟。

[栽培技术要点] 同春霞蜜。

图 1-15　京春

17. 端玉

[品种来源] 山西省农业科学院果树研究所于 1979 年用初笑美和新端阳杂交，并通过幼胚组织培养获得。1990 年命名。

[特征特性] 平均桃重 79.9 g，最大桃重 108 g。桃实圆形，桃顶平，缝合线浅。桃皮绿白色，桃面鲜红色。桃肉绿白色，阳面带红色，可溶性固形物 9.5%～10.8%；粘核。桃实生长发育期短，56～58 d，特早熟品种，晋中地区 6 月中旬成熟。树姿半开张，植株生长旺盛。各类桃枝均能结桃。复花芽多。本品种桃实成熟期早，桃实着色面大，外观娇美。

18. 双丰

[品种来源] 北京市农林科学院林业果树研究所于 1973 年用香玉和大久保杂交选育而成的特早熟品种。1989 年定名。

[特征特性] 桃实较大，平均桃重 107 g，最大桃重 121 g。桃实椭圆形，缝合线浅。桃皮绿白色，具点状红晕。桃肉乳白色，柔软多汁，

图 1-16　双丰

可溶性固形物 10%左右。粘核。桃实生长发育期 60～65 d，在北

京 6 月 13 日左右成熟。

19. 霞晖 1 号

[**品种来源**] 江苏省农业科学院园艺研究所于 1976 年用朝晖作母本，朝霞作父本杂交选育而成，1985 年定名。

[**特征特性**] 桃实圆形至卵圆形，平均桃重 130 g，最大桃重 210 g。桃皮底色乳黄，顶部有玫瑰色红晕，完熟后易剥离。桃肉白色至乳黄色，肉质柔软，略有纤维，汁液多，风味甜，香气浓，可溶性固形物 9%～10%，粘核。桃实生育期 60～68 d，在秦皇岛地区桃实 6 月下旬成熟。

图 1-17 霞晖 1 号

[**栽培技术要点**] 因无花粉，在栽培中需配置授粉树。在生产中，该品种有裂核现象，桃实发育后期灌水不宜过大。应多施磷、钾肥，采前疏除影响桃实着色的直立枝和过密枝。

20. 秦蜜

[**品种来源**] 西北农林科技大学园艺学院（原陕西省果树研究所）1981 年用大久保为母本，春蕾为父本杂交培育成的特早熟桃品种，1993 年命名。

[**特征特性**] 桃实近圆形，桃顶微尖，平均桃重 105 g，最大桃重 135 g。桃皮乳白色，桃顶及阳面有红色条晕，着色面积较大，外观美，桃皮较易剥离。

图 1-18 秦蜜

肉白色，质细，味甜，汁液中等有香气。可溶性固形物含量 10%
左右。粘核，核硬不碎。桃实发育期为 61～63 d，在秦皇岛地区 6
月下旬成熟。

[栽培技术要点] 过熟时肉质绵软，应适时采收，桃实宜在八
成熟时采收，此时品质最好，且能进行短期贮存。复花芽多，坐桃
率高，必须严格疏桃，如不疏桃，桃个小，品质差。加强采收后的
夏季修剪工作，以防采桃后新梢旺长造成上层枝叶过密，下层梢受
光不足，生长势弱，花芽形成不良。

21. 玫瑰露

[品种来源] 浙江省农林科学院园艺研究所以砂子早生为母本，
雨花露为父本杂交育成的早熟桃品种。

[特征特性] 桃实近圆形，
平均桃重 165 g，最大桃重
227 g。桃皮底色为乳白色，表
面玫瑰红色，外观美丽，易剥
皮。肉质柔软，略有纤维，味
较甜、汁多，有香气，可溶性
固形物含量为 10%～12%。粘
核，核小。桃实发育期 64～
69 d，在秦皇岛地区桃实 6 月
底成熟。

图 1-19 玫瑰露

玫瑰露对干旱适应性较强。在山地种植，耐瘠薄性能较好，在
一般施肥水平条件下仍能表现良好的丰产性能。

[栽培技术要点] 严格疏花疏桃，提高桃实品质。枝量不宜过
大，桃实采收后及时搞好夏剪。

22. 新星

[品种来源] 河北农业大学园艺系于 1979 年从白凤自然杂交后
代 64710 自然种子中选育而成，1990 年命名。

[**特征特性**] 平均桃重78.5 g，最大桃重 200 g。桃实阔卵圆形，桃顶微凹，缝合线浅。桃皮黄色，桃面鲜红色晕。桃肉乳白色，溶质，多汁，香气浓，可溶性固形物 9.5%～11.5%。粘核。桃实生长发育期短，58～65 d，特早熟品种，当地 6 月中旬成熟。

图 1-20　新星

23. 雨花露

[**品种来源**] 江苏省农业科学院园艺研究所用白花水蜜与上海水蜜（早）为亲本杂交选育而成的早熟水蜜桃品种。

[**特征特性**] 桃实大，平均桃重 125 g，最大桃重 221 g。桃实长圆形，两半部较宽。缝合线凹入过顶，形成两个小峰。桃皮底色乳黄，桃顶着淡红色细点形成的红晕。茸毛短。中等厚度，韧性强，易剥离。桃肉乳白，近核处无红丝，香气浓，风味浓甜。可溶性固

图 1-21　雨花露

形物含量 10.8%～12%，粘核。桃实发育期 70～75 d，在秦皇岛地区 7 月上中旬成熟。

[**栽培技术要点**] 长势较强，宜疏剪与短截相结合，避免徒长，促进分枝，增加结桃枝数量。幼树应注意增施磷、钾肥，少施氮肥。成年树秋施基肥。严格疏花疏桃，以增大桃个，提高品质。

24. 美硕

[**品种来源**] 河北省农林科学院石家庄果树研究所从京玉实生

苗中选育而成。2002 年定名。

[**特征特性**] 桃实个大，平均桃重 237 g，最大桃重 387 g。桃实近圆形，桃形凹陷，不易软，缝合线浅，不明显，两端稍深。两半部对称，梗洼宽而深。茸毛中密，中短。桃皮底色黄绿、桃顶、缝合线、向阳面均可着由斑点、条纹和红细

图 1-22　美硕

点晕构成的鲜艳红色，着色面积 70％ 以上。外观美丽，桃皮中等厚，韧性大，不易剥离。桃肉色泽为白色，在着色的桃顶、近桃皮处有红色，近核处无红色。可溶性固形物含量 12.6％，风味甜，有微香，汁液中等，纤维中等，无涩味，桃实硬度较大，较耐贮运，无裂桃。粘核。桃实发育期 75 d，在石家庄地区 6 月底成熟。

[**栽培技术要点**] 配置授粉品种坐桃率更高，适宜授粉品种为曙光、华光、丹墨、早红珠等。夏季及时剪除徒长枝。多施有机肥和磷、钾肥，可提高糖度与促进着色。

二、优良蟠桃品种

1. 中油蟠 7 号

[**审定情况**] 2015 年申请国家植物新品种权保护。

[**特征特性**] 7 月中下旬桃实成熟，桃实扁平，单桃重 220 g；桃面干净，亮红，基本不裂桃；桃肉橙黄色，肉质为硬溶质，桃实风味浓甜，可溶性固形物含量最高达 20％，铃形花，有花粉，自花结实，丰产。

图 1-23　中油蟠 7 号

[**栽培技术要点**] 幼树偏旺，注意控制树势，以便获得较好的早期产量。成龄树要保持较旺树势，避免阳光直射桃面引起的桃面粗糙；套袋栽培桃实更为漂亮。

[**适宜推广地区**] 黄河流域。

2. 中蟠 10 号

[**审定情况**] 2013 年通过河南省林木良种审定。

[**特征特性**] 河南省郑州地区桃实 7 月初左右成熟，桃实生育期 95 d 左右。需冷量 800 h。单桃重 160 g，大桃重 180 g；桃皮有毛，底色乳白，桃面 90% 以上着明亮鲜红色晕，十分美观，呈虎皮花斑状，皮不能剥离；桃肉乳白

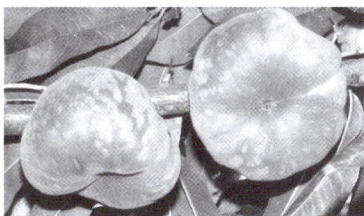

图 1 - 24　中蟠 10 号

色，肉质为硬溶质，耐运输；桃实风味浓甜，可溶性固形物含量 12%，粘核。花为蔷薇形，自花结实。

[**栽培技术要点**] 为保证桃实质量，须严格疏花疏桃。

[**适宜推广地区**] 适合长江以北地区种植，在长江以南选择能够满足需冷量 800 h 以上的地区种植。

3. 中蟠 11

[**审定情况**] 2013 年通过河南省林木良种审定，获得国家植物新品种权保护。

[**特征特性**] 河南郑州地区桃实 7 月中下旬成熟，需冷量 800 h。平均单桃重 180 g，大桃重 240 g；桃肉橙黄色，肉质为硬溶质，耐运输；桃实

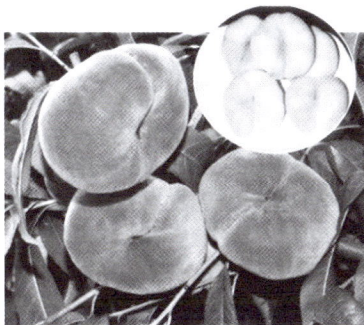

图 1 - 25　中蟠 11

风味浓甜，可溶性固形物含量14%，有香气，粘核。花为铃形，自花结实。

[栽培技术要点]幼树生长势旺，容易形成较粗的长桃枝，中间段盲芽多，须控制树势，减少氮肥的施用量，注意疏除背上直立旺枝，改善通风透光条件。套袋栽培效果好。

[适宜推广地区]适合长江以北地区种植，在长江以南选择能够满足需冷量800 h以上的地区种植。

4. 中蟠13

[审定情况]2015年申请国家植物新品种权保护。

[特征特性]桃实7月上旬成熟，扁半形，桃顶平，不裂桃、不裂核；单桃重120 g，大桃重180 g，桃面60%以上着鲜红色，桃皮茸毛短，干净似水洗，十分美观，皮不能剥离，桃肉橙黄色，肉质为硬溶质，桃实风味甜，可溶性固形物含量12%，极丰产。

图1-26 中蟠13

[栽培技术要求]注意严格疏花疏桃，保证单桃质量。

[适宜推广地区]适合长江以北地区种植，在长江以南选择能够满足需冷量650~700 h以上的地区种植，也适合北方保护地栽培。

5. 中蟠17

[审定情况]2015年申请国家植物新品种权保护。

[特征特性]郑州地区7月底成熟，桃实扁平形、肉厚，桃面全红、美观，皮不能剥离；桃肉橙黄色，肉质为硬溶质，耐运输，可溶性固形物含量13%，单桃重200~250 g，极丰产。

[栽培技术要求]在成熟季节多雨的地区要注意防止桃顶流胶和裂桃，建议采用套袋栽培。

[**适宜推广地区**] 黄河流域。

6. 早露蟠桃

[**品种来源**] 北京市农林科学院林业果树研究所以撒花红蟠桃×早香玉育成的特早熟蟠桃品种。原代号 3 - 34 - 14。1978 年杂交，1989 年定名。

[**特征特性**] 桃实扁平，平均单桃重 103 g，最大桃重 134 g，桃顶凹入，缝合线浅。桃皮底色黄白，具玫瑰红晕；茸毛中等多，易剥离。桃肉乳

图 1 - 27　早露蟠桃

白色，近核处有红色，溶质，质细，风味甜，有香气，可溶性固形物含量 9%～11%，品质上等，粘核，裂核少。桃实发育期 67 d，在秦皇岛地区 6 月中下旬成熟。

[**栽培技术要点**] 及时疏花疏桃，提高桃实品质。增施有机肥和磷、钾肥。采收后搞好夏季修剪，促进花芽分化。

7. 早蜜蟠桃

[**品种来源**] 陕西省果树研究所于 1976 年以撒花红蟠桃为母本，新端阳为父本杂交选育而成。

[**特征特性**] 平均桃重 70 g，最大桃重 135 g。桃形扁平，两半部对称，桃顶圆平凹入，缝合线中深，梗洼浅而广。桃皮底色浅绿白，桃顶 1/2 以上着紫红色斑点或晕，外观美，茸毛密，厚度中等，桃皮易剥离。桃肉乳白色，近核处同

图 1 - 28　早蜜蟠桃

色，软溶质，纤维少，香气中等，甜味浓，可溶性固形物含量 11.3%。粘核，极小，扁平。桃实发育期 70 d 左右。在秦皇岛地区 7 月中旬成熟。

[栽培技术要点] 及时疏花疏桃，提高桃实品质。树势强，修剪时应控制旺长，以改善树冠内通风透光条件，促进花芽分化。

8. 瑞蟠 2 号

[品种来源] 北京市农林科学院林业果树研究所用晚熟大蟠桃为母本，扬州 124 为父本杂交育成的蟠桃新品种。

[特征特性] 桃实扁平。平均桃重 150 g，最大桃重 220 g。桃顶凹入，不易软。缝合线浅，不明显。两半部对称，梗洼宽而浅。茸毛稀，桃皮底色黄白，在桃顶、缝合线、向阳面等处均可着色，面积达 3/4 以上。外观美丽，桃皮不易剥离，厚度中等，韧性强。桃肉为乳白色，在

图 1-29 瑞蟠 2 号

近核处无红色。硬溶质，风味甜，汁液中等，纤维多。可溶性固形物含量 10.2%，无裂桃。粘核，核小。桃实发育期为 98 d。在秦皇岛地区 7 月下旬至 8 月上旬成熟。

[栽培技术要点] 按要求进行疏桃，避免结桃过多而削弱树势。加强夏季修剪，促进桃实着色。

9. 早魁蜜

[品种来源] 江苏省农业科学院园艺研究所以晚蟠桃×扬州 124 蟠桃杂交育成。

[特征特性] 桃实扁平，平均桃重 130 g，最大桃重可达 200 g。缝合线两侧较对称。桃皮乳黄色，桃面有红晕。桃肉乳白色，肉

厚，肉质柔软多汁，为软溶质，风味浓甜，有香气，品质上等，可溶性固形物含量12%～15%。粘核，核较小。桃实生育期95 d，在秦皇岛地区7月下旬至8月上旬成熟。

图1-30 早魁蜜

[**栽培技术要点**]幼树生长旺，成形快，修剪以轻剪长放为主，提高早期产量。桃实采收后注意夏季修剪，及时疏除直立旺枝、过密枝，以利通风透光，促进枝条成熟和花芽分化。

10. 农神

[**品种来源**]1989年从法国引入，亲本不详。

[**特征特性**]桃实中等大，平均桃重110 g，最大桃重150 g。桃实扁平，桃顶凹入，缝合线浅。桃皮底色乳白色，全面着鲜红晕，易剥离。桃肉乳白色，近核处有少量红色，硬溶质，风味浓甜，有香气，品质上等。可溶性固形物含量12.6%。离核，核极小。桃实

图1-31 农神

发育期100 d，在秦皇岛地区8月上旬成熟。

[**栽培技术要点**]注意疏花疏桃，提高桃实品质。

11. 瑞蟠3号

[**品种来源**]北京市农林科学院林业果树研究所以大久保×陈圃蟠桃杂交育成。

[**特征特性**]桃实扁平，平均桃重200 g，最大桃重280 g。桃顶

凹入，不易软。缝合线浅，两侧对称，梗洼宽而浅，桃面稍有不平。茸毛稀。桃皮底色黄白，在桃顶、缝合线、向阳面等处均可着色，着色面积达85％以上。外观美丽，桃皮不易剥离，厚度中等，韧性强。桃肉为乳白色，在近核处无红色。硬溶质，风味甜，汁液中等，纤维多。可溶性固形物含量10％～12.2％。无裂桃。粘

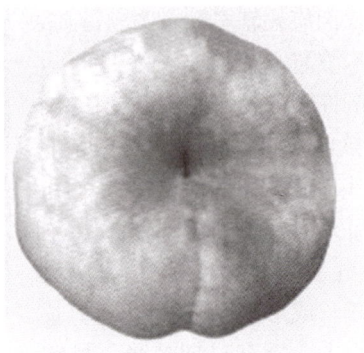

图1-32　瑞蟠3号

核，核小。桃实发育期102～107 d，在秦皇岛地区8月上中旬成熟。

[栽培技术要点]加强夏季修剪，改善树体通风透光条件。加强肥水管理，使树体生长健壮。严格疏花疏桃，提高桃实品质。

12. 瑞蟠4号

[品种来源]北京市农林科学院林业果树研究所用晚熟大蟠桃和扬州124蟠桃杂交育成的晚熟蟠桃新品种。

[特征特性]平均桃重220 g，最大桃重350 g。桃实扁平，圆整，桃顶凹入，缝合线中深。桃皮底色淡绿，完熟后黄白色，可剥离。桃面茸毛较多，1/2以上着暗红色细点晕。桃肉淡绿色至白色，硬溶质，汁液多，风味甜。可溶性固形物含量13.3％。粘核，桃实与桃柄结合紧密，采收时梗洼处不破皮。桃实发育期134 d左右，在秦皇

图1-33　瑞蟠4号

岛地区 9 月上中旬成熟。

[**栽培技术要点**] 合理留桃，疏桃时不留朝天桃。采收前 1 个月保证浇水充足并适当增施氮肥和钾肥，以利桃实增大和品质提高。树势弱时会造成桃实裂顶增多，应加强肥水和夏季修剪，维持健壮树势。套袋处理可使桃色更鲜艳。

三、优良油桃品种

1. 中农金辉

[**审定情况**] 2011 年通过国家林业局林木良种审定。

[**特征特性**] 河南省郑州地区桃实 6 月 18 日左右成熟。需冷量 650 h。桃实椭圆形，桃形正。单桃重 173 g，大桃重 252 g；皮不能剥离；桃肉橙黄色，硬溶质，耐运输；汁液多，纤维中等；桃实风味浓甜，可溶性固形物含量 12%～14%，有香气，粘核。花为铃形，自花结实。

图 1-34 中农金辉

[**栽培技术要点**] 严格疏花疏桃，保证桃实质量。利用其需冷量相对较短的特点，可以较早升温。授粉树要选择相同需冷量或需冷量稍短的品种。

[**适宜推广地区**] 适合长江以北地区、长江以南满足需冷量 650 h 以上的地区种植，也适合北方保护地栽培。

2. 中油金冠

[**审定情况**] 2016 年通过河南省林木良种审定。

[**特征特性**] 河南省郑州地区 6 月 15 日成熟，桃顶稍凹陷，成熟状态一致；平均单桃重 170 g，大桃重 250 g；桃皮光滑无毛，底

色浅黄，桃面全红，着鲜红色晕，十分美观，桃肉黄色，肉质为硬溶质，耐运输；桃实风味甜，可溶性固形物含量14%，粘核。

[栽培技术要点] 冬季修剪以长放、疏剪、回缩为主，基本不短截。为提高桃实品

图 1-35　中油金冠

质，可以在桃实成熟前 30 d，每株施 1 kg 腐熟的饼肥，叶面喷施 0.3%的硫酸钾 2 次。

[适宜推广地区] 适合长江以北地区种植。

3. 中油 20

[审定情况] 2016 年通过河南省林木良种审定。

[特征特性] 中熟白肉油桃品种。7 月中下旬成熟，桃实发育期约 110 d。单桃重185～278 g，口感脆甜，可溶性固形物含量 14%～16%，粘核，品质优。留树时间长，极耐贮运。有花粉，极丰产。属于硬肉质，桃肉硬脆，货架期长，耐贮运，适合规模化种植、建立大型基地、远距离运销。

图 1-36　中油 20

[栽培技术要点] 无特殊技术要求。

[适宜推广地区] 全国各桃主产区。

4. 中油 15

[审定情况] 2016 年通过河南省林木良种审定。

[特征特性] 耐贮、优质白肉鲜食油桃品种，平均单桃重

180～200 g，大桃重 250 g 以上。桃皮底色白，成熟后全面着红晕，桃面无茸毛，艳丽美观，桃皮较厚，不能剥离。桃肉硬脆，白色，完全成熟后桃皮下花色苷多，近核处花色苷少，桃肉纤维少，风味甜。可溶性固形物含量 12.6%，风味甜。核椭圆形，粘核，未发现

图 1-37　中油 15

裂核现象。花蔷薇形，花粉多，自花结实，丰产。桃实硬度高，留树时间可长达 2 周以上不变软，采摘后仍可保持硬脆状态。

[**栽培技术要点**] 无特殊技术要求。

[**适宜推广地区**] 全国各桃主产区。

5. 中油 13

[**审定情况**] 2014 年通过河南省林木良种审定。

[**特征特性**] 河南郑州地区 6 月下旬成熟，桃实圆形，端正，对称。桃皮底色白，成熟时全面着鲜红色，有光泽，桃实大，平均单桃重 201 g，大桃重 300 g 以上。桃皮厚度中等，不能剥离。桃肉白色，硬度中等，溶质，肉质细，汁液中多，风味甜，有清香。成

图 1-38　中油 13

熟桃实可溶性固形物含量 13.7%，总糖 10.92%，总酸 0.22%，维生素 C 含量每 100 g 为 10.46 mg，粘核。花蔷薇形，花粉多，自花结实，丰产。

[**栽培技术要点**] 无特殊要求。

[**适宜推广地区**] 全国各桃主产区。

6. 艳光

[**品种来源**] 中国农业科学院郑州果树研究所以瑞光3号为母本，姆肯为父本杂交育成的油桃新品种。

[**特征特性**] 桃实呈椭圆形，桃顶圆，微具小尖，缝合线浅而明显，两侧较对称，桃型较大，平均桃重 125 g，最大桃重 150 g。桃皮光滑无毛，底色浅绿白色，覆玫瑰红色，着色度达 80% 以上，鲜艳美观。桃皮中厚，不易剥离。桃肉乳白色，肉质为软溶质，纤维中多，汁液多，风味甜，有香气。可溶性固形物含量 9%～13%，品质优，粘核。桃实发育期 68～70 d，在秦皇岛地区 7 月上旬成熟。

图 1-39　艳光

[**栽培技术要点**] 由于生长量大，应注意夏季修剪，多次摘心。

7. 曙光

[**品种来源**] 中国农业科学院郑州果树研究所以丽格兰特和瑞光2号杂交育成。

[**特征特性**] 桃实近圆形或圆形，平均桃重 100.5 g，最大桃重 200 g。桃顶平，微凹，梗洼中深中广，缝合线浅而明显，两侧较对称，桃皮底色浅黄，桃面鲜红至紫红色，全红型，有光泽，艳丽美观。

图 1-40　曙光

桃皮较厚，不易剥离。桃肉黄色，肉质较致密，清脆爽口，硬溶质，汁液中多，纤维少。风味甜，呈椭圆形，粘核，桃实较耐贮运。桃实发育期 65 d 左右，在秦皇岛地区 6 月底至 7 月上旬成熟。

[栽培技术要点] 幼树期生长势强，要加强夏季修剪，控制树势，冬季要轻修剪，以缓和树势。结桃后要疏花疏桃，提高桃品质量。曙光在桃实全面着色，底色泛黄，充分成熟时不软，切忌在桃实开始着色时采收，以免影响产量与桃实质量。

8. 华光

[品种来源] 中国农业科学院郑州果树研究所用瑞光3号为母本，阿姆肯为父本育成的新品种。

[特征特性] 桃实近圆形，单桃重80 g，最大桃重180 g。桃顶圆平，微凹。缝合线较

图 1-41 华光

浅，两侧较对称。桃皮光滑无毛，底色浅绿白色，彩色玫瑰红色，着色度80％以上，鲜艳美观，桃皮中厚，不易剥离。桃肉乳白色，溶质，汁液多，纤维中等，风味甜香爽口，有香气，含可溶性固形物10％～15％，品质优。粘核，核呈椭圆形。桃实发育期62 d左右，在秦皇岛地区6月下旬成熟。

[栽培技术要点] 同曙光。

9. 瑞光7号

[品种来源] 北京市农林科学院林业果树研究所杂交育成，1989年命名。

[特征特性] 桃实近圆形，纵径5.75 cm，横径5.60 cm，侧径5.62 cm。平均单桃重145 g，大桃重183 g。桃顶圆，缝合线浅，两侧对称，桃型整齐，桃皮底色淡绿或黄白，桃

图 1-42 瑞光 7 号

面 1/2 至全面着紫红或玫瑰红色点或晕，不易剥离。桃肉黄白色，肉质细，硬溶质，耐运输，味甜或酸甜适中，风味浓，半离核或离核，鲜核重 8.0 g，含可溶性固形物 9.5%～11.0%，可溶性糖 8.06%，可滴定酸 0.58%，维生素 C 含量每 100 g 为 9.86 mg。北京地区 7 月 13～20 日成熟。树势中等，树冠较小。复花芽较多，占 60%。

10. 瑞光 5 号

[品种来源] 北京市农林科学院林业果树研究所以京玉为母本，NJN76 为父本杂交育成的油桃新品种，1989 年命名。

[特征特性] 桃实近圆形，桃顶圆，缝合线浅。平均桃重 150 g，最大桃重 350 g。桃皮

图 1-43　瑞光 5 号

黄白色，光滑无毛，桃面 1/2 着紫红色或玫瑰红色，不易剥离。桃肉白色，肉质细，肉质为硬溶质，完熟后柔软多汁，味甜，可溶性固形物含量 13.2%。粘核，无裂核。桃实发育期 85 d，在秦皇岛地区 7 月下旬成熟。

[栽培技术要点] 树势较强，修剪时应控制旺长。易裂桃地区，要进行套袋。用长梢修剪时，裂桃较轻。

11. 瑞光 18

[品种来源] 北京市农林科学院林业果树研究所用丽格兰特×81-25-15（京玉×NJN76 后代）杂交育成，1996 年命名。

图 1-44　瑞光 18

[**特征特性**] 桃实短椭圆形。平均桃重 210 g，最大桃重 260 g，桃顶圆，缝合线浅，两侧对称，桃型整齐。桃皮底色黄，光滑无毛，桃面近全面着紫红色晕，不易剥离。桃肉黄色，肉质细韧，为硬溶质，耐运输。风味甜，含可溶性固形物含量 11.8%。粘核，核较大。桃实发育期 102～107 d，在秦皇岛地区 8 月上旬成熟。

[**栽培技术要点**] 适时采收。由于树势较强，修剪时应控制旺长。

12. 红芒桃油桃

[**品种来源**] 中国农业科学院郑州果树研究所培育。

[**特征特性**] 树势中庸，因其桃面红色，桃形奇特像芒桃而得名，优质、特早熟、甜香型黄肉油桃品种。桃个中等，平均单桃重 92～135 g，桃形长卵圆形，桃皮底色黄，成熟后 80% 以上桃面着玫瑰红色，较美观。桃肉黄色，硬溶质，汁液中多，风味甜香，可溶性固形物 11%～14%，品质优良，无裂桃。粘核。郑州地区 3 月下旬至 4 月初开花，桃实 5 月下旬成熟，桃实发育期 55 d 左右。树势中庸，树姿半开张，萌芽率、成枝率中等，各类桃枝均能结桃，花芽形成良好，多复花芽，花芽起始节位低。花蔷薇形，花粉多，自花结实率高，丰产性好。

图 1-45 红芒桃油桃

[**栽培技术要点**] 栽培上早施基肥，添加适量的速效复合肥，及时补充树体营养，桃实发育期无明显病虫害，但应注意花前花后蚜虫的防治。桃实应适当早采，在桃实约 80% 着色，口感脆甜时采收。适当密植，采用主干形整形修剪；定植当年，前促后控，6 月底之前，肥水要充足，7 月初以后要控制肥水，可叶面喷洒

多效唑 200 倍液 1～2 次，以促使花芽形成；严格疏桃，控制产量；病虫害防治可参照一般桃树。

13. 金红

[品种来源] 河北科技师范学院油桃课题组选出的优良晚熟油桃新品种。

[特征特性] 平均单桃重 220 g，最大桃重 400 g 以上。桃形近圆形，两侧对称，桃肉金黄色，桃面全红，风味浓甜（含糖量 12.3%～15%，最高可达 20%），并具有黄肉桃所具有的芳香，粘核；有花粉，自花结实率高，丰产；桃实耐贮运性强，在自然室温条件

图 1-46　金红

下，可存放 4～5 d 而不软；在秦皇岛地区 8 月下旬至 9 月初成熟。

[栽培要点] 树势中庸，适宜栽植密度为（2～4）m×（4～5）m。注意疏花疏桃，多保留中、短桃枝及花束状桃枝上的桃，疏向上生长的桃，保留向下或两侧生长的桃。桃实发育期长，加强土肥水管理，以满足桃实发育和花芽分化需要。一般情况下，从萌芽期到桃实采收前要进行 4 次追肥灌水，分别在萌芽前后、落花后、桃实发育期间（二次），如肥水不足会造成桃个变小。

四、优良加工（制罐）桃品种

1. 郑黄 2 号

[品种来源] 中国农业科学院郑州果树研究所以罐桃 5 号与丰黄为亲本杂交育成的早熟罐藏黄肉桃品种。1989 年定名。

[特征特性] 平均单桃重 123 g。桃形近圆，两侧较对称，桃顶圆，顶点有小尖。缝合线浅，梗洼中广。桃皮金黄，具红色晕，桃

肉橙黄，有香气，酸甜适中，可溶性固形物含量 9%～10%。粘核。桃实发育期 77～82 d，在秦皇岛地区 7 月上中旬成熟。

[加工性状] 桃实合格率 88%，原料利用率 57.6%，吨耗率 1.18，成品橙黄色，块形完整，质地细韧，香气浓，风味甜酸适中。

[栽培技术要点] 配置授粉树或进行人工授粉。及时疏花疏桃。当桃面由绿转淡黄，颜色浅淡时采收为宜，以延长贮藏与加工时间。

2. 郑黄 3 号

[品种来源] 中国农业科学院郑州果树研究所用早熟黄甘桃与丰黄为亲本杂交育成的早中熟罐藏黄桃品种，1989 年定名。

[特征特性] 平均单桃重 132 g。桃实椭圆形，桃顶带小尖凸，两侧对称。桃皮浅橙黄，阳面具浅紫红色晕。桃肉橙黄，近核处红色，肉质细，韧性强，不溶质，汁液少，香气淡，风味酸甜。可溶性固形物含量 9.2%。粘核。桃实发育期 85～90 d，在秦皇岛地区 7 月中下旬桃实成熟。

[加工性状] 桃实合格率 94%，原料利用率 62.77%，吨耗率 1.16，成品色泽橙黄，有光泽，肉厚，肉质软硬适度，甜酸适中，有香气。

[栽培技术要点] 加强夏季修剪，培养大、中型结桃枝组，以防止内膛光秃。及时疏花疏桃，以增大桃个。适时采收，提高桃实商品率。

3. 丰黄

[品种来源] 大连市农业科学研究所从早生黄金桃的自然授粉实生后代中选育出的中熟罐藏黄桃品种。

[特征特性] 平均单桃重 130 g。桃形长卵圆形，两半部不对称。桃顶圆凸，顶点微凹入。缝合线浅，梗洼窄而深。桃皮底色浅黄，阳面着暗紫红色点状红晕和斑纹。桃皮不易剥离。桃肉金黄，

顶部、腹部、背部有大量红丝，近核处有红丝。硬溶至不溶，汁液中等，纤维细少，风味甜酸适中。可溶性固形物含量 10.2%～11.5%。粘核。桃实发育期 105 d，8 月上旬成熟。

图 1-47 丰黄

[加工性状] 易去皮，耐煮，成品金黄，有光泽，块形完整，但外观不佳，组织致密，软硬适度，香味较浓，加工性能好，品质优良。

[栽培技术要点] 重视疏花疏桃，加强肥水管理，增大桃个。加强夏季修剪，控制徒长枝，改善通风透光条件。适时采收，防止桃肉褐变，减少桃肉红丝。

4. 金童 5 号

[品种来源] 美国新泽西州 New Brunswick 农业试验站用 PI35201 和 NJ196 杂交育成的中熟罐藏黄桃品种。

[特征特性] 平均单桃重 160 g，最大桃重 275 g。桃实近圆形，略扁，两侧不对称。桃顶圆平，凹入，缝合线浅。桃皮底色金黄，桃面着红色晕，近核处与肉色相同。不溶质，肉质致密，汁液中等，香气浓，风味酸甜适中。可溶性固形物 10.4%～11.5%。粘

图 1-48 金童 5 号

核。桃实发育期 115 d，在秦皇岛地区 8 月下旬成熟。

[加工性状] 易去皮，耐煮，桃肉红色消失，成品块形完整，金黄至橙黄，肉质致密，香气中，甜酸适中。

5. 金童6号

[**品种来源**] 美国新泽西州 New Brunswick 农业试验站以 (J. H. Hale × Bolivian Cling) PI36126 与 NJ196 (J. H. Hale × Goldfineh) 杂交育成的晚熟罐藏黄桃品种。

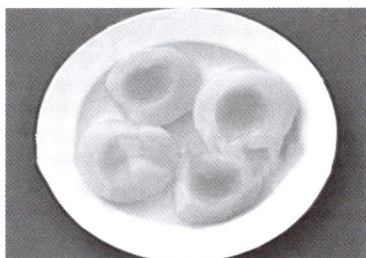

图1-49 金童6号

[**特征特性**] 平均单桃重 230 g，最大桃重 288 g。桃实圆形，略扁，两侧不对称。桃顶圆，缝合线浅，梗洼深而窄。桃皮底色金黄至橙黄，着玫瑰红色细点和条纹。茸毛中粗、密。桃皮不能剥离。桃肉金黄，带少量红丝，近核处着红晕或无。不溶质，汁液中等；香气浓，甜酸适中。可溶性固形物含量13.2%。粘核。桃实发育期123 d左右，在秦皇岛地区9月上旬成熟。

[**加工性状**] 易去皮，耐煮，桃肉红丝消失，但仍需修整，成品块形完整，橙黄色，肉质稍软，香气中，甜酸适中。

五、优良观赏桃品种

1. 银春

[**审定情况**] 2015年通过河南省林木良种审定。

[**特征特性**] 旺盛，树姿开张。花蔷薇形，白色，花径 4.4 cm，花瓣4～5轮，18～24片，花丝白色，51～60条，花药黄色，并具有萼片瓣化现象。河南郑州地区3月2日叶芽膨大，3月15日中蕾至大蕾期，花蕾白色。3月22日始花

图1-50 银春

期，3 月 29 日至 4 月 5 日末花期，开花持续期 7～13 d，需冷量
450 h。

[栽培技术要点] 一般落叶后 25～30 d 就能自然满足需冷量要
求，如采用遮阴覆盖的方法，20 d 即可满足需冷量的要求。

[适宜推广地区] 在满足需冷量 450～500 h 的地区均可以栽培。

2. 画春寿星

[审定情况] 2015 年通过河南省林木良种审定。

[特征特性] 株型紧凑，
半矮化。花蔷薇形，花瓣粉红
色，花朵直径 4.5～5.0 cm，
花瓣 6～7 轮，花瓣数 42～45
片。河南省郑州地区 3 月 5 日
叶芽膨大，3 月 18 日中蕾至大
蕾，3 月 22 日始花，末花期 4
月 2～5 日，开花持续期 10～
13 d，需冷量 600 h。

图 1-51　画春寿星

[栽培技术要点] 长势中等，属半矮化品种，少喷或不喷多效
唑；冬剪时在疏除过密枝的同时，多保留短桃枝与花束枝。树形宜
采用自然圆头形。促早生产，落叶后 25～30 d 就能自然满足需冷量
要求，升温后 1 个月开花。

[适宜推广地区] 在满足
需冷量 600 h 的地区均可以
栽培。

3. 迎春

[审定情况] 2014 年通过
河南省林木良种审定。

[特征特性] 花为蔷薇形，
花瓣粉红色，花朵直径 4.7 cm，

图 1-52　迎春

花瓣 4～5 轮，花瓣数 16～24 片。河南省郑州地区 3 月 2 日叶芽膨大，3 月 15 日中蕾至大蕾，3 月 18 日始花，末花期 3 月 29 日至 4 月 5 日，开花持续期 11～18 d，需冷量 450 h。

[栽培技术要点] 设施促早生产时，一般落叶后 25～30 d 就能自然满足需冷量要求，升温后 1 个月开花。注意控制进棚时间和温室的温湿度。一般白天温度控制在 20～25 ℃，夜间温度控制在 5～8 ℃，湿度控制在 60% 左右。

[适宜推广地区] 满足需冷量 450 h 以上的地区均可种植。

4. 满天红

[审定情况] 2011 年通过国家林业局林木良种审定。

[特征特性] 花桃兼用品种。河南省郑州地区花蕾现蕾期 3 月 10 日，始花期 3 月 23 日，末花期 4 月 9 日。开花持续期 18 d。花重瓣，花径 4.4 cm，花瓣 4～6 轮，花瓣 22 片。需冷量 850 h。桃实 7 月 25 日成熟，单桃重 127 g，桃面 50% 着红色，桃肉白色，软溶质，

图 1-53　满天红

粘核，风味甜，可溶性固形物含量 12%。

[栽培技术要点] 成花容易，适当疏桃。盆栽促花需 7 月初叶面喷布 15% 的多效唑 200 倍液 1～2 次。春节上市要满足 800 h 的需冷量后再进棚升温。

[适宜推广地区] 满足需冷量 800 h 以上的地区种植。适合保护地栽培。

5. 绛桃

[特征特性] 直枝桃类。干皮灰褐色，小枝紫色。花红色；花蕾卵圆形，花瓣卵形，长 2.2 cm，花径 4.73 cm，复瓣，梅花形，

花形规则，花瓣数 14.7 枚
（13～18 枚），雄蕊数平均
39.7，花丝长 1.23 cm，红色，
平展，有瓣化现象；花心白
色；花药橘红色；雌蕊与雄蕊
近等长；着花中等；花萼红褐
色，两轮；花梗长 0.9 cm。叶

图 1-54 绛桃

绿色，椭圆披针形，长 13.3 cm，宽 3.7 cm，叶长与叶宽比（L/W）
为 3.59；叶缘细圆齿，叶柄 1.0 cm；肾形蜜腺 2～4 个。桃实绿色，
长 3.46 cm，宽 3.26 cm，圆形；桃核长 2.88 cm，宽 1.96 cm，卵
圆形；核面粗糙。花期 4 月中旬。

[栽培技术要点] 宜种植在阳光充足、土壤沙质的地方。喜肥，
施肥过量，会造成枝条徒长，花芽分化不良，影响开花、树形等重
要观赏特征的表现，做到适时适量施肥。修剪时注意花枝搭配合
理，分布疏密有致，根据不同树龄、不同树势、不同环境等具体情
况进行适树适剪。

6. 白花山碧桃

[特征特性] 树体高大，枝型开展。树皮光滑，深灰色或暗红
褐色。小枝细长，黄褐色。花白色，花蕾卵形，花瓣卵形，长
1.83 cm，花径 4.3 cm，复瓣，梅花形，花瓣数 18 枚（16～23
枚）；雄蕊数平均 73.5，花丝长 1.83 cm，雄蕊与花瓣近等长，花
药黄色；无雌蕊；着花密；花梗长 0.53 cm；萼片绿色，两轮，卵
状；花丝和萼片均有瓣化现象。叶绿色，椭圆披针形，长 12.8 cm，
宽 3.2 cm，叶长与叶宽比（L/W）为 4；叶缘细锯齿，叶柄 1.5 cm。
花期在所有桃花品种中最早，在北京地区 4 月上旬即可盛花。

[栽培技术要点] 采用嫁接的方法进行繁殖，保持该品种的性状
特征。北京地区可在 6 月进行芽接，以山桃为砧木，成活率可达
95%。宜种植在阳光充足、土壤沙质的地方；不宜进行大规模修剪，
尽可能保留自然的树体结构，只需对残枝枯枝及时进行修剪即可。

第二章

桃树的生物学特性

一、 桃树生长发育特性

桃树原产于我国西部高原地区，在系统发育过程中，长期生存在日照长、光照强的自然环境中，因而形成了典型的喜光特性。桃树一般定植后 2～3 年就可结果，4～5 年即可形成所要建立的树形并进入盛果期，20～25 年树势逐渐衰退，经济年龄一般在 20 年左右。桃树的寿命长短因品种、砧木和栽培条件而不同：我国南方地区地下水位高，土壤瘠薄，桃树衰老得早，经济年龄一般在 15 年左右；同一品种用山桃作砧木比用毛桃作砧木寿命短；北方品种群的尖嘴桃比南方的水蜜桃寿命短；栽培在山地的桃树比栽培在平原的桃树寿命短；栽培管理好的桃树寿命长。

桃树是小乔木，自然生长时树冠常张开，有主干，但干性弱，树姿因品种不同而各异。北方品种群的品种，如肥城桃、天津水蜜桃、五月鲜等，树姿直立，主枝角度一般小于 40°。南方品种群的品种，如大久保、离核水蜜桃和玉露等，树冠较开张，甚至下垂，主枝角度一般大于 50°。

桃树树势的强弱与树干的高矮有关。树干过高，树势形成缓慢，树势易衰弱，所以，桃树一般采用矮干为宜。大久保、早久保和丰白蜜等品种，枝条容易下垂，树干可稍高一些。庆丰和京红等品种，枝条直立性强，树干应矮些。在肥沃的平坦地段建设桃园，树干应稍高些；在土壤贫瘠的地段建设桃园，树干应稍矮些。

桃树树冠形成的快慢、结果的早晚及产量的高低与萌芽力和成枝力有关。一般桃树的萌芽力和发枝力都强，但品种间存在着较大的差异，如早生水蜜桃品种萌芽力弱，但发枝力强。品种相同，栽培条件不同，萌芽力和发枝力也有所改变，桃树在沙土地上时萌芽力比在沙壤土地上弱，在寒冷地区的桃树比在温暖地区的桃树萌芽力弱。凡是萌芽力和发枝力强的品种，树冠形成早，结果早，产量也高。

二、桃树根系生长特性

(一) 根系的种类

桃树根系由骨干根和须根组成，骨干根由主根和侧根构成。

1. 骨干根 骨干根是桃树根系中粗大的根，其主根不明显，侧根发达。

2. 须根 须根分为生长根、吸收根和输导根。

(1) 生长根。生长根在根的先端，为白色幼嫩部分，生长速度快，由于生长根的生长才使得根系不断延伸。生长根的主要功能部位在根尖。根尖由末端向茎端依次排列着根冠、分生区、伸长区和根毛区，其中主要功能区是分生区和根毛区。

(2) 吸收根。吸收根是在生长根生长过程中发生的白色细根，长度为几毫米，粗度不到 1 mm，寿命短，从发生起短则几天，长则 1～2 个月便枯死。

(3) 输导根。生长根进一步分化后即变为输导根。

(二) 根系的生理功能

1. 主根 主根的主要功能是将植株固定在土壤中，输导水分和养分，是贮藏养分的重要器官。

2. 须根 须根是根系中最活跃的部分，是吸收水分和养分的主要器官，同时也是合成植物激素和有机物质的重要器官，如将所吸收的矿物营养合成、转化成有机物，将吸收的铵态氮可以与地上部运入根系的碳水化合物结合形成氨基酸，将吸收的磷转化成核蛋白，将二氧化碳与糖结合形成有机酸。还可以合成某些特殊物质，如细胞分裂素、生长素等。

(三) 根系的分布

桃树根系是实生根系，主根上发生的侧根多且发达，进入盛果期以后主根已很不明显，侧根成为根系的主要骨干根，主要向水平方向发展。水平根主要集中分布在树冠以内。

桃树根系为浅根性树种，垂直分布受土壤条件影响大，如果是排水良好的沙壤土，根系主要分布在20～50 cm 的土层中。在土壤黏重、排水不良、地下水位高的桃园，根系则主要分布在 5～15 cm 的浅耕层内；在黄土高原，栽植于粉沙壤土上的桃树根系可超过 1 m。根系分布的深浅也与砧木有关：毛桃砧木的根系发育好，根系深广；山桃砧木根系少，分布较深；寿星桃砧木和李砧木，细根多，直根短，分布浅。另外，营养失调、病虫害严重、栽植过密、气候多变等都能影响根系的分布。

(四) 根系的年生长动态

桃树根系在年生长周期中不存在自然休眠，只要温度适宜就可不间断生长。在华北地区桃树根系有两个生长高峰：第一个生长高峰在 5 月下旬至 7 月上旬，第二个生长高峰在 9 月下旬。春季土温 0 ℃以上根系就能顺利地吸收并能同化氮素，5 ℃以上新根开始生长。夏季 7 月中旬至 8 月上旬，土壤温度升至 26～30 ℃，根系停止生长。秋季土壤温度降至 19 ℃，出现第二个生长高峰，这次生长速度和生长量虽然远远不如第一个生长高峰，但是对树体积累储藏营养和增强越冬能力有着非常重要的意义。初冬土壤温度下降到 11 ℃以下，根系开始停止生长，被迫进入冬季休眠状态。

三、桃树枝条生长特性

(一) 枝条的类型

桃树的枝条分为营养枝、结果枝、新梢三大类。

1. 营养枝　营养枝按生长势又分为发育枝、叶丛枝、徒长枝和纤细枝。

(1) 发育枝。发育枝生长旺盛，枝条上的芽一般为叶芽，或少数花芽着生于枝条的顶端，这种花芽不充实，不容易结果，即使结果，果实也很小。发育枝在幼树和旺树上较多，一般长 50 cm，粗 1.5～2.5 cm。

(2) 叶丛枝。多由枝条基部的芽萌发而成。叶丛枝由于营养不足，萌发后不久便停止生长，一般枝长在 1 cm 以下，可延续多年，但仍为叶丛枝，而且萌发时常形成叶丛。落叶后枝上布满鳞片痕和叶柄痕，仅枝顶着生 1～2 个叶芽，因此也叫单芽枝。

叶丛枝多由三四年生枝条中下部的潜伏芽发育而成，六年以上的枝条很少发生，但十年以上的枝条有时也出现叶丛枝。如果这类枝条的母枝当年发育不良，或阳光不足，则落叶后叶丛枝容易枯死。如果母枝生长旺盛，叶丛枝能继续生长 3～5 年，在条件适合时，叶丛枝可以萌发成不同类型的枝条，也可利用叶丛枝重回缩更新树冠或培养成枝组。

（3）徒长枝。这种枝条生长旺盛，直立粗壮，有二次枝或三次枝，长 1～2 m，在二次枝上往往着生花芽。徒长枝多发生在树冠上部，由强旺的骨干枝背上芽或直立旺枝上的芽萌发而成。由于徒长枝生长旺盛，消耗的养分多，枝姿直立、高大，影响通风透光，因此必须加以改造和修剪。幼树上的徒长枝，可用来整形，加速树冠的形成。盛果期树很少发生徒长枝，如有发生应及时剪除或改造，可采取扭枝、曲枝和短截等手段，将其改造成结果枝组。衰老树上的徒长枝，应培养成新的树冠或枝组。

（4）纤细枝。由潜伏芽萌发抽生的极短枝或细弱枝，顶芽为叶芽，翌年再萌发抽生的极短枝称为纤细枝，有的可成为果枝。在树冠内部秃裸或树势衰弱的情况下，可利用这类枝结果或更新。

2. 结果枝 桃树结果枝的类型按照长度和芽的排列，可分为长果枝、中果枝、短果枝、花束状枝和徒长性果枝。

（1）长果枝。长果枝粗壮充实，一般长 30～59 cm，粗 0.5～1.0 cm，多生长在树势健壮的树冠上部和中部，其上有二次分枝，这类长果枝的基部常有单生的叶芽 2～3 个。长果枝的上部为花芽，花芽充实，是多数品种的主要结果枝，先端常有叶芽，生长强壮的枝叶芽数增多，花芽数减少；生长中庸的枝多为复花，除开花结果外，还能抽生新梢，有利于果实的生长发育，所抽生的新枝翌年又变成结果枝，形成新的长果枝，保持连续结果能力。

（2）中果枝。这种枝条长 15～29 cm，粗 0.3～0.5 cm，多着生在树冠的中部。中果枝的芽着生不规律，单芽和复芽间隔着生。

（3）短果枝。这种果枝长 5～15 cm，粗 0.3 cm 左右，多发生在各级枝的基部或多年生枝上。短果枝除了顶芽为叶芽外，大部分为单花芽，复花芽很少，能开花结果。营养条件差时，坐果能力低，发枝弱的直立性品种如肥城桃、深州蜜桃等，以短果枝结果为主。因短果枝只有顶芽抽生新梢，又因母枝本身弱小，并结有果实，故无力抽生长枝，2～3 年后容易自然枯死。

（4）花束状果枝。花束状果枝与短果枝类似，长 3～5 cm，粗 0.3 cm 以下，除顶芽为叶芽外，密生单花芽，节间极短，呈现花束状。在弱树或衰老树上，容易抽生花束状果枝，这类果枝只有着生在 2～3 年生枝背上，容易坐果，其余多结果不良，一般 2～3 年后即死亡。但有些品种如肥城桃，花束状果枝结果能力较强。

（5）徒长性果枝。枝条长 70～80 cm 或更长，其上有少数二次枝，有花芽且多为复芽。由于生长旺盛，造成落果严重，且果小，品质劣。一般用作培养枝组或更新用。若用其结果，则需要缓放或拉平，以削弱其生长势，然后再使其结果。

3. 新梢　新梢是经过冬季休眠的芽，春季萌芽长出的当年生带叶枝，新梢上可以萌发多级次副梢。桃树这种多级次的分枝能力是其早成型、早结果、早丰产的生物学基础。新梢皮层内含有叶绿素，可进行光合作用，茎尖也是合成生长素、赤霉素的主要部分。

（二）枝条的功能

（1）多年生骨干枝的主要功能是支撑树体，输导、贮藏水分和养分。

（2）一年生枝的主要功能是构成树冠的骨架，用作骨干枝和培养大型枝组。

（3）新梢，即为营养芽萌发而成的未成熟、未木质化嫩枝条，主要起调节树势、翌年果枝培养等作用。

（三）枝条的生长

枝条的生长表现为伸长生长和加粗生长两个方面。伸长生长是在桃叶萌芽展叶后，经过约 1 周的缓慢生长，随气温的上升进入迅速生长期，至秋季气温下降、日照缩短，新梢停止生长之后落叶休眠。枝条的生长动态因枝条种类不同而不同，一般生长中等或偏弱的有 1～2 个生长高峰，生长旺盛的可能有 2～3 个生长高峰。

桃树枝条的加粗生长与伸长生长同步进行，在伸长生长后期，加粗生长加快。枝条生长的适宜温度为 18～23 ℃。据研究，昼温 25 ℃、夜温 20 ℃左右，对枝条内养分和水分的吸收、运输与贮藏积累有利，因而伸长生长和加粗生长的生长量都较大。

四、桃树芽的生长发育特性

（一）芽的种类

桃芽分为叶芽和花芽。

1. 叶芽　由新梢顶端或叶腋的芽原基分化而来，由鳞片、过渡叶、幼叶和生长锥组成。叶芽的形状在品种间差异很大，多数呈三角形。叶芽只抽生枝叶，新梢顶端的芽必是叶芽。不同类型的枝条芽的排列不同，粗 1.5 cm 以下的发育枝上，多是侧生叶芽，每一个节有一个叶芽，叫单芽；粗 1.5 cm 以上的强壮发育枝上多着生复叶芽，复叶芽有 3 个叶芽或 2 个叶芽为一节。

叶芽的萌发力很强，复叶芽一般在剪口下全部都能萌发。有的强壮枝上叶芽在当年夏季萌发，形成副梢，第二年春，副梢枝两侧的叶芽萌发，长成新梢。叶芽在发育过程中还有不定芽、盲芽等形式。

（1）不定芽。芽的发生部位不固定，所以称作不定芽。常发生在剪锯口附近，或由于修剪过重而刺激其诱发。这种芽通常生长较旺，成为徒长枝。

（2）潜伏芽。一年生枝上的越冬芽，翌年夏季不萌发，仍处于休眠状态，这种芽称作潜伏芽，或称作休眠芽。潜伏芽在某种情况下可萌发。

（3）盲芽。有的枝条叶腋没有叶原基，有节无芽，称为盲芽。盲芽处不发枝。盲芽多发生在一个枝条的基部和生长不充实的二次枝或弱枝上。

2. 花芽

（1）花芽的类型。花芽均侧生在枝上，有单花芽和复花芽之分。单花芽是在每个节上着生1个花芽，复花芽是在每个节上着生两个以上的花芽。长果枝上端多为复花芽。长果枝接近基部多为1个单花芽。中果枝上单花芽较多，而且单花芽和单叶芽间隔生长。短果枝上的复花芽多，是2个花芽或3个花芽为一节，中间为叶芽，只有顶端有一个叶芽，少数短果枝上的顶端也没有叶芽。

（2）花芽的结构。桃树花芽内只有花器官，无枝叶，是典型的纯花芽。每一个芽一朵花，每个花芽由12～14个鳞片、2～3个过渡叶、5个萼片、5个花瓣、4轮雄蕊和1个雌蕊组成。

花芽的质量主要受树体上年贮藏的营养影响，花芽直径越大，茸毛越多，花芽的质量越好。花芽的质量影响到下年的坐果率和果实的大小。

（3）花芽分化。桃树花芽分化属于夏秋分化型，可分为以下四个阶段：

① 生理分化期。这个阶段是芽的生长由营养生长转化为生殖生长的关键时期，此时桃新梢生长缓慢。

② 形态分化型。分化顺序为分化始期、花萼分化期、花瓣分化期、雄蕊分化期和雌蕊分化期。自6月下旬至9月中下旬，约需80 d。据研究，早中熟品种在鲁南及其周边地区，通过夏季修剪及化学处理，形态分化可以推迟到7月中旬至8月上旬开始，9月中下旬结束，形态分化期缩短为60 d左右。

③ 休眠期。休眠期芽内物质的转化和代谢活动仍然继续进行，但花芽必须经历此低温时期，在生理上发生一系列的变化。

④ 性细胞形成期。花芽解除休眠，雄蕊分化形成花粉，雌蕊分化形成胚胎、胚囊和雌胚子。至此，花芽已经完成分化、形成的全过程，条件具备时可以开花。

（4）影响花芽分化的环境条件。

① 光照。桃树喜光，对日照长短比较敏感。短日照或遮光造

成光照度减弱，延迟花芽分化和花芽发育。据研究，在花芽分化前1个月，日平均日照在 7 h 左右，才能进行花芽分化，所以不见光的内枝花芽分化少、质量差，树冠外围的花芽分化质量好。

② 温度。在土壤水分适宜的条件下，温度是制约花芽分化的重要条件，不同的品种之间差异较大，大久保发芽后大于 10 ℃的积温达到 900 ℃时即可开始花芽分化。

③ 水分。花芽分化前适当的干旱抑制营养生长，有助于物质积累，诱导脱落酸水平的提高，有利于花芽分化，可提早开花。

④ 大量元素肥料。花芽分化需要充足的营养积累，花芽分化前增施氮肥、磷肥，有利于花芽分化。

⑤ 微生物菌剂。微生物能够分泌一些氨基酸或酶类物质，具有萘乙酸和赤霉素的功效，能够促进桃树的根系发育和促进花芽的分化。据研究，盛果期每株桃树秋季（8月下旬至 9 月上旬）结合追肥增施农用微生物肥料（有机质大于 70%，微生物大于 5.0 亿/g）3～4 kg，有利于桃树花芽分化、开花期提前 2～3 d。

⑥ 修剪。对桃树进行夏季修剪，有利于花芽分化。

⑦ 化学措施。花芽分化前，对桃树进行化学处理，如喷施植物生长调节剂，有利于桃芽分化。

五、 桃树开花与结果特性

（一）花形

桃花从外部形态上可以分为两种：一种是蔷薇形，花瓣较大，雌雄蕊包于花内或雌蕊稍露于花外，大部分桃品种属于此类；另一种为铃形，花瓣小，雌雄蕊不能完全被花瓣包围住，开花前部分雄蕊已经成熟，花药裂开而散出花粉，当花瓣完全展开后，花粉已经全部散出。

（二）花的组成

桃花为完全花，雌雄蕊同花同株，由萼片、花瓣、雌蕊、雄蕊、子房和胚珠等组成。

（三）开花习性

桃树开花的日平均温度在 10 ℃以上，适宜温度为 12～14 ℃。同一个品种的开花延续期在 10～15 d，但在遇到干热风、大风等天气时，花期随之缩短到数天。不同品种的花期有差异，同一个品种不同的植株间当年开花期也有先后，同一株的花期也不相同。最早开的花朵往往在树冠中下部细弱的顶端，这类枝条坐果率最低，并非结果的主要部位。

大部分桃品种为自花结实，但也有少数品种因花粉败育而结实能力差，或没有自花结实能力。

（四）果实发育特性

桃果实发育初期，子房壁细胞迅速分裂，果实迅速膨大。花后2～3 周时，细胞分裂速度逐渐缓慢，果实增长也随之变缓。花后30 d，细胞分裂近乎停止，以后果实的增长，主要是果实细胞体积增长、细胞间隙扩大和维管束系统的发达。

桃果实发育期一般分为以下三个时期：

第一期，从子房膨大到核硬化前，也就是从花后到本阶段结实大约经历 30 d。这个阶段果实体积和重量迅速增加。

第二期，果实增长缓慢，果核逐渐硬化，又称硬核期。这一阶段时间的长短因品种不同而异，一般早熟品种 2～3 周，中熟品种4～5 周，晚熟品种 6～7 周。

第三期，果实增长速度加快，果肉厚度明显增加，直至采收。

第三章

建园技术

第一节　园地的选择

建园要根据当地的气候、交通、地形、土壤、水源等条件，结合桃树的适应性，特别是强喜光性和怕涝性，选择阳光充足、地势高燥、土层深厚、水源充足且排水良好的地块。

一、园址的选择原则

1. 产地环境　桃园要选在生态条件良好、远离污染源的产地，环境空气质量、产地灌溉水质量、大气质量按照 NY/T 391 执行。

2. 立地条件　以土质疏松、排水良好的沙壤土为好，活土层在 40 cm 以上，桃树喜中性偏酸土壤，pH 4.5～7.5 为宜，但以 5.7～6.5 最佳，当 pH 4.5 以下时易缺磷、钙、镁，当 pH 7.5 以上时易缺铁、锰、锌、硼等，出现黄叶病。有机质含量最好不小于 10 g/kg。

3. 交通便利　桃树的结果量大，成熟期集中，要求交通便利，使运载工具能够畅通。

4. 地形适宜　桃树适合在坡地生长。坡地通透条件好，所以桃园一般建在丘陵地带，或建在有一定坡度的耕地上；当然平地也可以建园，但要修排水沟渠。坡地建园以东南坡向为好，东坡、南坡也可以建园，可起到避风透光作用；坡度在 5°～15°，海拔 400 m 左右，环境优良，无污染，浇灌用水质地好。

5. 水位较低　地下水位在 1.2 m 以下，桃树根浅，需要透气性良好的土壤。地下水位过高时，要起垄做高畦。不宜在重茬地建园。

6. 排水良好　桃树根系呼吸旺盛，最怕水淹，要做好排水防涝工作。

7. 禁选风口　桃树枝叶密集，果柄短，遇风时油桃常出现"叶磨果"，似果锈，降低或失去商品价值。在气候条件相对不稳的地方，风口常会发生冻花、冻伤幼果的现象，夏季出现冰雹灾害，或者发生严重的鸟害，需设立防护网。

8. 忌重茬　桃树根系残留在土壤中，会分解成氢氰酸和苯甲酸，它能抑制桃树新根生长，浓度高时会杀死新根。所以，重茬桃树表现生长弱，病害多（如流胶病、根癌病等），果实小，严重的会死树。如果必须利用老桃园时，应先种 2～3 年禾本科作物豆类或绿肥，再行种植，或先采用客土、多施有机肥的方法，减少不良影响。注意李、杏、樱桃园废弃后种桃也会出现再植病。或采用抗重茬的砧木，如 GF677（北方使用）、中桃抗砧 1 号（南北均可使用）等。

9. 适地建园　以壤土或沙壤土为好，土壤疏松透气，如是黏性较大的黄土，应结合挖树坑进行改造；忌在涝洼地建园。

二、地势条件

地势每升高 100 m，气温平均下降 0.6 ℃，海拔越高，气温越低。所以，一般在海拔 2 200 m 以下，桃树生长结果良好，因此建园应选择 2 200 m 以下为宜。特别是坡度在 5°～15°、海拔 400 m 左右的山地、坡地效果好。山地、坡地通风透光，排水良好，栽植桃树病害少，品质比平地桃园好。谷地易集聚冷空气并且风大，因桃树抗风力弱，故要避免在谷地或大风地区建园。山地、坡地的地势变化大，水土易流失，土壤瘠薄，需改造后建园，并以坡度不超过20°为宜。平地地势平坦，土层深厚、肥沃，供水充足，气温变化和缓，桃树生长良好，但通风、排水不如山地，易染真菌病害。平地还有沙地、黏地、地下水位高、盐渍地等不良因素，故以先改后建园为宜。

三、土壤条件

1. 适宜土壤　桃树适应性强，平原、山地、沙土、沙壤土、黏壤土上均可生长。但是桃最适宜的土壤为排水良好、土层深厚的沙质壤土，pH 5.7～6.5 呈微酸性，盐的含量应在 0.1％以下。当土壤石灰含量较高，pH 在 8 以上时，会导致缺铁而发生黄叶病，在排水不良的土壤上，更为严重，土壤 pH 过高或者过低都易产生缺素症；在瘠薄的沙地上，桃根系容易患上根结线虫病和根癌病，且肥水流失严重，易使树体营养不良，果实早熟而小，产量低，盛果期短，炭疽病重等；在肥沃土壤上营养旺盛，易发生多次生长，并引起流胶，进入结果期晚；黏重的土壤易发生流胶。根系对土壤中氧气敏感，土壤含氧量 10％～15％时，地上部分生长正常；10％时生长较差；5％～7％时根系生长不良，新梢生长受到抑制。

2. 重茬地处理方法　树对重茬地反应敏感，往往表现生长衰弱、流胶、寿命短、产量低，或者生长几年后突然死亡等，原因一是线虫多，直接食害根部，并分泌一种扁桃苷酶分解于根部，形成有毒物质；二是前作老桃树的根系有较多扁桃苷，水解后变为氢氰酸和苯甲酸，这两种物质抑制根呼吸作用。应采取轮作，在桃园中种植 2～3 年农作物对消除重茬的不良影响很有效果，若土地无法轮换，需挖大定植穴彻底清除残根，进行客土，晾坑，土壤消毒，才会有所改善。挖定植穴时最好与旧址错开，填入客土、加强肥水管理等综合措施相结合等都有较好的效果。

3. 植病的综合防治　桃连作障碍的主要原因是自毒作用，即残根中的氰苷、野黑樱苷、扁桃苷被细菌分解产生氢氰酸、苯甲酸，抑制根尖呼吸、根毛发育，使分生组织坏死，从而抑制桃树生长，表现生长弱，易感病，果实小，甚至死树。不同前茬果树对桃树生长的抑制由强到弱依次为：桃＞李、杏、樱桃＞苹果＞无花果＞葡萄＞核桃＞梨。

（1）常规方法。休闲轮作、客土掺沙，但费时费力。休耕或插作农作物，最好是休耕或插作一年生、二年生农作物两年以上。每年至少耕作 2 次，翻晒土壤，注意增进土壤的排水和培肥，改善土壤通气状况，有条件的地区可水旱轮作，然后再重建果园或苗圃。

（2）先种苗后刨树。老桃树重剪，控制行间生长，在行间先种上小桃树，待生长 1 年后再刨老树（采果后即刨），尽量捡拾残根并在地表撒生石灰，翻耕晾晒。

（3）挖大沟多施土杂肥。老桃园更新或苗木出圃后，应尽量清除残根、落叶和果园周围杂草，集中烧毁或深埋。如果桃园更新后需立即在原地建园，应先进行深耕、整地、清除残根，并尽量避开原来栽果树的位置，确定株行距，挖定植沟，其直径和深度一般均为 1～1.2 m，并在新定植穴内结合施用有机肥进行改土或引入客土。注意将生土和熟土分开堆放。

（4）大苗建园。选择大苗、壮苗或容器苗定植。实践证明，桃树的再植障碍在幼苗、小树和弱树上表现得比较突出。因此，生产上在老桃园地建新桃园时，应选择壮苗、大苗定植，如果有条件最好定植容器苗。具体方法：在定植的前一年春季萌芽前，将选定的品种苗木栽在大小适宜的容器里，容器可因陋就简，土瓦盆、废旧木箱、编织袋均可。容器内土壤要选择质地疏松，含有机质丰富，保水保肥性能好的耕作中的园土、草皮土、植物落叶的腐质土，经过筛选堆积腐熟后的城市垃圾土等均可。但容器内土应无污染物和病虫，不能掺化肥。栽植在容器内的桃苗成活后要加强肥水管理和病虫草害防治，使其正常生长，当年秋冬季或第二年春季即可移入田间。

（5）土壤药剂处理。刨树后将粉碎的秸秆和少量石硫合剂撒在表面，旋耕，使糖分与氢氰酸反应生成无害的氰醇，硫代硫酸钠与氢氰酸反应生成无害的硫氰酸盐，或加入氢氧化钾、次氯酸钙有利于氢氰酸的分解，然后起垄，用水淋洗，将有害的物质冲刷到行间，将桃树种在垄上。以后多施磷酸铵肥料。

（6）抗重茬砧木。选用抗性砧木与病虫害的发生与否，常取决于果树及其砧木抗病能力的强弱。选用抗性砧木可提高果树对环境的适应性，增强桃树对病虫害的抵御能力。桃树可选择红根甘肃桃作砧木，能提高植株抗根结线虫的能力；用 GF677、山桃、扁桃、中桃抗砧 1 号、中桃抗砧 2 号，可以解决根本问题。

（7）土壤消毒。土壤消毒常用氯化苦 25～35 kg/亩进行消毒（需要专业公司、专业人士操作），适宜土壤深度是土表 15 cm 以上，适宜温度为 15～20 ℃，适宜的土壤湿度（相对湿度）为 65% 左右。将药剂注入地表下 15～30 cm 深度的土壤中，注入点间距为 30 cm，将药剂均匀注入土壤内，每孔用药量 2～3 mL，边注入边用脚将注药穴孔踩实，操作人员须逆风向行进操作。有条件的地方也可用石灰氮进行土壤消毒，亩用量 50～75 kg，结合施入土杂肥 2 000～3 000 kg，需要结合灌水覆盖地膜保温 30 d 以上，适合设施桃园土壤消毒。

（8）施用 VAM 真菌。VAM 真菌即泡囊—丛枝菌根真菌，是一种与果树发生有益共生的内生菌根真菌。重茬地果树栽植时，在果树根际直接接种 VAM 真菌，可减轻果树再植病的发生，促进果树的生长和结果。也可在果树栽植前，先种植豆科植物如小冠花、三叶草和苜蓿。这些豆科作物是 VAM 真菌的寄主，种植这些作物，可以促进土壤内 VAM 大量繁殖；同时，还可固定氮素，增加土壤肥力，果树定植后不易发生再植病。特别是在土壤消毒的基础上再接种 VAM 真菌对预防病害发生有显著的效果。

（9）科学补充土壤营养元素。果园重茬栽植前应进行果园的土壤分析，了解果园土壤内营养元素亏损或积累情况，然后确定果园施肥方案，补充和调节土壤内的营养元素，特别注意有机肥料和微量元素的应用。

第二节　桃园的规划

桃园规划要根据地形、地貌、规模、机械化程度、气候特点、土壤状况等确定。

一、 桃园规划设计的基本原则

（1）要从全局出发，全面规划，统筹安排建园的各项事宜。

（2）应有长远的观点，慎重考虑建园的前景和可能出现的问题。

（3）要遵循因地制宜、相对集中、适度规模的原则，建立适应本地情况的桃园。

（4）要了解掌握当地各种不良环境因素的情况，及早因害设防，防患于未然。

（5）要适应新科技的应用，为桃园的科学化管理特别是智慧果园的建立创造条件。

二、 规划设计的内容

园地规划包括桃园及其他种植业占地，防护林、道路、排灌系统、辅助建筑物占地等。规划时应根据经济利用土地面积的原则，尽量提高桃树占用面积，控制非生产用地的占比。一般认为，桃园各部分占地的大致占比为：桃树占地 90% 以上，道路占地 3% 左右，排灌系统占地 1.5%，防护林占地 5% 左右，其他占地 0.5% 左右。

（一）果树栽植小区

果树栽植小区即作业区的面积通常在 $1\sim10$ hm²，可根据果园规模、地势等情况决定，平地宜大，山地宜小，栽植小区面积较大时，有利于提高土地利用率；小区形状和方位，一般以长方形为宜，其长、宽比例为（$2\sim5$）：1，长边宜南北向或垂直于主风向，山地、丘陵地可以一面坡或 1 个丘为 1 个小区，山地果树小区，长边必须沿等高线延伸。

通常栽植小区总面积应占果园面积的 80% 以上，其余为道路水利、林带及果园建筑物等。果园建筑物中的管理用房、工具农药肥料室、包装场、果品贮藏库等，应设在交通方便处或果园的中心处，包装场和果品贮藏库应设在较低的位置；配药池应设在靠近水源、灌溉渠道处和较高的位置。

（二）道路系统

果园道路可分为主路、支路和小路 3 级。主路连接公路，宽度 5～7 m。支路筑在小区之间，供较大型车辆通行，外接主路、内连小路，宽度 3～5 m。小路即作业道，设在小区内果树的行间，宽度 1～3 m。山地、丘陵果园，坡度小于 10°的园地，支路可以直上直下，路面中央稍高，两侧稍低；坡度大于 10°的山地果园，支路宜修成"之"字形绕山而上，路面适当向内倾斜。小路设在梯田背沟边缘或两道撩壕之间。注意道路不提倡利用水泥或沥青硬化，建议利用沙石、地砖等材料铺设。

（三）水利系统

1. 蓄水池与引水沟　山地、丘陵果园应选址修建小型水库蓄水，无修建水库条件的地方，可在果园上方根据荒坡坡面、地形和降水量等情况，挖掘拦水沟，并在拦水沟的适当处修建蓄水池。引水沟宜设在果园高处，最好用混凝土或石头砌成。

2. 输水渠和灌水渠　输水渠上接引水沟，下连灌水渠，其位置低于引水沟，高于灌水渠，多设在干路的一侧，也可采用木制架槽缩短其长度，输水渠可以用混凝土或石头砌成，也可以采用塑料管，输水渠的宽度与深度或塑料管的直径，视小区多少和输水量而定；灌溉渠设在小区内，接受输水渠的流水灌溉果树，输水渠多在树行的外缘采用犁沟将水引入树盘和树行内灌溉。山地梯田或撩壕果园，利用梯田的背沟或撩壕的壕沟为灌溉渠。

（四）排水系统

1. 明沟排水　在地表挖掘一定宽、深的沟排水。山地果园，其上方有荒坡或坡面时，由拦水沟（包括蓄水池）、集水沟和总排水沟组成。果园上方无荒坡或坡面时，则由集水沟和总排水沟组成。拦水沟拦截果园上方的径流，贮在蓄水池内。蓄水池与灌溉系统的引水沟相通。集水沟是利用梯田的背沟或撩壕的壕沟，集水沟上端连接引水沟，下端通总排水沟。总排水沟利用坡面侵蚀沟改造而成。平地果园，通常由小区内的集水沟、小区间的干沟和果园的总排水沟组成。集水沟多与灌溉系统的灌水渠结合使用。干沟可以单设，也可设在干路输水渠的另一侧，上端连接集水沟，下端通总排水沟。总排水沟可以单设，在大型果园里也可以设在主路的另一侧，上端连接干沟，将水排出果园。

2. 暗管排水　在果园地下埋设管道排水。通常由排水管、干管和主管组成。其作用和位置分别类似明沟的集水沟、干沟和总排水沟。主要用于平地果园。暗管埋设的深度与排水管的间距，根据土壤性质、降水量和排水量决定。一般其深度为地下 $1.0 \sim 1.5$ m，排水管的间距为 $10 \sim 30$ m。暗管均用无管口套的瓦管或塑料管，每段长 $30 \sim 35$ cm，口径为 $15 \sim 20$ cm。铺设时干管与主管成斜交。管道下面和两旁均铺放小卵石或砾石，各管段接口处均留 1 cm 缝隙，缝隙上面盖塑料板，管段和塑料板上面也需铺盖砾石，然后填土埋管平整地面。

（五）防风林系统

在果园四周或园内营造林带防御自然灾害，不同地区的果园，可营造不同的防风林系统，如山区以涵养水源、保持水土、防止水土冲刷为主，沙荒地以防风固沙为主，沿海地区以防御台风为主等。

1. 林带一般是长方形　迎风面为主林带，栽 $5 \sim 9$ 行树，两个主林带的间隔距离为 $200 \sim 400$ m；顺风面设副林带，栽 $3 \sim 5$ 行树，两个副林带的间隔距离为 $400 \sim 800$ m。面积在 70 hm^2 以下果园，可在外围设主林带，其余林带与道路相结合，在路的一侧栽植 $1 \sim 2$ 行乔木，形成 $200 \sim 500$ m 间距的防风林网络。

2. 林带宜采用透风林带结构　透风林带由阔叶的乔木树种和灌木树种构成，其中，中间栽乔木，两侧栽灌木。透风林带的防风距离，在林带前面约为树高的 5 倍；在林带后面约为树高的 25 倍。

3. 防风林的树种　应选速生、高大、抗风，与果树无相同病虫害或中间寄主，经济价值较高的树种。适于做防风林的阔叶乔木树种有各种杂交杨树、泡桐、枫树、乌桕、皂角、臭椿、白桦、核桃楸、白蜡等；灌木树种有紫穗槐、荆条、枸杞、枳、女贞、酸枣等。

4. 林带的营造 林带的营造要在果树栽植前或与果树栽植同时进行，林带树种的行株距，一般乔木树种为（1.5～2.0）m×（1.0～2.0）m，灌木树种减半。林带与果树需保持 10～30 m 的距离，果树南面的林带距离要大些，北面的距离可小些。

（六）辅助建筑物

包括管理用房，药械、果品、农用机具等的贮藏库，包装场，配药池，畜牧场，积肥场等。管理用房和各种库房最好建在靠近主路（交通方便）、地势较高、有水源的地方。包装场、配药池等建在桃园或作业区的中心部位较合适，以利于果品采收集散和便于药液运输。畜牧场、积肥场位置则以水源方便、运输方便的地方为宜。山地桃园，包装场应建在下坡，积肥场建在上坡。

（七）绿肥地

利用林间空隙地、山坡坡面、滩地种绿肥，必要时还应专辟肥源地，在园区偏僻处预留有机肥堆积、生产场所，以便生产桃园有机肥。

第三节 栽　植

一、栽植前的准备工作

（一）土地改良

发展桃树往往是利用丘陵、坡地、瘠薄的沙荒地，如在土壤瘠薄和土壤结构较差的条件下建园，必须进行土壤改良，施入足量有机肥，一般施优质腐熟厩肥 8 000 kg/亩，腐熟鸡粪 3 000～5 000 kg/亩。栽植前最好先深翻土壤，可采用带状深翻或定植穴深翻的方法，施入有机肥，对改良土壤结构，提高土壤肥力，促进果树根系生长有明显的作用。对黏重或沙性较强的土壤，宜通过掺沙或掺黏进行改良；对坚实、黏重的土壤，应进行深翻，打破不透水层。

（二）基肥一次性施用

提倡果园建园时基肥一次性施用，操作时开挖深 $80 \sim 100 \ cm$ 宽 $80 \ cm$ 的定植沟，施入 $30 \ m^3/$亩左右的有机物料，在定植沟内地表下 $20 \sim 40 \ cm$ 与土壤 $1:1$ 混合均匀，然后在其上填土与地面持平，充分浇水"阴坑"，栽前用表土在定植穴中央填土堆呈馒头状，准备栽植。土壤黏重，土层较薄的山地不应开穴，最好起垄栽培。

有机物料的配制方法是：将作物秸秆、炉灰（或燃烧过的煤矸石）和农家肥（兔粪，牛、羊粪等）以 $7:15:1.5 \ (V/V)$ 的比例混合堆放腐熟。其中，作物秸秆原则上可以使用任何作物秸秆，如麦秸、玉米秸、棉花秆等，也可以使用麦糠、玉米芯、菌糠等废料，将秸秆粉碎到 $1.0 \ cm$ 左右；炉灰（或燃烧过的煤矸石）粉碎过筛（$0.5 \ cm$ 以下）；农家肥（兔粪，牛、羊粪等）过筛（$1.0 \ cm$ 以下）。各种物料混合 2% 的尿素水至湿（手握成团，一触即散。要注意控制总的氮肥用量不能太多），堆沤腐熟（同时，适当增加一些枯草芽孢杆菌、EM 菌等一般堆高 $1 \ m$，$20 \ d$ 左右，其间堆内温度可达到 $50 \ ℃$ 左右），堆内温度从 $50 \ ℃$ 降到 $30 \ ℃$ 以下便可开始施用，施用时在定植沟内地表下 $20 \sim 40 \ cm$ 与土壤 $1:1$ 混合均匀，每亩用量 $30 \ m^3$ 左右。如果土壤 pH 在 6.5 以上可适当减少炉灰用量，如果 pH 在 7.0 上则可不用炉灰等碱性物料。这样将明显改善新定植树根际土壤条件，大幅提高土壤有机质含量，增加土壤有益微生物的数量和活性，增加钙、镁等各种矿质元素的含量。

（三）苗木处理

苗木对于建园的质量至关重要，甚至影响整株果树一生的产量，因此，应选择品种纯正、砧木适宜的一级壮苗建园，即"良种良砧"，尽量选用优质苗木，以保持园貌整齐。对劈伤的枝干和主侧根应予修整，并对从外地调入的苗木用 100 倍的 K84 或 0.3% 硫酸铜溶液浸根 $1 \ h$，或者用 3 波美度石硫合剂喷布全株消毒后再定植。定植前用 $50 \ kg$ 水加 $1.5 \ kg$ 过磷酸钙及土壤调成泥浆，将桃苗的根系蘸满泥浆后栽植，可以提高成活率。

(四) 起垄栽培

对于地下水位过高的桃园以及排水通气不良、容易积涝的黏土地等可采用起垄栽培。方法：定植前根据栽植的行距起垄，将土壤与有机肥混匀后起垄，垄高为 30～40 cm，宽为 40～50 cm，起垄后将桃苗直接定植于高垄上，行间为垄沟，实行行间排水和灌水。起垄栽培的优点是利于排水，桃园通气性好，可防止积涝现象。起垄栽培的特点是增加疏松土层的厚度，使土壤结构疏松，空隙度大，透气好，供氧充足。

(五) 长方形栽植

随着果树栽培规模的不断扩大，繁重的体力劳动与农村劳动力短缺的矛盾日益突出，迫切需要提高果园的机械化水平。总体来看，我国果园机械化仍处于起步阶段，与发达国家相比还有很大差距，据相关资料显示果业的平均综合机械化率仅为 26.6%，其中，机械植保率和机械转运率较高，分别达到了 45.3%、54.2%，机械中耕为 29.4%，机械施肥率和机械修剪率分别低至 18.6%、11.3%，而机械采收率仅为 2.3%。

果树生产仍存在生产效率低、劳动强度大、生产成本高等问题，与"优质、高效、生态、安全"的现代农业发展需求还存在一定差距。国内外实践表明，农机农艺融合是建设现代农业的内在要求和必然选择。目前我国果园机械化生产仍处于较低水平，未来10 年，随着经济社会高速发展，受农村劳动人口转移、资源环境刚性约束加大、劳动力成本上涨等因素影响，农业机械化需求愈加迫切。果业作为农民增收的一条重要途径，如何降低劳动强度、提高劳动效率、加快果树农机农艺融合步伐就成为科研人员需要解决的重要问题。从这个角度看，果园机械化研发与应用前景广阔，市场潜力巨大。

目前山西省运城市桃园基本上采用株行距 4 m×3 m，大多采用正方形栽植，树形多是开心形等大冠树形，不仅存在成形慢、修剪管理烦琐、结果部位容易外移、日灼严重等问题，而且严重影响机械作业，很难实现农机农艺的有机融合，进入结果期后果园就会郁闭，更无法进行机械化作业；特别是正方形栽植导致行短，机械如果园行间碎草机、偏置式开沟机、搅拌回填一体机、自走式喷雾机等运行困难。一方面，果园郁闭，机械进入困难；另一方面，正方形栽植导致机械用于拐弯的时间更长。

同时，土地两头需要预留拐弯的空间，导致土地利用率低，据测算栽植方式由正方形改为以主干形模式的长方形方式，行距不变的情况下（4.0 m×1.5 m），采用了整形技术简单、省工、树冠小及结果早、丰产早的主干形树形，树干上直接配置结果枝，果园通风透光性能大大提高，机械运行效率可提高 30% 以上，经济效益明显。

目前配套机械主要有果园碎草机（主要用于生草果园绿肥的粉碎，可将绿肥粉碎为长 5～15 cm 的碎段）、偏置式振动深松施肥机（开沟深度 30～60 cm、宽度 30～50 cm，施肥深度 20～40 cm，施肥位置距主干最近 30 cm）、自走式果园作业平台等。自走式果园作业平台融自走式收获辅助系统和平台操作于一体。机架上方设有操控台，操控系统可控制行走装置的行走和转向以及前后叉的动作，操控系统还可控制平台的升降以及左右扩展平台的动作，该机可轻松实现在行走过程中进行果树修剪、整枝和果实采摘等作业，并且在果实采摘作业中无须人工上下搬运果箱等物品，提高了工作效率，降低了劳动强度，增加了作业人员的安全性，完全替代了梯子在果园中的作用，是现代化果园的理想机具。此外，还有高效弥雾机（风送气送静电三结合式，喷药半径 2～4 m，液滴直径 30～100 μm），并为开沟、施肥、碎草、喷药等机械提供动力的橡胶履带拖拉机，可以实现原地回转，带有标准三点悬挂和动力输出，除安装专用设备外还能加挂其他标准农机具。这些机械大大提高了果园的生产效率。

二、栽植的时期

桃树的栽植时期一般为春季或秋季，春季以 3 月上旬至下旬发芽前栽植为最佳，此期栽植，地温回升快，易生根，成活率高；冬季较温暖地区最好秋栽，秋栽在落叶后至土壤封冻前进行，一般在10月下旬或11月上旬苗木落叶或带叶栽植，秋栽的苗木根系伤口愈合早，翌春发根早，甚至当年即可产生新根，缓苗快，有利于定植后苗木的生长，生产上提倡带叶栽植，但在寒冷地区，容易受冻或抽条。北方地区以春栽为主，南方地区秋冬栽更好。

三、栽植密度

确定合理栽植密度可有效利用土地和光能，实现早期丰产和延长盛果期年限，栽植密度小时，通风透光好，树体高大，寿命长，虽单株产量高，但单位面积产量低，进入盛果期晚，管理不方便。栽植密度大时，结果早，收效快，单位面积产量高，易管理，但树体寿命短，易早衰，果品质量特别是外观质量差，果园病虫害重。

一般栽植密度为（0.8～2.0）m×（2.0～4.0）m，416棵/亩，山东省平邑县武台镇水沟三村黄桃采用株行距1 m×1.5 m，植444棵/亩，第一年成形，第二年每株平均结果5 kg，产量2 220 kg/亩，第三年产量5 000 kg/亩，第四年可达6 000 kg/亩，进入盛果期的时间提前3～4年。为方便管理和果园机械的应用，建议露地栽植一般1.5 m×4.0 m，111棵/亩，设施栽培0.8 m×2.0 m，416棵/亩。

四、栽植技术

（一）授粉树的考量
1. 生产上可选择有花粉、自花结实率高、易丰产的品种
如外观全红亮丽、硬溶质的中桃绯玉，可溶性固形物13%～15%，成熟期时树上挂果时间长达2周左右；有花粉，坐果能

力很强，属极丰产品种的中桃红玉；自花结实、黄肉品种的中桃金蜜等。

2. 授粉树配置 在桃树所有品种当中，大多数品种都具备自花结实能力，而且坐果率高，但是也有一部分品种自花结实能力差，如花粉不育的有上海水蜜、砂子早生、冈山白、大白桃、晚黄金、朝晖、霞晖 1 号、霞晖 2 号、霞晖 3 号、霞晖 4 号以及花粉败育的钻石金蜜等品种需配置授粉树；同时，异花授粉结实率高，果实品质好。

3. 授粉品种应具备的条件

（1）与主栽品种花期一致，或略早 1～2 d，并且产生大量发芽率高的花粉，同主栽品种授粉亲和力强，无杂交不育现象，并能与主栽品种相互传粉；

（2）能适应当地的自然环境，产量高、品质优、抗逆性强；

（3）与主栽品种同时进入结果期，果实成熟期基本一致，经济结果寿命长短相近，且能连年丰产；

（4）与主栽品种授粉亲和力强，能生产经济价值高的果实，果实大，品质好；

（5）能与主栽品种相互授粉，两者的果实成熟期相近或早晚互相衔接；

（6）当授粉品种能有效地为主栽品种授粉，而主栽品种却不能为授粉品种授粉，又无其他品种取代时，必须按上述条件另选第二种作为授粉品种的授粉树，但主栽品种或第一授粉树品种也必须能作为第二授粉品种的授粉树。

4. 授粉树的设置 建园时，不论主栽品种自花结实率是高还是低，一定要配置 2～3 个授粉品种作为授粉树。授粉品种的比例可按 1∶（3～5）成行排列［花粉结实率低或花粉败育的品种桃园的授粉树比例为（1～2）∶1］，或多品种呈带状排列，也可按 2 行、4 行间栽植 1 行授粉树，最好在主栽品种行内按配置比例定植，以利于蜜蜂传粉。授粉树在果园的常见配置方式如下。

（1）中心式。小型果园中，常用中心式配置，即一株授粉品种在中心，周围栽 8 株主栽品种。

（2）行列式。大中型果园中配置授粉树，应沿小区长边，按树行的方向成行栽植。梯田坡地果园可按等高梯田行向成行配置。两行授粉树之间的间隔行数，多为 3～7 行。处于生态最适带的果园相隔的行数可以多些，间隔距离可以远些。生态条件不适宜的地区，间隔行数应适当减少，间隔距离相应缩短。

（二）栽植

栽植时，先在回填好的穴内挖一小穴，让根系均匀分布在土中，栽苗时将苗扶正后再覆土，盖一半土再提一提苗，使根系与土充分贴紧，不留空隙，再把土封好，并注意株行间前后左右位置对齐，然后填土，接近填满坑时，将苗木轻轻向上提一下，让根系舒展开，尽量使根系不相互交叉或盘结，并将苗木扶直，做到左右对准，纵横成行；嫁接口要朝迎风方向，以防风折；栽植深度以根颈部（即苗圃地的苗木根系与地面交界处的部位）与地面相平为宜，切忌过深，嫁接部位较低的苗木，特别是芽苗一定要使接芽露出地面 5 cm 以上，栽植过深，影响成活和树体生长；栽植太浅，根系外露，影响成活。定植完成踏实后，在苗木周围培土埂作树盘，浇足水，待水全部渗下后，整平树盘，并要及时松土保墒，确保成活，栽植行以南北向为好，秋栽的应做好埋土防寒工作。

（三）栽后管理

1. 及时浇水　垄上栽树，浇水 2～3 次，扶正歪斜树，培土、培垄，铺设滴管等设备。秋栽桃园，越冬前应灌 1 次透水，提高树体越冬能力。

2. 定干　粗度在 0.8 cm 以上根系发达的优质壮苗，在肥水条件比较好的情况下，可以不截中干，将下部分枝留短桩重剪重发；如果苗木质量较差或因远距离运输而失水，可于嫁接部位以上 10 cm 左右重剪，幼苗剪得越重，生长势越旺，中干越强直；如果是半成品芽苗，可在嫁接芽上方 10 cm 处将砧木剪掉。一般定干高度干高 50～70 cm。

3. 覆膜 春季干旱少雨多风,水分蒸发散失快,苗木栽植定干后,要立即覆盖1m宽的地膜,注意在树干与地膜穿透处堆一小堆土,防止膜下热空气灼伤树干。覆盖地膜既保温、保湿,又促进根系活动,是提高苗木成活率,缩短苗木缓苗期的有效措施。也可覆盖园艺地布。地布材料露地可使用5年以上,年使用成本低渗水性好,水分可渗入土壤,保持土壤湿度,保墒效果好;可长期控制杂草;具有省工节本、生产高效的优势,对于现代果园特别是省力化栽培具有重要价值。果园行间铺设地布时,一种是树盘铺设,即只在定植行两侧各铺设1m,结合行间自然生草的方式,可降低投入,适用于生产型果园;另一种是整地铺设,即全园铺设地布,一次性投入较高,适于观光采摘型果园。铺好后两侧用土压实,地布连接处搭接5~10cm,每隔1m用地钉或其他材料固定防止大风掀开。

4. 套细长塑料袋 为防止鼠、兔、金龟子、大灰象等为害,利于越冬及提高早春温度,促进树干发芽整齐增加新植苗木生长量,套袋采用长40~50cm,宽10cm左右的塑料袋,在桃树定干后将袋自上而下套在苗上(剪口上留5cm左右间隙),避免操作时碰到芽体,然后在塑料袋的中部和下部绑扎两道,或将袋口下端埋入土中,以防止由于风吹而使塑料袋来回摆动碰伤嫩芽,待发芽后先在袋上捅些小洞漏气,以后于傍晚或阴天将塑料袋逐步打开。

5. 加强肥水管理 定植后第一年的重要任务是确保苗木生长健壮,为形成丰产骨架打下良好基础。为此,应加强土肥水管理,可于6~8月追施1~2次速效肥,每次50g左右,追施时要离树干30cm以上,采用环状沟法或用木棍捅施,要防止离根太近烧伤根系;同时,要加强叶面肥的应用,每隔15d喷施一次0.3%尿素、0.2%~0.5%磷酸二氢钾、氨基酸复合微肥300~500倍液等叶面肥;干旱时可结合追肥适量浇水,雨季要注意排水防涝。

6. 除萌 及时除去距地面50cm的全部萌蘖,以免影响整形带内新梢的生长。

7. 病虫防治　幼树病虫害较少，主要加强对穿孔病、白粉病、金龟子、蚜虫等病虫害的综合防治，以使幼树生长健壮。

第四节　苗圃的建设

一、苗圃建设

（一）苗圃地的选择

快速培育桃树嫁接成品苗，一定要选择土质为轻壤或中壤、肥沃且排灌方便的地块为苗圃地。因在一年内培育成嫁接成品苗，必须选择良好的立地条件，这是快速育苗成功的基础。苗圃选好后要进行整地，每亩施优质腐熟有机肥 $5\sim6\ m^3$，深翻后作畦。

（二）砧木种子的处理

砧木种子选择山桃或毛桃的新种子，播种前浸种，用冷水浸泡 $3\sim5\ d$，每天换水 1 次。

（三）播种时间

常规桃树育苗培育砧木通常将砧木种子于 12 月底进行层积处理，第 2 年春季 3 月底至 4 月初将种子取出播种，这种方法出苗较晚且苗势较弱。而快速育苗应在每年秋季土壤封冻前进行播种，播种采用双行带状，即大行距 50 cm，小行距 30 cm，每亩播种量山桃为 40 kg，毛桃为 60 kg，覆土厚度为种子直径的 $3\sim4$ 倍。

（四）快速培养砧木苗，尽快达到嫁接粗度

春季苗木出土后，要及时灌水、除草、防治虫害。4～6 月每月灌水 2 次。5～6 月每月追施尿素 1 次，每次每亩 15 kg 左右。要利用药剂控制金龟子为害幼苗。加强各项管理，使砧木苗在 6 月底前达到嫁接粗度。

（五）嫁接时间

常规育苗通常在每年 7 月下旬至 8 月下旬进行嫁接，当年接芽不萌发。而快速育苗接芽当年萌发成苗，就要提前嫁接，一般要求在 6 月底至 7 月初进行芽接。接穗选择生长良好的长梢，接芽发育良好。

（六）解绑、折砧和抹芽

嫁接后 2～3 周解绑并在接芽以上 1 cm 处将砧木折伤后压平，向上生长的副梢剪除，主梢摘心。这种措施是使接芽处于优势部位，迫使接芽萌发。折砧后接芽及砧木上原有芽均可萌发，要将砧木上萌发芽及时抹除，促使接芽迅速萌发生长。当接芽长到 15～20 cm 时剪砧。

（七）加强土肥水管理，促使接芽快速生长

接芽萌发后，要及时中耕除草、追肥灌水，使苗圃地无杂草为害，接芽成活后每隔 10～15 d 追施 1 次尿素，每次每亩 10 kg 左右，并且结合施肥灌水。为使苗木成熟度提高，每隔 15 d 左右结合防治虫害喷施 0.3％的磷酸二氢钾。当年秋季一般嫁接苗木高度在 70～80 cm，达到桃树定干高度。10 月底将苗木挖出，除净叶片后沙藏假植。

二、快速育苗建园栽植要点

（一）晚栽

桃树快速育成的苗木，由于发育时间短、苗木组织成熟度低，易失水，所以春季建园定植时间要晚，在苗木将要发芽时栽植为宜。

（二）套袋栽植

由于快速育苗苗木成熟度低，中国北方春季气候普遍低温干燥，所以栽植快速育苗苗木成活率低。为提高栽植成活率，要进行套袋栽植。具体方法是将塑料布作成长筒状袋（宽 10 cm，长 60 cm），然后待苗木栽植定干后立即将袋套在苗干上，上下封好，待苗木展叶后除袋。套袋栽植是快速育苗栽植成功的关键措施。

第五节　油桃园建设

一、园地选择

桃树喜光、耐旱、怕涝，在疏松透气的微酸性土壤中生长良好。建园要在向阳、通风透光、地势高且土壤排水良好的土地建园。大多数桃树根部易受土壤中的根结线虫危害，前茬有茄子、辣椒和番茄等作物的土地不宜建园，桃、李、杏等果树更新再植建园须土壤消毒或使用抗重茬砧木。壤沙土建园可直接栽植，黏土地建园要起垄栽培，垄高 20～30 cm，宽 100～120 cm。另外，建园时要考虑将来果树的浇灌、排水设施，还要考虑桃果采摘售卖和运输的便利性，附近有方便的道路可用为好。

二、品种选择

品种选择要根据夏季降水量、桃园面积和将来桃果的销售方式决定。降水量大的地区要选择果皮带毛的品种，减少裂果。为保证果实品质，所选品种的成熟期要错开雨季。桃园面积小，就地销售的可根据本地居民的口味偏好选择品种，喜欢早熟水蜜桃的可选中桃红玉，喜欢早熟油桃的可选择中油蜜玉和中油金铭、中油金冠等，也可以选择果形奇特、品质上乘的蟠桃和油蟠桃品种，如糖度高、果型大的中蟠和中油蟠系列。果园面积大，要到外地市场销售的，一要考虑目标市场的果品需求结构和价格，选择市场稀缺和价格高的品种；二要考虑市场竞争对象，选择品种时发挥后发优势；三要考虑单一品种的种植面积，耐贮运的品种面积大一些，贮运性差的品种面积小一些。目前，由于面积相对较少，黄桃、蟠桃和油蟠桃价格较高，新发展果园可选择。综合品质较好的蟠桃可选择中蟠 13、中蟠 11 和中蟠 21 等，油蟠桃如中油蟠 7 号、中油蟠 9 号、中油蟠 13 和中油蟠 15 等油蟠桃。桃树大多数品种自花结实，选择品种时，尽量不选择无花粉的品种。如果选择了无花粉的品种，要按照无花粉品种与授粉品种（3～4）：1 的比例配置有花粉的品种，插花栽植或邻行栽植。

三、土地整理、树形设计与栽植株行距

栽植前要将浇灌设施考虑在内，并进行土地整理。平整或缓坡土地可设计将来树形为主干形、双主枝 Y 形和多主枝开心形，山区坡地建议采用自然开心形，方便管理。为进一步改善通风透光条件，提高果实品质，建议主干形株行距（1～1.2）m×4 m，Y 形 2 m×（4～5）m，多主枝开心形 3 m×6 m，山区坡地（2～3）m×5 m。宽行有利于机械作业，降低劳动强度。根据株行距设置，栽植前在栽植行施用有机肥和少量复合肥，有利于桃树快速生长。依土壤类型不同，栽植行施肥旋耕后可起垄或不起垄。

四、栽植技术

南方地区栽植桃树因气温回升早，可适当早栽，北方地区可在冬季土壤封冻前或解冻后至植树节前后栽植。按照设置的株行距，挖 30～40 cm 深、40～50 cm 宽的定植穴。栽植前，可对桃苗修根和杀菌剂泥浆蘸根处理，促发新根并预防根部病害。修根时，剪短较长的根系和剪断受伤的根系。在田里可就地挖坑，制作含有适量多菌灵的泥浆，也可以在容器里制作。根系蘸泥浆后，将苗木根部放入穴中，根系按原方向伸展，取表土填入，同时将苗木轻轻向上提动，使土往下填满根空隙，再盖适当厚度的土，踩实后，使原苗木地上 2～3 cm 处与周围表土平齐。然后在定植后的苗木周围开一盘状沟，浇透水使根系与土壤紧密接触。栽植后，要及时定干。根据将来的树形设置，主干形可在地面上 40～50 cm 处直接定干，Y 形在 40～60 cm 处选择两个方向上基本对称的上下位饱满芽进行定

干，这两个芽抽生的枝条将来培养为两个主枝。多主枝或其他树形在 40～60 cm 处选择多个饱满芽定干。定干时，在保留上芽上方 1～1.5 cm 处剪去桃苗主干上面部分，上芽上方不再留芽。栽植后，要根据土壤墒情，决定 2 周后是否浇第二遍水，以保证苗木成活。发芽后，要及时喷洒防治蚜虫的农药。

第六节 桃树建园失败的因素

一、品种选择失误

这是重中之重，也是最容易出现的问题。人都有追新的心理，总认为新的比老的好。新品种并不一定比老的好，反而绝大多数表现还不如原有老品种。如果盲目追新，就类似于一场赌博，即使在买的品种纯度没问题的前提下，不但要承担桃子品质和抗性等栽培上的不确定性风险，还要承担新果品市场认可度高低的风险。最稳妥的办法是选择经过考验适合本地、品质优良、市场认可、效益稳定的成熟品种，这样虽不会产生暴利，但稳妥，正常经营，几乎稳赚不赔。

二、建园地址不理想

部分农户选择园址比较盲目，在低洼易涝、排灌不良、土壤过于贫瘠、重茬园或距水源和公路较远的地块建园。

三、苗木质量不达标

品种选好了，苗木质量就很关键了。现在的桃树种植一般都是宽行密植，省力化栽培，第二年有效益，第三年丰产。如果苗木质量不好，不管是纯度不够，还是过于细弱，甚至带有根瘤，都会使这一过程不能实现，大大延后投产丰产年限，甚至因此毁园失败。尽量选择纯度有保证且根系良好的壮苗。

四、不重视大小年

有的果农自认有着丰富的栽培经验，忽视了对桃树的精细管理，有些生产环节管理不到位，大小年不重视，严重影响产量，进而影响经济收入。

五、栽植管理技术欠缺

桃树"喜光怕涝"，这四个字一定要牢记，无光则死枝，涝灾则死树。平原低洼易积水的地块一定要起垄栽培，土壤尽量活化改良，不能太黏重，栽植深度一定不能太深。如果不小心犯一个错误，就可能会致命。

一些老桃树果园，嫌施用有机肥太费劲和成本较高，就只施用化肥，不施用或者较少施用有机肥，造成果园内土壤的团粒结构被破坏，土壤板结、透气性差、有机质含量降低，影响桃树树体正常生长。

六、整形修剪不到位

夏季修剪不及时、不到位，幼树生长旺盛，修剪次数太少，导致主、侧枝不明显，竞争枝、强旺枝、过密枝太多；盛果期树势中庸平衡，以中、短果枝结果为主，长果枝结果为辅，其上部分枝梢或加大枝角不够，没有控制其长势。幼树冬剪时对骨干枝、延长枝短截过重，个别中心干没有疏除；盛果期桃树冬剪，各类结果枝组培养不佳，树势控制不理想，导致早衰和结果部位外移。

平地建议选择简化小夹角Y形，山地建议三主枝开心形，少量三两亩也可以选择主干形。现实中这方面失败大多是因荒废了管理，树木长荒。

七、病虫害防治有问题

桃树属于比较好管理的树种，病虫害比较好控制，但很多规模化园子限于技术与人手依然不能将此工作做好，导致果园寿命极短，甚至只开花却卖不了果，不到成熟就烂掉了。桃农对桃园病虫害防治重视程度不够，会因为其他农事操作而耽搁病虫害防治，错过最佳时机，造成病虫害的大发生和连续发生。深秋落叶以后，不能及时彻底地清理桃园，致使翌年的病虫害严重。

介壳虫、桃小食心虫、桃蚜、桃蛀螟、红颈天牛、疮痂病、穿孔病等都是致命性的，轻则一年白干，重则毁园，一定要以防为主、及时防治。

八、花果管理不精细

为了追求高产，疏花不到位，留花量过大，影响坐果率。其次，疏果的时间不科学，因过早或过晚而影响坐果。留果过多，超出树体正常负载量，致使果实间距太小，有被挤掉的现象。另外，果实摘袋时间把握不准，造成果实品质下降，影响生产效益。

第四章

桃树土肥水管理

第一节 土壤管理

土壤是桃树所需养分和水分的源泉。桃树根系生长发育的好坏和合成能力的高低都与土壤有密切关系。因此，要不断加强土壤管理，进行土壤改良，为桃树的生长发育创造良好的土壤条件。

一、土壤改良

土壤条件包括土壤质地、土壤结构、土壤孔隙度及土壤耕性等物理性质和土壤 pH、有机质含量、土壤养分状况、土壤微生物等化学性质。不同种类果树对土壤的理化性质有不同要求（表4-1）。

表4-1 不同果树最适土壤指标

果树种类	土壤 pH	活土层厚度（cm）	总盐量（%）
苹果	6.0～7.5	≥60	<0.3
梨	6.0～8.0	≥50	<0.2
葡萄	6.0～7.5	80～100	<0.1
桃	5.5～6.5	≥50	<0.14
枣	5.5～8.4	≥50	<0.2

（一）土壤质地的改良

土壤质地直接影响到土壤的通气性、保水保肥及土壤养分的有效性。改良土壤质地有以下措施。

1. 增施有机肥料 增施有机肥料可提高土壤有机质含量，既可以改良沙土又可以改良黏土，这是改良土壤质地比较简单有效的方法。具体方法可采用秸秆还田，翻压绿肥，麦糠和绿肥混施，都能改善土壤板结。其中，稻草、麦秆等禾本科植物含难分解的纤维素较多，在土壤中可残留较多的有机质，而豆科绿肥含氮素较多，易于分解，残留在土壤中有机质较少。因此，从改良土壤质地的角度来说，禾本科植物较豆科植物效果好。另外，各地农民有沙土地施土粪和炕土粪，黏土地施炉灰渣的经验。

2. 掺沙掺黏、客土调剂 如桃沙土地（本土）附近有黏土、河沟淤泥（客土），可搬来掺混；黏土地（本土）附近有沙土（客土）可搬来掺混，以改良本土质地，这种方法称为客土法。掺沙掺黏的方法有遍掺、条掺和点掺三种。

3. 翻淤压沙、翻沙压淤 有的地区沙土下面有淤黏土，或黏土下面有沙土，这样可以采用表土"大揭盖"翻到一边，然后使底土和表土混合，改良土壤质地。

4. 引洪放淤、引洪漫沙 在面积大、有条件放淤或漫沙的地区，可利用洪水中的泥沙改良沙土和黏土。引洪放淤改良沙土时，要注意提高进水口，以减少沙粒进入；引洪漫沙改良黏土时，则应降低进水口，以引入大量粗沙。引洪之前需开好引洪渠，地块周围打起围埂，并划分畦块，按块漫淤，引洪过程中，要边灌边排，留沙留泥不留水。

根据不同的土壤质地采用不同的耕作管理措施，达到改良桃园土壤质地的目的。

（二）土壤结构体的改良

土壤结构体最好是外形近似球体、内部疏松多孔，大小在0.25～10 mm的团粒结构。培养团粒结构主要通过合理耕作和施用土壤结构改良剂的方法来实现。

1. 合理耕作 对土壤进行合理耕作，可以创造和恢复结构，耕、耙、耱、镇压等耕作措施，如进行得当都会收到良好的效果。

深耕与施肥对创造团粒结构的作用很大。耕作主要是通过机械外力作用，使土破裂松散，最后变成小土团，但对于缺乏有机质的土壤来说，深耕还不能创造较稳固的团粒结构。因此，必须结合分层施用有机肥，增加土中有机胶结物质。有部分桃农通过桃园生草方式也可增加土壤有机质，达到管理土壤结构体的效果。

合理灌溉、晒垡和冻垡灌溉方式对结构影响很大，大水漫灌冲刷力度大，对结构破坏最大，且易造成土壤板结；沟灌喷灌或地下灌溉较好些。另外灌后要及时疏松表土，防止板结，恢复土壤结构。

2. 土壤结构改良剂的应用 由于土壤结构在协调土壤肥力方面的作用很大，近几十年来一些国家曾研究用人工制成的胶结物质，改良土壤结构，这种物质称为土壤结构改良剂或土壤团粒促进剂。腐殖酸是理想的天然土壤结构改良剂，人工合成的土壤结构改良剂主要是某些高分子化合物，目前已被试用的有水解聚丙烯腈钠盐，或乙酸乙烯酯和顺丁烯二酸共聚物的钙盐等。在我国用得较广泛的是胡敏酸、树脂胶、纤维素粘胶、多糖醛酸、藻酸等。但这些用人工合成的结构改良剂由于价格昂贵，目前还得不到普遍施用和推广，仍处于研究试验阶段。近年来我国广泛开展利用的腐殖酸类肥料，可以在许多地区就地取材，利用当地生产的褐煤、泥炭生产，它是一种固体凝胶物质，能起到很好的结构改良剂作用。

（三）酸碱土的改良

1. 酸性土的改良 酸性土通常用石灰来改良，草木灰等碱性肥料既是良好的钾肥，同时又起中和酸性的作用。施用石灰中和土壤酸性时，还增加了钙，有利于改善土壤结构。酸性土施用石灰后，pH 的改变在第一年往往是不明显的。在生产实践上通常不采用理论计算方法，而是根据田间试验的实际效果来确定石灰需用量。

2. 碱性土壤的管理 对碱性土改良，可用石膏、硫黄或明矾，也可增施土壤有机肥等提高土壤的缓冲能量，降低土壤 pH。

（四）盐碱土的改良

盐碱土是对盐土、碱土以及各种盐化和碱化土的统称。不同果树树种的耐盐能力不同。葡萄较耐盐，桃中等，苹果较差。盐碱土可采用水利措施、生物措施、化学措施等进行改良。

1. 水利措施 主要是排水，通过排水，把地下水位降在临界深度以下，地下水不能沿毛细管升至地表，切断土壤盐分来源。在地下水位较高，而地下水矿化度较低的地区，可以多打机井，用机井进行灌溉，一方面可以逐步洗掉上部土层中的盐分，另一方面又可以使地下水位大大降低，起到较好的改良效果。在地下水矿化度较高，但排水系统完善的地区，可以用地表积累的淡水进行灌溉，从而达到灌溉洗盐的目的。

2. 耕作措施　主要耕作如下。

（1）种植绿肥牧草。绿肥的种类很多，要因地制宜地选择。在较重的盐碱地上，可选择耐盐碱强的田菁、紫穗槐等；轻至中度盐碱地可以种植草木樨、紫花苜蓿、苕子、黑麦草等；盐碱威胁不大的地，则可种植豌豆、蚕豆、金花菜、紫云英等经济植物。

（2）增施有机肥。增施有机肥是增加土壤有机质，改良和培肥盐碱地的重要措施。不仅能改善土壤的结构，提高土壤的保蓄性和通透性，抑制毛细管水的强烈上升，减少土壤蒸发和地表积盐，促进淋盐和脱盐过程；同时有机质分解过程中产生的有机酸既能中和碱性，又能使土壤中的钙活化，这些均可减轻或消除碱害，从而使盐碱地得到有效改良。

3. 化学措施　化学措施主要针对重盐碱化的土壤，可适当施用化学物质，如石膏、亚硫酸钙、硫酸亚铁（黑矾）、硫酸、硫黄、腐殖酸类改良剂、土壤保墒增温抑盐剂等化学物质。

此外，还可结合当地实际采取引洪放淤、客土压沙、挖淤换土等措施，均可收到明显的防盐改碱效果。

二、土壤管理制度

随着桃树生产水平的不断提高，要求桃园土壤具有良好的理化性质，而提高土壤肥力不单是进行土壤施肥，更重要的是要有合理的桃园土壤管理制度。建立合理的桃园土壤管理制度应根据桃树年龄、类型及生产管理水平，以必要的工程措施为基础，通过各种方式，对桃树株行间空余土地进行耕作和利用，以有效保持水土，提高土壤肥力，改善桃园环境，促进桃树生长发育。

（一）深翻改土

深翻改土的目的是创造一个疏松而富有营养的根系活动区。桃树深翻结合施用有机肥能增加熟土深度，改良土壤结构和耕性，降低土壤容重，使土肥水相容，促进微生物活动，加速土壤熟化，改善桃树生长环境。

桃园深翻的时期一年四季都可进行，但秋季桃树根系生长旺盛，伤根容易愈合并易发出新根，同时可配合秋施基肥一次进行，还可培育良好的土壤结构体。因此秋季深翻效果最好。一般在桃实采收后至落叶休眠前结合秋基肥进行。深翻的方法主要有扩穴深翻、隔行深翻和全园深翻。幼龄桃园采用扩穴深翻，即在幼树定植后，自定植穴外缘开始，每年或隔年向外挖宽 60～80 cm、深 40～60 cm 的环沟状。深翻时将挖出的表土和心土分别堆放，并及时剔除翻出的石块、粗沙及其他杂物，剪平较粗根的断面。回填时，先把表土和秸秆、杂草、落叶填入沟底部，再结合桃园肥将有机肥、速效性肥和表土填入。其中表土可从环状沟周围挖取，然后将心土摊平，及时灌水。成龄桃园适合采用隔行深翻，每次只伤部分根系。全园深翻是将栽植穴以外的土壤全部深翻，深度为 30～40 cm。

（二）桃园间作

桃园间作是利用幼龄桃园行间空地种植其他作物的土壤管理技术。桃园间作有利于充分利用土地和光照，抑制杂草生长，减少水土流失，改善微域气候，有利于幼树生长，增加桃园早期收入。

桃园间作必须坚持以桃为主，以不影响桃树生长，且经济效益高的原则，正确选择间作物，坚持轮作倒茬，加强栽培管理。优良的间作物应具备植株矮小、生长期短、主要需肥水期与桃树错开且无共同病虫害等条件，最好能提高土壤肥力，本身经济价值较高；常用的间作物有豆类、薯类，其次为蔬菜类及药材。间作物的种植应以树冠外围为限，避免间作物与桃树争光、争肥、争水，并且应加强间作物的肥水管理；为避免间作物连作带来的不良影响，生产上多实行不同间作物轮作倒茬，如花生—豆类—甘薯、绿肥—大豆—

马铃薯—甘薯—花生。

(三) 清耕制度

清耕是我国传统的桃园土壤管理技术。其做法是秋季桃实采收后深耕 $20 \sim 30$ cm，土壤封冻前耙磨。春季土壤化冻时浅耕地 10 cm，并多次耙磨。其他时间多次中耕除草，深度为 $6 \sim 10$ cm。清耕能使土壤疏松通气，有利于有机质分解，清除杂草，但长期使用虽然能增加土壤非水稳性团粒结构，但同时也会破坏土壤水稳性团粒结构，降低有机质，造成水土流失。

(四) 桃园覆盖

桃园覆盖是指在树冠下或稍远地表以有机物、地膜或砂石等材料进行覆盖。覆盖的材料种类很多，如厩（堆）肥、落叶、秸秆、杂草、锯末、泥炭、河泥、地膜及种植覆盖作物等。根据覆盖材料分为有机覆盖、地膜覆盖和桃园生草。

1. 有机覆盖 在桃园土壤表面覆盖秸秆、杂草、绿肥、麦壳、锯末等有机物。

有机覆盖能防止水土流失，保湿防旱，稳定土壤温度，防止泛碱返盐，增加土壤有机质，有利于桃树根系生长，改善桃实品质。其缺点是易招致鼠害，加重病虫害，引起桃园火灾，造成根系上浮。有机覆盖适宜在山地、旱地、沙荒地、薄地及季节性盐碱严重的桃园采用。时间以春末至初夏为好，即温度已回升，但高温、雨季尚未来临时。也可在秋季进行，具体做法是：有条件的地方覆盖前先深翻改土。施足土杂肥并加入适量氮肥后灌水。然后在距树干 50 cm 以外、树冠投影范围内覆草 $15 \sim 20$ cm 厚，也可全园进行覆草。覆草后适当拍压，再在覆盖物上压少量土，以防风吹和火灾。以后每年继续加草覆盖，使覆盖厚度常年保持 $15 \sim 20$ cm。覆盖物经 $3 \sim 4$ 年风吹雨淋和日晒，大部分分解腐烂后可一次深翻入土，然后再重新覆盖，继续下一个周期。桃园覆盖后，应加强病虫害防治，草被应与桃树同时进行喷药。多雨年份注意排水，防止积水烂根。深施有机肥时，应扒开草被挖沟施入，然后再将草被覆盖原处。多年覆草后应适当减少氮肥施用量。

2. 地膜覆盖　具有增温保水、抑制杂草、促进养分释放和桃实着色的作用，尤其适于旱作桃园和幼龄桃园。

具体做法是：早春土壤解冻后，先在覆盖的树行内进行化学除草，然后打碎土块，将地整平。若土壤干旱，应先浇水。然后用两条地膜沿树两边通行覆盖，将地膜紧贴地面，并用湿土将地膜中间的接缝和四周压实。同时间隔一定距离在膜上压土，以防风刮。树冠较小时，可单独覆盖树盘。

3. 桃园生草　在全园或行间种植禾本科、豆科等草种或实行自然生草的土壤管理方法。并采用覆盖、沤制翻压等方法，将其转变为有机肥。

桃园生草适用于土壤水分充足（年降水量 500 mm 以上的地区）、缺乏有机质、土层较厚、水土易流失的桃园。桃园生草后除土壤管理省工外，还会形成良好的桃园生态系统，改良土壤结构，有效保持水土，提高土壤肥力，增加综合效益。草的种类可选白三叶草、扁茎黄芪、小冠花、鸭绒草、早熟禾、羊胡子草、野燕麦、黑麦草、百脉根等。

桃园人工种草技术应抓好四个技术环节。一是播种。时间以春秋两季为宜，最好在雨后或灌溉后趁墒进行。播前应细致整地，清除园内杂草，每亩撒施磷肥 150 kg，翻耕 20～25 cm，翻后整平地面。通常采用条播或撒播。条播行距为 15～30 cm，播种深度0.5～1.5 cm，播后可适当覆草，遇土壤板结时及时划锄破土，以利出苗。二是幼苗期管理。出苗后应及时清除杂草，查苗补苗。干旱时及时灌水补墒，并可结合灌水补施少量氮肥。三是成坪后管理。可在桃园保持 3～6 年，此期应结合桃树施肥，每年春秋季用以磷、钾肥为主的肥料。生长期内，叶面喷肥 3～4 次，并在干旱时适量灌水。当草长到 30 cm 左右时，应留茬 5～10 cm 及时刈割。割下的草一般覆盖在株间树盘内，也可撒于原处，或集中沤肥。四是草的更新。生草 3～6 年后，草层老化，土壤表层板结。应及时将草翻压，休闲 1～2 年后再重新生草。采用自然生草当草成坪后可定期割草。

（五）免耕法

也叫保护性耕作，是指基本上不对土壤耕翻。主要是利用除草剂除去土壤杂草。免耕法的优点是：改善表土结构，减少土壤团粒结构的破坏，减少犁底层厚度，促进水分下渗，减少水土流失，降低了由于表土蒸发导致的水分消耗量，稳定土温，提高表土的有机质含量。但免耕法也有不足之处：杂草不易控制，特别是禾谷类杂草，桃树病虫害也较严重。

以上各种土壤管理制度，在不同的条件下各有利弊，应根据本地区的自然条件、桃树树种、桃树生长时期因地制宜地选择一种或多种组合运用。

三、化学除草

桃园杂草对桃树的危害主要有：争夺水分、消耗养分、加重病虫害、影响光照。除草的方法有：人工除草、机械除草、覆盖除草、生物除草和化学药剂除草等。我国北方地区桃园杂草以禾本科占优势，尤其是马唐属较为普遍，狗尾草属、画眉草、白茅、稗草也较多见。

（一）除草剂的名称

一种除草剂有几种名称，如拉索又称甲草胺、草不绿、杂草锁，给人们使用带来困难。一般除草剂名称有商品名、通用名、化学名、实验代号和其他名称。

除草剂加工成制剂出售的名称叫商品名称，一种除草剂常加工成多种制剂，每一种制剂有一个商品名，同一种制剂在不同国家或地区常有不同的商品名称。

通用名是指原药的名称（指有效成分）以英文命名，第一个字母小写，世界通用，如拉索的通用名称为 alachlo，苯达松是中文的通用名称（英文 bentazon 音译而来）。

试验代号是除草剂注册销售以前试验阶段用的名称。如：拿捕净的试验代号为 NP—55。

化学名称是按化学结构命名，如茅草枯的化学名称是 2,2－二氯丙酸。

商品名称有音译、用途、化学结构，或外国公司在外国注册登记的商品名称等几种命名方法。如都尔称为异丙甲胺；茅草枯是按用途命名，其另一个名称为达拉朋（英文 dalapon 的音译）；百草枯也可用试验代号 PP148 来代表。

（二）除草剂的分类

根据除草剂对作物和杂草的作用分为选择性除草剂和灭生性除草剂。选择性除草剂在合适的用量下能消灭杂草而不伤作物，如一些除草剂有较高的选择性，对双子叶植物敏感，但对单子叶植物安全；灭生性除草剂对植物没有选择性，草苗不分，全部消灭，如草甘膦、五氯酚钠等。使用灭生性除草剂应防止药液溅落到桃树上。

根据作用方式分为触杀型除草剂和内吸传导性除草剂。触杀型除草剂只能在植物接触的部位起作用，不能被植物吸收或在植物体内传导，故对多年生杂草的地下繁殖器官几乎没有杀灭效果，这类除草剂有敌稗等；内吸传导性除草剂指杂草接触药液后能吸收药液，并运输到其他部位，达到除草效果。如苯氧羧酸类、均三氮苯类、取代脲类都属于内吸传导性除草剂。

根据使用方法分为土壤处理剂和茎叶处理剂。土壤处理剂是指出苗前在土壤表面喷洒药液，药液在土壤表面形成封闭层，使种子不能发芽或根系吸收药液后幼苗死亡。如氟乐灵，以及取代脲类、均三氮苯类；茎叶处理剂是在杂草幼苗期或生长期使用的除草剂。如敌稗、2,4－D 类、拿捕净、稳杀得、草甘膦等。有些除草剂既可投入土壤处理，又可进行茎叶处理，如莠去津、地乐等。

（三）除草剂的杀草原理

喷洒的除草剂可通过以下途径进入植物体内。

1. 叶面吸收 茎叶处理剂的雾滴在叶面上通过扩散作用进入细胞。叶表皮是由蜡质层和角质层构成，由于除草剂的亲水性与亲脂性的差异，渗入部位也不相同，亲脂性好的渗透快，易通过角质层吸收；亲水性好的，易通过表皮。除草剂的叶面吸收受许多因素的影响，如植物的形态、叶片的老嫩、气候条件和使用药剂中的助剂等。

2. 根系吸收 根系吸收主要在根尖的根毛区。药剂首先进入根系和皮层的薄壁细胞，经过内皮层、中柱而达到韧皮层。绿麦隆、西玛津等除草剂，主要是根系吸收，故这类除草剂可用于苗前的土壤处理。

3. 茎叶吸收 植物茎部吸收除草剂的量比较少，这主要是由于茎被叶片覆盖，但对某些叶面积较小，茎秆粗大的植物，茎部吸收可以同时向上、向下两个方向传导，直接破坏韧皮部组织，阻碍水分和营养物质的输送，使除草剂更易发挥效果。

4. 幼芽吸收 有些除草剂可在种子萌发出土的过程中通过胚芽鞘和胚根吸收而杀死杂草。氟乐灵、甲草胺等除草剂用作土壤处理杀草效果较好，但对出土以后的杂草几乎无效。

进入叶片、茎的角质层、根的表皮层的除草剂，在植物体内的传导主要是通过木质部和韧皮部两种途径来传导。

(四) 除草剂在植物体内的作用

除草剂在植物体内的作用除了受除草剂本身及防除对象的影响外，还受环境条件的影响，它的杀草作用是破坏或干扰植物一系列的生理生化过程，使植物的正常生长发育受到抑制以至死亡。其主要的作用如下。

1. 抑制光合作用 光合作用是绿色植物体内各种生理生化活动的物质基础，光合作用包括一系列复杂反应。除草剂主要抑制光合作用中的希尔反应，使叶绿素被氧化解体而叶片失绿死亡。有些除草剂是通过影响糖类的正常代谢，造成植物体内糖分缺乏或积累过多，使光合作用无法进行，最终死亡。抑制光合作用的除草剂占很大比重，如均三氮苯类、取代脲类、酰胺类和氨基甲酸酯类除草剂。此类除草剂使用后光照越强，除草效果越好。

2. 阻碍蛋白质的合成 酶是蛋白质的一种，种子萌发必须将其储藏的淀粉水解为可溶性糖类及其可利用的营养成分。α-淀粉酶是水解所必需的催化酶，施用 2,4 - D、灭草灵等除草剂，可干扰种子内 α - 淀粉酶的形成，使植物不能正常萌发而死亡。又如，茅草枯杀死植物的原因是干扰了植物体内泛酸的合成，使脂肪酸和糖的代谢无法进行，植株生长受到抑制而死亡。干扰植物蛋白质代谢的除草剂还有草甘膦、调节膦等。

3. 破坏植物的呼吸作用　呼吸作用是植物的主要生命活动过程。植物的生长还依靠三磷酸腺苷（ATP），它是碳水化合物分解过程中氧化磷酸化作用产生的，它贮存的能量供植物生长，生化反应和养分的吸收运转，有些除草剂如地乐酚，在低浓度时抑制氧化磷酸化作用，高浓度时抑制氧的吸收，使 ATP 合成受阻，导致植物死亡。

4. 干扰植物激素的作用　植物体内的激素是调节其生长、发育、开花、结果不可缺少的物质。激素类型的除草剂可以破坏植物生长的平衡，当低浓度时对植物有刺激作用，如导致生长畸形或扭曲；高浓度时可抑制或杀死杂草。激素型除草剂如苯氧羧酸类（2,4 - D 等）、苯甲酸类（百草敌等）。还有一些除草剂与植物体内的激素产生拮抗作用，如毒草胺被禾本科植物吸收后与吲哚乙酸产生拮抗，使其丧失活性而死亡。

此外，氟乐灵等除草剂还有抑制植物分生组织和根尖细胞正常分裂的作用。

（五）除草剂的选择性原理

除草剂之所以能杀死杂草而不伤害作物，是因为除草剂有选择性。除草剂是通过形态、时差、位差、生理、生化和利用解酶剂获得选择性。

第二节　施肥技术

合理施肥是桃树优质高产的重要措施，正确的施肥方案应考虑桃树对养分的需求特点、土壤中各种养分的含量状况、每种肥料的性质和特点等。桃园施肥的原则是在养分需求与供应平衡的基础上，坚持用地与养地相结合，坚持营养元素供给与微生物调节相结合，坚持桃树产量与环境效益相结合。

一、桃树需肥特点

（一）桃树营养的阶段性

桃树属于多年生木本果树，即桃树不同时期的发育方向不同，器官建造类型不同，对养分的需求量和比例也就不同，其一生的需肥特点具有较强的阶段性。成龄桃树需肥量大于幼龄桃树。幼龄阶段桃树以营养生长为主，主要完成树冠和根系的发育，同时形成树体营养的积累，此时氮素是营养主体，钾肥能促进树体生长。结桃期则转入以生殖生长为主，而营养生长逐步减弱，此时应增加磷素的供应量。衰老期提高氮素供应量能延缓其生长势的衰退，适当增加钾肥的施用量能增强桃树的抗逆性。成年桃树一年内的需肥特点也具有较强的阶段性，大多数桃树新梢旺长与花芽分化同时进行，此时需要氮、磷的供应，但供应量过大造成新梢过旺生长反而抑制花芽分化，因此，把握适量是解决其需肥矛盾的关键。由于桃树在结桃的前一年就形成花芽，并储存养分以备翌年春季生长和开花结桃，根系在秋季生长速度较快，故秋季施基肥效果较好。

（二）桃树生长的立地条件

桃树树体生长既取决于耕作层养分的供应状况，也取决于下层土壤的肥力高低。因此，需选择熟土层较深的土壤进行栽培。由于桃树长期生长在同一地，加之长期按比例从土壤中选择吸收营养元素，必然造成部分营养元素的贫乏。因而在肥料供应上，必须以改善深层土壤结构为前提，增施有机肥料，追施富含多种营养元素的复合肥料，专施含有易缺元素的肥料，并适当增加施肥深度，提高肥料利用率。不同砧穗组合直接影响桃树的生长、结桃和对养分的吸收，因此选择高产优质的砧穗组合不仅可以缓解桃树的缺素症，还可以节省肥料。

二、肥料种类

根据肥料的成分和生产工艺常将肥料分为有机肥、化肥、生物菌肥。根据施肥时期将肥料分为基肥、种肥和追肥。根据肥料中养分被桃树吸收的快慢将肥料分为速效肥料、缓效肥料、控释肥料。

桃树生长发育所需营养具有阶段性，所以施肥的任务不是一次就能完成的。桃树施肥应包括基肥、种肥和追肥 3 个时期。每个施肥时期都起着不同的作用。

基肥：桃农也常称为底肥，是指能较长时间供应桃树多种养分的基础性肥料。基肥的施用应按照肥土、肥树、土肥相融的原则施用。基肥一般在秋季施用，此时是根系的生长高峰，伤根易于愈合，能提高养分贮备水平，增强抗逆性，也有助于花芽的分化和充实。

种肥：是树苗定植时施在幼树根系附近的肥料。其作用是给幼苗生长创造良好的营养条件和环境条件。因此，种肥一般多用腐熟的有机肥或速效性的化学肥料以及微生物制剂等。同时为了避免桃树根系受害，应尽量选择对根系腐蚀性小或毒害轻的肥料。凡是浓度过大、过酸或过碱、吸湿性强、溶解时产生高温及含有毒性成分的肥料均不宜作种肥施用。例如碳酸氢铵、硝酸铵、氯化铵、过磷酸钙等均不宜作种肥。

追肥：是根据桃树各营养期需肥特点，快速生长时施入的肥料。其作用是及时补充桃树在生育过程中所需的养分，以促进植物进一步生长发育，提高产量和改善品质，一般以速效性化学肥料作追肥。

（一）有机肥料

有机肥料是指利用各种有机废弃物堆积加工而成的含有有机物质的肥料。有机肥料是农村中利用各种有机物质、就地取材、就地积制的自然肥料的总称，又称农家肥。有机肥料资源极为丰富，品种繁多，几乎一切含有有机物质、并能提供多种养分的材料，都可用来制作有机肥料。目前人们通过大规模堆积加工制成了具有商品名称的有机肥。根据其来源、特性和积制方法，有机肥料一般可分四类：第一类粪尿肥，包括人粪尿、家畜粪尿及厩肥、禽粪、海鸟粪以及蚕沙等；第二类堆沤肥，包括堆肥、沤肥、秸秆直接还田利用以及沼气池肥等；第三类绿肥，包括栽培绿肥和野生绿肥；第四类杂肥，包括泥炭及腐殖酸类肥料、油粕类肥料、泥土类肥料、海肥和农盐以及生活污水、工业污水、工业废渣等。

1. 有机肥料的特点

（1）养分全面。有机肥料不但含有桃树生长必需的各种元素，而且还富含包括腐殖酸在内的有机质。因此，有机肥料是一种完全肥料。

（2）肥效缓慢。大多数营养元素以有机形态存在，一般要经过微生物的转换才能被桃树吸收利用，肥效持续时间长，释放速度慢，所以是一种缓效肥料。

（3）含有生长活性物质。有机肥料含有大量微生物，施入土壤后又能促进土壤微生物的生长，各类微生物分泌物中含有酶、维生素、抗生素等。

（4）改土保肥。有机肥料经过堆沤、腐熟处理施入土壤，能够增加土壤有机质含量，改善土壤的理化性质，增加土壤的保水保肥性。

（5）养分含量低。有机肥料养分含量低，施用量大，施用时比较费工。

施用前需进行适当处理：大部分 C/N 较大的新鲜有机肥，为避免施入土壤后桃树与分解有机物的微生物争夺氮素，应将新鲜有机肥腐熟后或补充氮、磷素后再施入土壤；人粪尿或家畜粪尿施用前一般应进行无害化处理。

2. 发展有机肥料的意义 无论是有机农业还是无机农业，均离不开有机肥料，施用有机肥料不仅是不断维持与提高土壤肥力，从而达到农业可持续发展的关键措施，也是农业生态系统中各种养分资源得以循环、再利用和净化环境的关键一链，有机肥还能持续、平衡地给作物提供养分从而显著改善作物的品质。因此常有人将农业生产中的有机肥比作医药上的"中药"，虽然没有像化肥那样作用迅速，但有机肥医治和改善土壤环境的意义远比化肥来得更重要。

(二) 化肥

化学肥料是由化肥厂将初级原料经过物理或化学工艺生成的肥料，简称化肥，其主要成分是无机化合物，也有化肥是以有机态形式存在（如尿素）的。

按照其所含的营养元素的数量可分为单元素肥料和复合肥料。肥料中只含氮、磷、钾元素中的一种元素称为单元素肥料；肥料中含氮、磷、钾元素中两种或两种以上元素称为复合肥料；肥料中含有农药等其他成分的称为多功能肥料。

1. 氮肥　氮肥的品种很多，按氮肥中氮素化合物的形态可分为三类，即铵态氮肥，硝态氮肥和酰胺态氮肥。各类氮肥有其共同性质，但也各有特点。同类氮肥中的各个品种也有其各自的特殊性质。

（1）铵态氮肥。凡氮肥中的氮素以铵离子（NH_4^+）或氨（NH_3）形式存在的，称为铵态氮肥，如碳铵、硫酸铵、氨水等。它们共同特点是易溶于水，是速效养分，作物能直接吸收利用，能迅速发挥肥效。肥料中的铵离子能与土壤胶体上吸附的各种阳离子进行交换作用，可为土壤胶体所吸附，使铵态氮素在土壤中移动性变小不易流失。遇碱性物质分解，释放出氨气而挥发。尤其是液体氮肥和不稳定的固体氮肥（碳铵）本身就易挥发。与碱性物质接触则挥发损失更为严重，故施用时应深施。在通气良好的土壤中，铵态可进行硝化作用，转化为硝态氮，使氮素易流失。

（2）硝态氮肥。硝态氮肥是指肥料中的氮素以硝酸根（NO_3^-）的形态存在，如硝酸钠、硝酸铵、硝酸钙和硝酸钾等，硝酸铵兼有铵态氮和硝态氮，但通常仍把它归为硝态氮肥中。其共同特点一是易溶于水，是速效性养分，吸湿性强；二是硝酸根离子不能被土壤胶体吸附，在土壤溶液中随土壤水运动而移动；三是在一定条件下，硝态氮素可经反硝化作用转化为游离的分子态氮（N_2）和各种氧化氮气体（NO、N_2O 等）而丧失肥效；四是大多数硝态氮肥易燃、易爆，在贮存、运输中要注意安全。

（3）酰胺态氮肥。凡含有酰胺基（—$CONH_2$）或分解过程中产生酰胺基的氮肥，称为酰胺态氮肥，如尿素和石灰氮肥料。特点是尿素分子在土壤中易淋失。尿素在土壤脲酶作用下可水解转变为碳酸铵。尿素在生产过程中会生成缩二脲，缩二脲能抑制种子萌发和幼苗生长，因此，尿素不宜作种肥，适合作根外追肥。

2. 磷肥　根据磷肥的溶解性，可将磷肥分为水溶性磷肥、弱酸溶性磷肥（枸溶性磷肥）和难溶性磷肥。水溶性磷肥有过磷酸钙、重过磷酸钙、硝酸磷肥；弱酸溶性磷肥有钙镁磷肥、钢渣磷肥等；难溶性磷肥有磷矿粉、骨粉等。磷肥在土壤中移动性差，同时又易被土壤固定。为了提高磷肥的利用率，必须针对其易被固定的特点，尽量减少其与土壤的接触面积和增强其与根系的接触面，进行合理施用。一是集中施用，一般采用条施或穴施。二是与有机肥料混合施用。过磷酸钙与有机肥料混合施用，能减少与土壤的接触面，并且有机肥料中的有机胶体对土壤中三氧化物起包被作用，减少水溶性磷的接触固定。三是分层施用。由于磷在土壤中移动性小以及作物在不同生育期根系的发育与分布状况不同，因此最好将磷肥施到植物活动根群附近。

3. 钾肥　包括硫酸钾、氯化钾和窑灰钾肥，除可作基肥或追肥以外，还可作种肥和根外追肥。作基肥时应采取深施覆土，因深层土壤干湿变化小，可减少钾的晶格固定，提高钾肥利用率。作追肥时，在黏重土壤上可一次施下，但在保水保肥力差的沙土上，应分期施用，以免钾的损失。硫酸钾可作根外追肥，浓度以 $2\%\sim3\%$ 为宜。生产中氯化钾的氯离子对葡萄、桃树、柑橘均有不良影响，施用时应慎重。为防止氯离子中毒一般在施用氯化钾后应进行灌溉，将氯离子排出土壤。窑灰钾肥及草木灰的碱性较强，施用时不要与铵态氮肥、磷肥混合施用。

4. 复合肥料　施用明矾［$K_2SO_4 \cdot Al_2(SO_4)_3 \cdot 24H_2O$］或硫

酸铁［$Fe_2(SO_4)_3$］改良土壤的原理是，明矾或硫酸铁在土壤中氧化或水解产生硫酸，硫酸再中和碳酸钠或胶体上钠离子。

复合肥料的特点有：一是养分种类多，含量高；二是物理性状好；三是副成分少，对土壤性质的不良影响少；四是养分吸收利用率高；五是养分比例相对固定，难以满足施肥技术的要求。复合肥料有化成复合肥和混成复合肥，肥料混合的原则是混合时不会造成养分的损失或有效养分的降低，不会产生不良的物理性状，有利于提高肥效和功效。

因此，铵态氮肥、磷肥都不与碱性肥料混合，过磷酸钙不与碳酸氢铵混合。

三、微生物肥料

微生物肥料是人们利用土壤中一些有益微生物制成的肥料，传统称作菌肥。微生物肥料通常用微生物菌剂加工而成，它是以微生物生命活动的过程和产物来改善作物营养条件，发挥土壤潜在肥力，刺激作物生长发育，抵抗病菌危害，从而提高作物产量和品质。它不是像一般的肥料那样直接给植物提供养料物质。一般微生物肥料中含有大量有益微生物菌株，如芽孢杆菌、乳酸菌、光合菌、酵母菌等。

（一）生物肥料的作用

1. 增加土壤养分 提高土壤养分的有效性生物肥料中的根瘤菌能同化大气中的氮气，把空气中的游离态氮素还原为植物可吸收的含氮化合物，增加土壤养分。生物菌肥中的钾细菌、磷细菌能够分解长石、云母等硅酸盐和磷灰石，使这些难溶性的磷、钾养分转化为有效性磷和钾，提高土壤养分有效性，改善作物营养条件。对移动缓慢的元素如锌、铜、钙等也有加强吸收的作用。

2. 刺激作物生长，增强植物抗病和抗旱能力 增强作物抗性微生物在繁殖中能产生大量的植物生长激素，刺激和调节作物生长，使植株生长健壮，促进对营养元素的吸收。同时肥料中微生物由于在作物根部大量生长繁殖，抑制或减少了病原微生物的繁殖机会，减轻对作物的危害。还可增加水分吸收，利于提高植物的抗旱能力。例如，生物肥料中的"5406"抗生菌能提高植物抗病能力，防止根腐病发生。

3. 减少化肥的使用量和提高作物品质　生物肥料施用量少，生产成本低，还可以减少化肥施用对环境造成的污染。使用微生物肥料后对于提高农产品品质，如蛋白质、糖分、维生素等的含量有一定作用，有的可以减少硝酸盐的积累，在有些情况下，品质的改善比产量提高好处更大。

（二）生物肥料的特点

1. 微生物菌剂的核心是起特定作用的微生物　微生物菌剂所需菌种是由人工选育出来的、并非随便分离一个菌种即可用于生产。这些生产菌种必须不断选育，即有一个不断更新的过程，有的菌种还需要不断纯化和复壮。例如用于生产根瘤菌肥的菌种就不宜长期连续试管传代，应该隔一定时间使其回到原寄主植物根部结瘤，然后再重新分离出来，以保持良好的侵染结瘤能力和固氮能力。

2. 微生物菌剂作用的基础是活的微生物　无论哪一种微生物制品必须是由含有大量的，纯的和有活性的微生物组成。微生物菌剂也是一种生物制品，数量和纯度是衡量一个微生物菌剂质量好坏的重要标志。一种微生物菌剂当其中特定的微生物数量下降到某一数量时，其肥效和作用也就不存在了。因此，微生物菌剂是有一定的有效期的。

3. 微生物菌剂中的特定微生物必须是经过鉴定的　它们必须是对人、畜、植物无害的。有些微生物在其生长、繁殖过程中也有一定的肥效作用，如某些假单胞菌，可以产生雌激素或有的可以产生溶解某些营养元素的作用，但其本身又是人类或动物、植物的病原菌，所以这类微生物是不能作为菌种来生产微生物菌剂的。

（三）几种主要的微生物菌剂

1. 根瘤菌菌剂　指含有大量根瘤菌的微生物制品。根瘤菌是一类可以在豆科植物上结瘤和固氮的杆状细菌,可侵染豆科植物根部形成根瘤,与豆科寄主植物形成共生固氮关系。根瘤菌的各个菌株只能感染一定的豆科植物,两者的共生关系具有专一性,也就是说不是任何根瘤菌和任何豆科植物都可以形成根瘤,各种根瘤菌都必须生活在它们相应的豆科植物上,才能建立共生关系形成根瘤。一般在桃园土壤中使用较少。

2. 固氮菌菌剂 指含有好气性的自生固氮菌的微生物制剂。固氮菌也能固定大气中的游离态氮,但与共生固氮菌(根瘤菌剂)不同,它不侵入根内形成根瘤与豆科植物共生,而是利用土壤中的有机质或根分泌物作为碳源,直接固定大气中的氮素。它本身也能分泌某些化合物如维生素 B_1、维生素 B_2 和维生素 B_{12} 以及吲哚乙酸等,刺激植物生长和发育。

固氮菌固氮,只有当其在土壤中占优势和适宜的环境条件下才能表现出来。满足固氮菌生活所必须的条件是进行固氮作用的前提。固氮菌固氮的条件有以下几种。

(1)固氮菌只有在碳水化合物丰富而又缺少化合态氮的环境中,才能充分发挥固氮作用。大多数固氮菌剂在土壤中 C/N 低于(40~70):1 时,则固氮作用停止。

(2)最适宜 pH 为 6.5~7.5,酸性土壤中施用石灰,有利于提高固氮效率。

(3)固氮菌是好气性微生物,要求土壤通气状况良好,但氧化还原反应电位不能过高。

(4)固氮菌对湿度要求较高,以在田间持水量的 60%~70% 生长最好。

(5)固氮菌是中温性微生物,最适宜在 25~30 ℃生活,温度过高,造成固氮菌死亡。

一般要求每亩使用 500 亿~1 000 亿个活菌数。

3. 磷细菌菌剂 指施用后能够分解土壤中难溶态磷的细菌制品。土壤中有一些种类的微生物在生长繁殖和代谢过程中能够产生一些有机酸,如乳酸、柠檬酸和一些酶,如植酸酶类物质,使固定在土壤中的难溶性磷如磷酸铁、磷酸铝以及有机酸磷酸盐矿化成植物能利用的可溶性磷，供植物吸收利用。目前主要研究和应用的解磷微生物包括细菌、真菌和放线菌等，如芽孢杆菌、巨大芽孢杆菌、蜡状芽孢杆菌及假单胞菌（如草生假单胞菌）。

4. 硅酸盐菌菌剂　硅酸盐细菌中的一些种，在培养时产生的有机酸类物质能够将土壤中的钾长石矿中的难溶性钾溶解出来供植物利用，将其称为钾细菌，用这类菌种生产出来的菌剂叫硅酸盐菌菌剂。

目前已知芽孢杆菌属中的一些种，如胶质芽孢杆菌（*Bacillus mucilaginosus*）、软化芽孢杆菌（*B. macerans*）、环状芽孢杆菌（*B. circulans*）等能利用磷钾矿物为营养，并分解出少量磷钾元素。

硅酸盐菌菌剂多应用于土壤有效钾极缺的地区。

5. 其他微生物菌剂

（1）VA菌根菌剂。菌根是土壤中某些真菌侵染植物根部，与其形成的菌—根共生体。其中由内囊霉科真菌中多数属、种形成的泡囊，称为丛枝状菌根，简称VA菌根。它与农业关系非常密切。现已肯定了VA菌根至少可与200个科20万个种以上的植物进行共生生活。

VA菌根的菌丝具有协助植物吸收磷素营养的功能，对硫、钙、锌等元素的吸收和对水分的吸收也有很大的促进作用。也就是说接种VA菌根可增强农作物对一些营养元素的吸收，从而起到增加产量、改善品质、提高养分利用率等多方面的作用。现已应用到甘蓝、大麦、小麦、花生、西瓜、香瓜及各类花卉、药材等植物的栽种技术中。

（2）抗生菌菌剂。指用能分泌抗菌物质和雌激素的微生物制成的微生物肥料制品，菌种通常是放线菌。我国曾用过多年的"5406"即属此类。这种菌剂不仅具有肥效而且能抑制一些植物的病害，刺激和调节植物生长。经常以饼土接种堆制，发酵成品可拌种或作基肥。

（3）复合（复混）微生物菌剂。指两种或两种以上的微生物或一种微生物与其他营养物质复配而成的微生物菌剂制品。复合（复混）目的在于提高接种效果，有两种类型：

一是两种或两种以上的微生物复合（或复混），可以是同一微生物的不同菌系或是不同微生物菌种的混合，复合的菌种间不应存在拮抗作用；二是一种微生物和其他营养物质复配，即微生物菌剂可分别与大量元素、微量元素、植物生长激素等复合，但由于添加的营养物质多半是盐类，这些盐类对菌种无疑会产生失活作用，因此这种复合微生物菌剂中的微生物多半是能形成休眠孢子的微生物，当它们被施入土壤后就萌发繁殖，然而，施用这类微生物菌剂所需要的土壤条件值得进一步研究，以便能使这类菌剂的效果更好。

（四）生物菌剂的施用方法

生物菌剂是活体肥料，因此施用时需要特定的条件。环境条件会影响菌肥施用效果，如温度、光照、土壤水分、酸碱度等，所以需要考虑到以下这些方面。

1. 穴施　亩用量 10～20 kg，适用于苹果、梨、猕猴桃、柑橘、葡萄、枣、桃、石榴、荔枝、香蕉等。在桃树树冠垂直下方挖4～6 个土穴或环形沟，深度见须根，撒入菌肥，浇水盖土即可。

2. 蘸根　亩用量 1 500～2 000 g，适用于育苗移栽的作物，将菌肥同黄土以 1：1 拌匀兑少量水搅拌成糊状，蘸根后移栽。

3. 沟施　亩用量 1 000～1 500 g，也可以按 1：1 同黄土拌匀后沟施。

4. 撒施　亩用量 20～50 kg，也可以按 1：1 同黄土拌匀后撒施。加大施用量后，可以达到加快改善土壤环境的目的。

5. 浇施　亩用量 1 000～1 500 g，以 1：50 兑水，适用于育苗后移栽的作物，移苗后浇定根水。

6. 追肥　按 1：100 比例与农家肥、有机肥搅拌均匀，加水堆闷 3～7 d 后施用，或直接埋入桃树根部周围。

7. 注意事项

（1）应用生物菌肥后通常不能再使用杀菌剂。因为生物菌中的有益菌能够被用到土壤中的杀菌剂杀灭，所以杀菌剂不能与生物菌同时使用。

（2）调控好地温，一般菌肥中的生物菌在土壤 18～25 ℃时生命活动最为活跃，15 ℃以下时生命活动开始降低，10 ℃以下时活动能力已很微弱，甚至处于休眠状态。

（3）调控好土壤的湿度，土壤含水量不足，不利于生物菌的生长繁殖，但土壤在浇水过大、透气性不良、含氧量较少的情况下也不利于生物菌的生存。因此，合理浇水也很重要。一般情况下，浇水应选在晴天上午进行，有利于地温的恢复。浇水后还应及时进行划锄，以增加土壤的透气性，促进生物菌的生命活动。

（4）注意施足有机肥，生物菌的功效是在土壤有机质丰富的前提下才能发挥出来的。如土壤中的有机肥施用不足，生物菌就会因营养缺乏而影响使用效果，有机质供应充足，生物菌肥中的益生菌就会大量繁殖，从而增强对有害菌的抑制。

（5）多种生物菌肥不宜同时使用，应用生物菌肥时最好只使用一种，不宜同时使用多种生物菌肥，更不应频繁使用不同种类的生物菌，这是因为生物菌肥要发挥作用，需要有益微生物大量繁殖。

（五）生物肥料的质量要求

一种好的生物肥料在有效活菌数、含水量、pH、吸附剂颗粒细度、有机质含量、杂菌率以及有效保存期等方面都有严格的要求。根据我国标准规定，液体生物肥料每毫升应含 5 亿～15 亿个活的有效菌。固体生物肥每克含活的有效菌为 1 亿～3 亿个，含水量 20％～35％为宜，吸附剂细度在 0.18 mm 左右，吸附剂的细度越细吸附的有效菌就越多。pH5.5～7.5，杂菌率低于 15％～20％，不含致病菌和寄生虫，保存有效期不低于 6 个月。

四、基肥的施用

桃树基肥一般是在秋季桃实采收时进行。磷肥在土壤中移动性较差，桃树对磷肥的吸收较慢，同时磷肥易被土壤固定，因此，磷肥作基肥效果较好。混合施用，既能增加土壤有机质含量，又能减少磷肥的损失，提高磷肥的利用率。磷肥和有机肥配合时加入一定量的速效氮、钾肥，能为下一年春季桃树开花坐桃提供营养。

基肥的施用方式如下。

1. 环状沟施肥法　多用于幼树。方法是在树冠投影的外缘挖深 40～60 cm、宽 30～50 cm 的环状沟，再将肥料与土壤混合施入覆平即可（图 4 - 1）。注意翌年再施肥时可在第一年施肥沟的外侧再挖沟施肥，以逐年加大施肥范围。

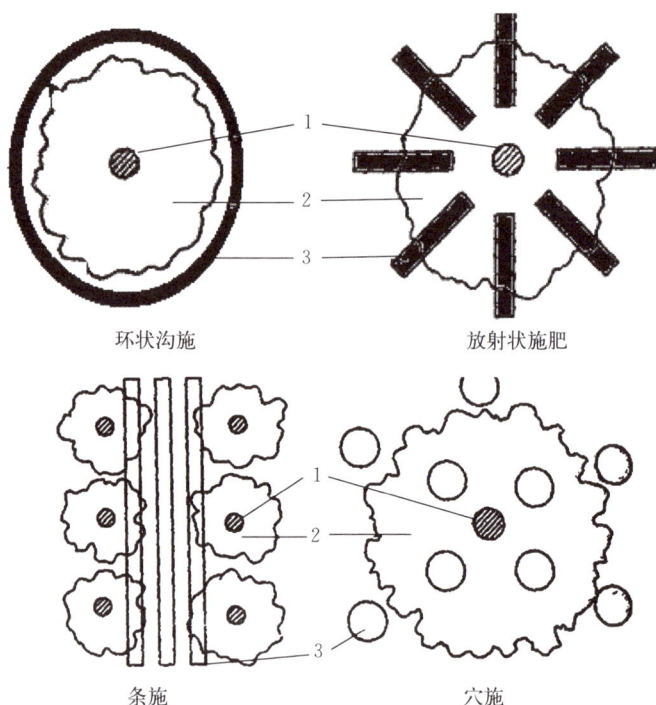

环状沟施　　　　　　　　　放射状施肥

条施　　　　　　　　　　　穴施

图 4 - 1　基肥的施用方式
1. 树干　2. 树冠　3. 施肥部位

2. 放射状施肥　放射状施肥是在距树木一定距离处，以树干为中心，向树冠外围挖 4～8 条放射状直沟，沟深、宽各 50 cm，沟长与树冠相齐，肥料施在沟内（图 4 - 1），翌年再交错位置挖沟施肥。

3. 条施　也是追肥的一种方法，即开沟条施肥料后覆土。一般在距离树干处向外挖深、宽 40～60 cm 的条状沟，将肥料施入后，再填入土壤覆平（如图 4 - 1）。注意每年更换位置。

4. 穴施　是在树盘周围及树冠下挖穴，将肥料施入后覆土。其特点是施肥集中，用肥量少，增产效果较好。注意每年更换位置（图 4 - 1）。

5. 分层施肥　将肥料按不同比例施入土壤的不同层次内。

6. 随水浇施　在灌溉（尤其是喷灌或目前市场上的冲施肥）时将肥料溶于灌溉水而施入土壤的方法。这种方法多用于追肥方式。

五、 施肥量的控制

确定桃树施肥量是一个比较复杂的问题。正确的估算施肥量可以做到减少投资、提高经济效益。所以，确定施肥量的最可靠的方法，是在总结桃农对桃树丰产施肥经验的基础上进行肥料的适量试验，通过多年的科学试验，找出桃实产量与施肥的相应关系，作为科学施肥和经济用肥的依据。目前，我国正在进行的配方施肥，是综合运用现代农业科技成果，根据作物需肥规律，土壤供肥性能与肥料效应，在有机肥为基础的条件下，产前提出氮、磷、钾或微肥的适宜用量与比例，以及相应的施肥技术。施肥量的计算是配方施肥的一部分，而且其估算方法较多，诸如养分平衡施肥估算法、田间试验肥料效应函数估算法、试验施肥法、土壤有效养分系数法、土壤肥力指标法、土壤有效养分临界值法等。

六、 桃树施肥技术

（一）桃树的需肥特性

（1）桃树在土壤 pH4.5～7.5 范围内均可生长，最适土壤 pH 范围为 5.5～6.5。

在土壤 pH 超过 7.5 的碱性土壤，会出现缺铁、缺锌而发生黄叶病、小叶病。

（2）对氮肥特别敏感。桃在幼树期，如施氮过量，常引起徒长，成花不易，花芽质量差。盛桃期又需氮肥多，如氮素不足，易引起树势早衰。桃实生长后期如施氮肥过多，桃实味淡，风味差。

（3）需钾量大。桃树对钾的需要量大，特别是桃实发育期钾的含量为氮的 3.2 倍，钾对增大桃实和提高品质有显著作用。所以此时应增加钾肥施用量。

（二）施肥的最佳时期

未挂桃的幼桃树，除在定植时施足有机肥等基肥，在每年 2～4 月施适量氮肥，以促进发芽抽梢，5～6 月以磷为主，钾次之，氮少施，以免引起徒长；7～9 月以钾为主，磷次之，控制氮或不施氮。逐年增加施肥量。

盛桃期桃树施肥方式如下。

1. 基肥　秋季桃实采收后的 9～10 月是施基肥的最佳时期。结合沟施等方法将有机肥混合适量氮肥及全年磷肥施入土壤。参考用量：一般株产 80～100 kg 的大树，应施厩肥 100～150 kg，钙镁磷肥（或过磷酸钙）2～3 kg，硫酸钾 1 kg，硼砂 50～80 g。

2. 追肥　一年追施 4 次。分别为：花前肥，在 3～4 月花芽膨大时施，以速效氮肥为主，钾肥为辅，目的是促进新梢和根系生长，提高坐桃率。注意桃树对氯离子比较敏感，追钾肥时一般不用氯化钾；硬核肥，5～6 月硬核期前配合氮、磷、钾肥料少量施用。如桃土壤肥沃也可不施硬核肥；壮桃肥，在 7～8 月桃实迅速膨大时施用，以钾肥为主，配合施用适量磷肥和少量氮肥（也可不施氮肥）；采后肥，早熟品种在采桃后施，中晚熟品种在采桃前施，一般在 9 月下旬进行。结合秋施基肥施入。

3. 根外施肥　在生长期，还应根据树体和桃实生长发育所需的不同养分，进行根外追肥。特别要注意喷施微肥，即在谢花后、桃实膨大期和采桃前 25 d，各喷 1 次 3 000 倍稀土肥或 500 倍桃树专用肥；从桃实迅速膨大期起，每隔半月喷 1 次 300～350 倍磷酸二氢钾，连喷 2 次，可显著地提高桃实的含糖量和品质。

第三节　桃树园灌水与排水

土壤水分是土壤肥力的重要指标。土壤水分含量决定土壤养分的移动速度、养分的有效性、土壤的通气性。桃园的灌水和排水直接影响桃树的产量和品质，制约着桃园的经济效益。

一、桃树的需水特点

桃树在各个物候期对水分的要求不同，需水量也不同。

落叶桃树在春季萌芽前，树体需要一定的水分才能发芽，此期水分不足，常延迟萌芽期或萌芽不整齐，影响新梢生长。花期干旱或水分过多，常引起落花落桃，降低坐桃率。

新梢生长期温度急剧上升，枝叶生长迅速旺盛，需水量最多，对缺水反应最敏感，为需水临界期。如桃供给不足，则削弱生长，甚至早期停止生长。

花芽分化期需水相对较少，如桃水分过多则削弱分化。此时在北方正要进入雨季，如雨季推迟，则可促使提早分化，一般降雨适量时不应灌水。

果实发育期也需一定水分，但过多易引起后期落桃或造成裂桃，易造成果实病害，影响产量及果品品质。

秋季干旱，枝条生长提早结束，根系停止生长，影响营养物质的积累和转化，削弱越冬性，冬季缺水常使枝干冻伤。

桃树要求的土壤相对含水量为 $60\%\sim80\%$，小于 60% 就应考虑灌水。桃树需要水分，但并不是水分越多越好，有时桃树适度的缺水还能促进根系深扎，提高其抵御后期干旱的能力，抑制桃树的枝叶生长，减少剪枝量，并使桃树尽早进入花芽分化阶段，使桃树早结桃，并提高桃品的含糖量及品质等。

因此，桃园一年中应保证 4 次关键灌水：一是春季萌芽展叶期浇适量水；二是春梢迅速生长期浇足量水；三是桃实迅速膨大期浇保墒水；四是秋后冬前浇防冻水。

二、灌水、排水与灌水量

灌溉和排水是桃园土壤水分调节的主要方式，我国水资源贫乏，改进灌水方法显得尤为重要。

（一）灌水方法

灌水方法应本着节约少用，提高水的利用率，减少土壤侵蚀的原则。具体方法有大水漫灌、树盘浇灌、穴灌、沟灌、畦灌、滴灌、渗灌等。其中，渗灌、滴灌、穴灌和喷灌较省水，大水漫灌时水分浪费最大。

1. 渗灌 是通过埋于地下一定深度的专用地下管道（一般是双层，包括输水管道和渗管）将灌溉水输入田间，借助土壤毛细管作用湿润土壤的灌水方法。

渗灌的主要优点是：

（1）灌水后土壤仍保持疏松状态，不破坏土壤结构，不产生土壤表面板结，能为作物提供良好的土壤水分状况；

（2）地表土壤湿度低，可减少地面蒸发；

（3）管道埋入地下，可减少占地，便于交通和田间作业，可同时进行灌水和农事活动；

（4）灌水量省，灌水效率高；

（5）能减少杂草生长和植物病虫害；

（6）渗灌系统流量小，压力低，故可减小动力消耗，节约能源。

渗灌存在的主要缺点是：

（1）表层土壤湿度较差，不利于作物种子发芽和幼苗生长，也不利于浅根作物生长；

（2）投资高，施工复杂，且管理维修困难；一旦管道堵塞或破坏，难以检查和修理，故灌溉水要经过纱网过滤；

（3）易产生深层渗漏，特别对透水性较强的轻质土壤，更容易产生渗漏损失。

2. 滴灌 滴灌是滴水灌溉技术的简称。它是利用滴灌设备将水增压、过滤，通过各级输水管道和滴头均匀缓慢地灌入植物根部附近的土壤，满足作物生长发育的需要。当需要施肥时，将化肥液注入管道，随同灌溉水一起施入土壤。水源与各种滴灌设备一起组成滴灌系统。滴头和输水管道多用高压或低压聚乙烯等塑料制成，干管、支管埋于地面以下。滴灌水源广，河渠、湖泊、塘、库、井泉都可，但不宜用过脏或含沙量太大的水。

3. 喷灌 喷灌是利用喷头等专用设备把有压水喷洒到空中，形成水滴落到地面和植物表面的灌水方法。

喷灌具有以下优点：

（1）减少水分损失。由于喷灌可以控制喷水量和均匀性，避免产生地面径流和深层渗漏损失，使水的利用率大为提高，一般比地面灌溉节省水量 30％～50％，省水还意味着节省动力，降低灌水成本。

（2）施肥打药同时进行。喷灌便于实现机械化、自动化，可以大量节省劳动力。由于取消了田间的输水沟渠，不仅有利于机械作业，而且大大减少了田间劳动量。

（3）能够保持良好的土壤结构体。喷灌对土壤不产生冲刷等破坏作用，从而保持土壤的团粒结构，使土壤疏松多孔，通气性好，因而有利于增产。

滴灌是按照桃树需水要求，通过低压管道系统与安装在毛管上的灌水器，将水和桃树需要的养分一滴一滴，均匀而又缓慢地滴入作物根区土壤中的灌水方法。滴灌不破坏土壤结构，土壤内部水、肥、气、热经常保持适合作物生长的良好状况，蒸发损失小，不产生地面径流，几乎没有深层渗漏，是一种省水的灌水方式。滴灌的主要特点是灌水量小，灌水器每小时流量为 2～12 L，因此，一次灌水延续时间较长，灌水的周期短，可以做到小水勤灌；需要的工作压力低，能够较准确地控制灌水量，可减少无效的棵间蒸发，不会造成水的浪费；滴灌还能自动化管理。

（二）桃园排水

我国北方大部分雨量集中在 7～8 月，此时，桃树因水分过多会促使徒长，甚至发生涝害。尤其低洼或地下水位较高的桃园在雨季易积水，使土壤排水不良，根的呼吸作用受到抑制。因为土壤中水分过多而缺乏空气，迫使根进行无氧呼吸，引起根系生长衰弱导致死亡。当桃园积水后，应及时排水。平地桃园和盐碱地桃园要起高垄栽培，也可顺地势在园内及四周挖排水沟，把多余的水顺沟排出园外。水分排出后，应立即扒土晾根，松土散墒，以改善土壤通气条件。

（三）灌水量的确定

适宜的灌水量应使桃树根系分布范围内（40～60 cm）的土壤湿度在一次灌溉中达到最有利于生长发育的程度，只浸润表层土壤和上部根系分布的土壤，不能达到灌水要求，且多次补充灌溉，容易使土壤板结。因此一次的灌水量应使土壤水分含量达到田间持水量的 85%。

三、蓄水保墒技术

桃园节水技术就是根据桃树需水特点和降水情况，通过蓄水保墒、节水灌溉以及其他综合措施，达到节水增产的技术。蓄水保墒的基本途径是开源和节流。开源是最大程度拦蓄利用自然降水，尽可能延长水分在土壤中的存留时间。节流是通过各种方式在满足桃树生长发育的水分需要前提下，尽可能减少水分的损失。

除进行农田基本建设外，土壤的蓄水保墒措施主要包括两个方面：一是改变土壤的大气蒸发条件，从而降低地表的潜在蒸发速度；二是改良土壤结构，增强土壤自身的持水能力。

（一）覆盖

改变土壤蒸发条件的最有效方法是进行覆盖，其中利用泥沙、卵石、秸秆、树叶、枯草、粪肥等材料覆盖，在我国已有悠久的历史，现在人们利用地膜、草纤维膜、乳化沥青、土面增温保墒剂等。覆盖能有效地提高地温、减少蒸发、保持土壤水分。改善土壤结构的措施主要有整地松土、增施肥料与土壤改良剂等，其中以施用有机肥为主，配合施用能胶结土壤颗粒形成一定结构的各种土壤改良剂。同时，对于结构性差，深层渗漏比较严重，配合土壤改良措施要采取一定的防渗漏措施。通过土壤结构的改良可以起到受墒、蓄墒、保墒三个方面的作用，减少土壤水分无效消耗，提高水分的利用效率。

覆盖栽培能有效地改变农田小气候条件，改变土壤水热状况，从而促进农作物和林木生长，提高产量。目前，国内外普遍使用的几种地表覆盖材料有地膜、草纤维膜、秸秆、沥青和土面覆盖剂。其中地膜覆盖保墒作用最为明显，地膜的主要作用是提高地温、保墒、改善土壤理化性质、提高植物光合效率。在选择时要注意选用无色、透明的地膜，膜的规格可根据使用方法选择，在桃园直接铺在地表则宜选用较厚的膜，铺在地下则可以选用较薄的膜。桃园既要提高地温又要蓄水保墒时，地膜直接铺设在表面，以蓄水保墒为主时则适合把地膜铺设在表土层下面，即把地膜铺设好后在上面压上 2～3 cm 厚的土壤，这样还可以极大地延长地膜的使用寿命。

草纤维是采用麦秸、稻草和其他含纤维素的野生植物为主要原料生产的一种农用纤维膜。其性能接近聚乙烯地膜的使用要求，同时能被土壤微生物降解，是一种很有希望取代聚乙烯地膜的无污染覆盖材料。但其韧性差、横向易裂，所以后期的增温效应和保墒性能远低于聚乙烯地膜；覆草和秸秆覆盖增产的原理在于覆盖后土壤温度变化小，有利于根系生长，提高蒸腾效率，减少覆盖区内干物质无效损耗，不论在丰水年还是欠水年都有明显的保墒作用。

土面增温保墒剂，为黄褐色或棕色膏状物，是一种田间化学覆盖物，又称液体覆盖膜，属油型乳液，成膜物质有效含量为 30%，含水量为 70%，加水稀释后喷洒在土壤表面能形成一层均匀薄膜。土面增温保墒剂的作用主要包括三个方面：一是用其直接覆盖土壤表面，由于其成膜性可以直接阻挡土壤水分蒸发，减少无效耗水；

二是通过减少土壤水分蒸发消耗，减少了汽化的热量消耗，因而起到了提高地温的作用；三是它具有一定黏着性，与土壤颗粒紧密结合，覆盖地表等于涂上一层保护层，能避免或减轻农田土壤风吹水蚀。

（二）土内蓄水保墒措施

土内蓄水保墒措施是指在土壤中所进行的一系列增强土壤持水能力的技术措施。除了目前使用的保水剂之外，常用的技术措施可分为两大类，一类是增加土壤的疏松度，主要是整地措施；另一类是改变土壤的结构，使其形成利用、保存水分的孔隙度。措施主要有增加土壤有机质、增加化学胶结物。土内的蓄水保墒措施一般结合整地同时进行。

（三）防止深层渗漏措施

（1）在深层铺设地膜，直接起到阻水的作用；

（2）在底层撒施防止水分渗漏的材料，如拒水粉、拒水土等；

（3）在底层撒施土壤改良剂，与土壤混合形成阻水层。

这些措施的使用深度主要依据当地的气候条件而定，干旱程度越严重使用深度应当越深。

第四节　果树有机旱作

有机旱作农业是指在干旱地区，利用生态学、土壤学、植物学等自然科学原理，综合运用种植、肥水管理、病虫害防治、土壤保育等技术手段，实现高产、高效、高品质农作物生产的方式。

果树旱作节水栽培的途径并推广应用，对果品生产健康持续发展具有重要意义。在长期的科学研究和生产实践中，果树工作者和广大果农积累了十分丰富的旱作经验，这些经验主要包括旱作栽培技术和旱作节水技术。

坚持绿色兴农、科教兴农、质量兴农、品牌强农，聚焦"特""优"战略，以农业供给侧结构性改革为主线，以打造中国北方优质农产品供应基地为目标，以项目建设为抓手，深入实施有机旱作农业十大工程，培育壮大一批产业特色鲜明、经营规模适度、生产管理规范、产品市场认可的有机旱作农业新型经营主体。

形成一批以有机旱作农业农产品种植、加工、营销产业链为基础，集种养循环、科技创新、三产融合的特色产业集群，打造一批有机旱作农业知名品牌，总结形成一批可借鉴、可复制、可推广的有机旱作农业发展模式，全产业链推进有机旱作农业高质量发展。

一、 现代有机旱作农业内涵与特点

（一）有机旱作农业是现代农业模式之一

现代有机旱作农业是遵循绿色发展理念，充分应用现代科技、现代装备、现代管理等先进技术与方法，有效提高旱作地区农业生产的资源利用效率、土地产出效率、干旱抵御能力和市场竞争能力，构建生产、生态、生活相协调的农业发展格局，实现农业发展质量、效益和可持续发展能力的全面提升。

（二）有机旱作农业不是有机农业与旱作农业的简单叠加

按照国际通行认识，有机农业指完全不用或基本不用人工合成的化肥、农药、生长调节剂和家畜饲料添加剂的农业生产体系，以生产有机食品为主要目的，需要符合相应的生产标准和通过相关认证。旱作农业指无灌溉条件的半干旱和半湿润偏旱地区，主要依靠天然降水从事农业生产的一种雨养农业，其主要目标是最大程度地蓄水保墒和提高水分利用率。有机农业和旱作农业在技术措施上有类似之处，如采用作物轮作、秸秆利用、有机培肥、种植豆类作物等维持土壤肥力和减少化肥、农药使用等，但两者的目的和技术模式相差甚远。

（三）现代有机旱作农业不同于传统有机农业

现代有机旱作农业是一种高度开放的高效化、集约化、可持续的生产模式，广泛应用现代科学技术、现代工业提供的生产资料和科学管理方法，农业生产技术由经验转向科学，农业生产目标由自给转向商品化。而传统有机旱作农业是一种相对封闭的、低效化、可持续的生产模式，主要通过精耕细作、蓄水保墒、换茬轮作、有机培肥、水土保持等传统农作技术，选育抗旱优良品种及农林牧综合经营等，充分提高有限降水资源利用效率和实现用养结合。与传统有机旱作农业相比，现代有机旱作农业的劳动生产率、土地生产率和农产品商品率大幅度提高，人类对农业生产环境和生产过程的预测和调控能力显著增强。

二、现代有机旱作农业发展重点

（一）遵循绿色发展新理念，转变传统发展观念

农业绿色发展是农业发展观的一场深刻革命。农业发展要由主要满足"量"的需求向更注重"质"的需求转变；利用有限的资源增加优质安全农产品供给，把农业资源利用过高的强度降下来，把农业面源污染加重的趋势缓下来，让生态环保成为现代农业鲜明标志。

推动农业绿色发展的关键在于观念转变：绿色发展要求突出绿色生态导向，与传统农业发展模式差异很大，涉及政策调整、制度优化、技术创新、市场引导等，但核心问题还是转变理念和意识。

转变理念和意识应从下面两方面着手。第一，增强作物生产的成本意识。长期以来"凡是能高产的品种都是好品种、能高产的技术都是好技术"的技术进步导向必须改变，每次技术更新几乎都带来一次生产成本提升。第二，需求增强农业生产的生态环保意识。不能只考虑有利于产量和效益提高就行，对生态及环境影响要有足够重视，立足可持续发展。

（二）适应旱作区域资源环境，培育和壮大特色产业

壮大传统的特色种养业、加工业是核心。旱作地区有许多地域特色的农作物、畜禽品种，如杂粮、杂豆、鲜干果、中药材、饲草及羊、牛等，而且这些产品在品质、口味、市场份额等方面有独特优势，充分挖掘这些特色优势农产品的产业发展潜力非常

重要。

　　引进和培育新产业也同等重要。要认识到旱作农业产业的局限性及其基础薄弱性，在开发特色农产品同时，通过政策与制度创新引进更多新品种、新技术、新产业。实际上，要实现一个区域的结构调整、供给侧改革、产业升级等，一定需要注入新的产业要素。培育新型产业同等重要。

　　农业生产受自然和人工生态适应性双重影响。自然生态适应性是生物在长期进化过程中自然竞争、选择与淘汰的结果，从根本上决定了农作物、畜禽的分布规律。人工生态适应性指农业生物与人类在自然环境基础进行改造后的综合环境（灌溉、肥料、良种、机具、设施生产等）之间相互适应的特性。人类既要选育生物体适应于环境，又要改善环境中的某些要素以适应生物的发展。

（三）挖掘生态服务功能，拓展农业产业功能

　　我国农业绿色发展具有特殊性，不是单纯的绿色生产问题，而是与结构调整、城乡融合、乡村振兴、农民富裕紧密联结在一起的系统工程。中共中央办公厅和国务院办公厅联合签发的《关于创新体制机制推进农业绿色发展的意见》中指出，要以资源环境承载力为基准，以推进农业供给侧结构性改革为主线，强化改革创新、激励约束和政府监管，转变农业发展方式，优化空间布局，节约利用资源，保护产地环境，提升生态服务功能，全力构建人与自然和谐共生的农业发展新格局，推进形成绿色生产方式和生活方式，实现农业强、农民富、农村美。

　　农业生产不仅提供人类生存必需的各种原料或产品，而且具有调节气候、净化污染、涵养水源、保持水土、景观服务、文化休闲等生态服务功能。第一，供应服务：人类可从生态系统中获得的物质收获，如食物、水、纤维、木材和燃料。第二，调节服务：生态系统可以调节空气质量和土壤肥力，预防洪涝灾害和疾病，作物授粉。第三，支持服务：为动植物提供生存空间，支撑物种多样性的存在，以及保持遗传多样性。第四，文化服务：人类从生态系统获得非物质效益，如景观美感、文化传承、精神愉悦。

将生产、生态、生活服务功能一体化开发，农田及乡村景观建设纳入农业生产体系。有效解决农田、农村脏乱差和田园景观质量差的问题；通过农田生态景观建设，有效控制面源、控制害虫和洪涝灾害、涵养水土及保护生物多样性；并有效挖掘农业文化、休闲旅游功能。

三、现代有机旱作农业技术创新方向

技术创新是发展有机旱作农业的基础支撑，其核心是要素投入精准高效、技术模式集成配套、产品质量标准规范、产业功能拓展延伸。

（一）传统旱作技术的模式化、机械化、标准化

长期以来，我国旱作农区因地制宜开发出许许多多的雨水收集利用、土壤抗旱保墒、农田覆盖耕作、水土流失控制等技术，其中垄作与覆盖一直是旱作节水最活跃的技术，但各地五花八门的技术很难形成大规模推广应用的标准化技术模式，工程化、机械化配套难度更大。

（二）地膜覆盖技术的改良与替代

地膜覆盖技术是我国广大旱作地区普遍应用的核心技术，但所造成的环境污染问题也日趋突出。我国自 20 世纪 70 年代开始推广应用地膜覆盖技术以来，应用面积飞速发展，目前我国地膜覆盖面积已经接近 0.2×10^8 hm^2，地膜投入量超过 140×10^4 t，主要应用区域是北方干旱、半干旱区域，但地膜回收率不到 30%，造成的危害持续加剧。如何替代传统地膜覆盖，是现代有机旱作农业必须破解的难题。

（三）充分利用现代科技新成果，实现要素投入精准高效

实现精准控制是农业技术发展的永远趋势，也是现代有机旱作农业技术创新的方向。现代生物技术、信息技术与人工智能技术飞速发展为农业生产管理的精准控制提供广阔空间，设施栽培（环境可控制）、无土栽培（基质栽培、水培、雾培）、水肥药精准控制技术、智能机械装备技术等多种新技术应用越来越多。现代有机旱作

农业必须努力实现水、肥、药、种及农机等要素的精准投入和控制，实现减量使用和环保高效。

（四）技术整合及整体解决方案

国际上农业转型发展都有一整套与政策、管理体系相适应的生产控制标准和技术模式，而我国长期以来农业生产领域的技术集成和整体解决方案一直是个短板，也是导致产业落后和效率不高的原因。实现农业生产的整体高效，需要在各个层次、环节进行技术创新，并进行集成配套。需要充分关注尺度效应，微观、中观、宏观有机结合，要实现区域尺度的高产高效。现代有机旱作农业尤其要重视技术的综合性、适应性、经济性和农民参与。

1. 选择抗旱树（品）种及砧木　果树树种不同，耐旱力有所不同，应根据不同树种的需水量和耐旱力来确定栽培树种。目前，栽培树种中石榴、枣、无花果及核果类果树耐旱力最强；核桃、李、葡萄等耐旱力中等；苹果、梨、柿等树种耐旱力最弱。砧木根系抗旱力大小对果树的耐旱力影响很大，因此，果树抗旱栽培中应选用抗旱砧木嫁接的品种，乔砧中的西府海棠、新疆野苹果、海棠果、山梨、山桃、山葡萄等，矮砧中的M7、MM106等比较抗旱。

2. 加强栽培管理　采取合理的栽培技术对果树的抗旱能力也有重要的作用，主要包括以下几个方面。

（1）合理密植。在少雨缺水的立地条件下，合理密植可使果树获得充分的水分、养分，实现优质丰产，一般进行中等密度栽植，即株行距（2.5～3）m×4 m，园地尽量平整，要大坑（1 m^3）栽植。

（2）合理修剪。抗旱较为理想的树形是自由纺锤形和细长纺锤形，同时在修剪上少造伤口，多留保护桩，修剪后要用封剪油或润肤油及时涂抹剪、锯伤口，防止树液蒸发，春季及时抹掉多余的萌芽和夏季疏掉无效生枝等；实行以花定果，合理负载，限制产量，减少树体养分的无效消耗。

（3）合理施肥。加大投入，增施有机肥，改变偏氮的施肥习惯，实行配方施肥，增强树势，提高果树抗旱力，秋季降雨较多，土壤湿度大，及时施基肥利于树体贮藏养分。施肥应以合理深施为宜，诱导根系向下生长，增强抗旱性能。

（4）果园勤深耕。深耕结合细耙是防止土壤水分蒸发的有效措施，深耕应与保持水土相结合，否则大雨、暴雨后会使水土流失，深耕果园可间作一些豆科绿肥，起到固土肥田的作用。

（5）山地、旱坡地和丘陵地果园修建梯田和鱼鳞坑，进行等高栽植，蓄积降雨到行内和树下，提高局部土壤的水分利用能力，增加抗旱性。

3. 果园覆盖 果园覆盖包括薄膜覆盖和覆草。薄膜覆盖一般在春季干旱、风大的 3～4 月进行，覆盖时可顺行覆盖或只在树盘下覆盖。果园覆草一年四季均可，以夏季（5 月）为好；旱薄地多在 20 cm 土层温度达 20 ℃时覆盖。麦秸、麦糠、杂草、树叶、作物秸秆和碎柴草均可用于果园覆草，生产中提倡树盘覆草，其具体技术为：覆草前在两行树中间修筑 40～50 cm 宽的畦埂或作业道，树畦内整平使近树干处略高，盖草时树干周围留出约 20 cm 的空隙，以便降雨后使水沿树干和畦尽快渗入土壤；同时覆草前结合深翻或深锄浇水，株施氮肥 0.2～0.5 kg，以满足微生物分解有机物对氮肥的需要。覆草厚度为 15～20 cm，覆草后在草被上星星点点压土，以防风刮和火灾。覆草时注意新鲜的覆盖物最好经过雨季初步腐烂后再用；覆草后不少害虫栖息在草中，应注意向草上喷药，以起到集中诱杀效果；秋季应清理树下落叶和病枝，防止早期落叶病、炭疽病及潜叶蛾等发生。

4. 果园生草 果园生草就是在果园内种植对果树生产有益的草。通过生草可以改良土壤，提高土壤肥力；抑制杂草生长；调节地温，改善果树生长环境；防止水土流失；增强生物防治能力，减少病虫害发生；提高果树产量和品质；果牧结合发展，提高综合经济效益等。

5. 穴贮肥水地膜覆盖技术 穴贮肥水地膜覆盖技术一般可节肥 30%，节水 70%～90%。具体技术：将作物秸秆或杂草捆成直径 15～25 cm、长 30～35 cm 的草把，放在水中或 5%～10% 的尿液中浸透。在树冠投影边缘向内 50～70 cm 处挖深 40 cm、直径比草把稍大的贮养穴（坑穴呈圆形围绕着树根），依树冠大小确定贮养穴数量，冠径 3.5～4 m，挖 4 个穴；冠径 6 m，挖 5～8 个穴。将草把立于穴中央，周围用混加有机肥的土填埋踩实（每穴 5 kg 土杂肥、混加 150 g 过磷酸钙、50～100 g 尿素或复合肥），并适量浇水，然后整理树盘，使营养穴低于地面 1～2 cm，形成盘子状，每穴浇水 3～5 kg 即可覆膜：将旧农膜裁开拉平，盖在树盘上，并一定要把营养穴盖在膜下，四周及中间用土压实，每穴覆盖地膜 1.5～2 m²，地膜边缘用土压严，中央正对草把上端穿 1 小孔，用石块或土堵住，以便将来追肥浇水。在穴中心上方的地膜上穿 1 小孔，以便以后施肥浇水或承接雨水，并在小孔上压一小石块，以防水分蒸发。一般在花后（5 月上中旬）、新梢停止生长期（6 月中旬）和采果后 3 个时期，每穴追肥 50～100 g 尿素或复合肥，将肥料放于草把顶端，随即浇水 3.5 kg 左右；进入雨季，即可将地膜撤除，使穴内贮存雨水；一般贮养穴可维持 2～3 年，草把应每年换 1 次，发现地膜损坏后应及时更换，再次设置贮养穴时改换位置，逐渐实现全园改良。

6. 施用吸湿剂和抗蒸剂 吸湿剂是一种聚丙烯类，吸水保水性极强，其吸水性能超过自重的 1 000 倍，并有优异的保水性能，在干燥环境下表面能形成阻力膜，阻止膜内水分外溢和蒸发。近年来发现黄腐酸在果树上的应用，有效期 18 d 以上，明显降低蒸腾（可达 59%）和提高水势（0.2～0.4 MPa），并发现叶温未受明显影响。在早期喷布，会明显改善其体内水分状况。

7. 节水灌溉技术 主要有滴灌、喷灌、微喷、埋土罐法、带灌法。埋土罐法为土法节水灌溉技术，适应干旱缺水果园，具体做法是：结果园每株树埋 3～4 个泥罐，罐口高于地面，春天每罐灌水 10～15 kg，用土块盖住罐口，1 年施尿素 3～4 次，每次每罐 100 g。当雨季来到时，土壤中过多的水分可以从外部向罐内透漏，降低土壤湿度，创造根系生长的适应小气候，此法简单易行。

第五章

桃树整形修剪

第一节　整形修剪的时期和基本方法

一、整形修剪的时期

生产上桃树修剪的时期分为冬季修剪与夏季修剪两种。

（一）冬季修剪

冬季修剪也称休眠期修剪。具体时间是从果树落叶半个月后到第二年春季萌芽前。果树休眠期贮藏养分充足，地上部经修剪后，可集中利用贮藏养分。

早修剪可防止抽条，但在较寒冷的地区易使剪口芽抽干。因此，早修剪的树在剪口芽以上要多留 1 cm 左右枝条以保护剪口芽。

对花芽易受冻的品种，应适当延迟冬剪，待冻害过后再修剪，以便确定修剪程度。最佳时期为冬季严寒过后至春季萌芽前。

冬季修剪的主要任务：一是促使树体扩大，调整骨干枝、辅养枝及枝组的角度、数量、强弱和伸展方向，培养适合某一树种的良好树形和树体结构；二是调整果树个体与群体结构，使果树个体结构良好，群体长势均衡，解决树体光照需求和对空间利用的矛盾；三是调节枝类比例，疏除病、虫枝，徒长枝、密生枝、细弱枝等无用枝，改变树体对营养的吸收和消耗状况，使地上部和地下部、各主枝间、侧枝间的生长势达到平衡；控制叶芽和花芽的比例，使同一株树上各部位、各器官之间，均衡生长发育，维持树势稳定。

随着树龄增加，各种枝条由成熟到衰老，逐渐远离根系，因此，更新修剪也是冬季修剪的任务之一。各年龄时期果树冬剪的侧重点应该是：幼龄期树是整形，结果期树是培养维持结果枝组，衰老期树是复壮更新。

（二）夏季修剪

也称生长季修剪，时间在萌芽后到停止生长以前。由于桃树的萌芽力和成枝力都很强，而且还多次发生副梢。生长季往往枝叶茂密，造成小枝衰枯、树内膛空虚、果实品质下降、病虫害滋生。如果这些无用枝条都要等到冬剪时处理，就会浪费许多养分，而有用的枝条往往得不到很好的培养，也给冬剪带来某些选择困难。夏季修剪就是利用抹芽、摘心、疏枝、剪梢、扭枝、折梢等措施控制无用枝，减少养分消耗，改善通风透光条件，促进有用的新梢生长，有利于培养好树形和高效的结果枝类型，提高果实品质。夏季修剪直接缓和旺枝生长，抑制了枝条的顶端优势，对降低花芽节位有很好的作用，还可大大减轻冬季的工作量。因此，以冬剪为基础，配合夏剪非常之必要。

夏季修剪的具体时间、次数以及修剪方法，要根据树龄、树势、品种、栽培方式等条件而定。例如，幼树、旺树的次数比大树、弱树要多；直立性品种比开张性品种要更重视夏剪。一般来说，新梢生长初期抹芽可以调节新梢密度以及延长枝的发枝位置和方向；控制旺枝生长的修剪应在新梢速长期进行；促进花芽分化的修剪应在花芽分化前新梢缓慢生长期进行；充实枝芽、积累营养的修剪应在停止生长前进行。

生长期修剪通常包括春、夏、秋三个季节的修剪。

1. 春季修剪 时间是从果树萌芽开始到开花前后为止。

春季萌芽后贮藏养分已部分被消耗，一旦萌动的枝芽被剪，下部芽需重新萌动。由于生长推迟，萌芽后新梢长势差异不明显，从而增加萌芽率提高中短枝数量。常用的方法有抹芽、疏枝、回缩、刻芽、环割、环剥等。

抹芽在叶簇期进行（山西运城在4月中下旬），留单芽后，减少无用枝芽对养分的消耗，并按整形修剪的需要调节剪口芽的方向和角度，抹除剪锯口附近或幼树主干上发出的无用枝芽以及缩剪未坐果的长果枝等。

在新梢迅速生长期（山西运城在5月）进行第一次修剪。此次修剪的主要任务是控制枝条过旺生长，改善树冠内光照、通风条件，以利于坐果。同时抑制旺枝（如竞争枝、徒长枝或徒长性果枝）生长，促其成花结果。另外利用长势强的时期特点调整树形，调节各类型枝的比例。

（1）骨干枝、延长枝处理。按整形要求平衡各骨干枝之间的长势。强旺枝可用延长梢上的适宜二次枝带头，剪去以上部分（或稍留一段枝，以保护新换的带头枝），或另选用第一芽枝以下的枝转主换头。也可用二次枝调节枝条方向，或选用生长均匀的两侧的二次枝培养主枝。在原延长头改变以后，以下的二次枝或其他枝，尤其是直立的竞争新梢，需短截或摘心，使其低于带头枝，保证新带头枝的生长势。

（2）竞争枝。背上旺枝过密、过旺的疏除。有空间者短截利用。有副梢者留2～3个副梢重短截并改变枝条方向，削弱其长势；无副梢者在30 cm左右短截，促发副梢，利用副梢结果。也可培养为大型枝组。

（3）徒长性结果枝。着生在主、侧枝背上者，有空间者留用摘心，促使中下部成花；有副梢留1～2个副梢或留30～40 cm摘心，竞争枝和徒长性结果枝等旺枝的控制利用，最好在旺盛生长前早期处理，控制的效果更好，骨干枝可以推迟到旺盛生长期修剪，否则对其抑制过重。

2. 夏季修剪　由于此时树体贮藏养分较少，修剪又使新梢和叶片数量减少，对整体生长抑制作用较强，故一般只要方法运用得当，便可起到促进花芽形成和果实生长及利用二次枝生长来调整和控制母枝长势、培养枝组等作用。

常用的方法有开张角度、摘心、扭梢、环剥、疏枝、短截等。也就是在新梢缓慢生长期（山西运城6月底至7月初）进行，此次修剪目的是改善透光条件，抑制枝条生长，促使树体营养转向花芽分化和果实生长（中晚熟品种），对骨干枝仍按整形修剪的原则适当修整。由于已进入生长后期，修剪不宜太重，如需开张角度，可考虑用拿枝软化或坠以重物。对竞争枝、徒长枝等旺枝，留1～2个副梢再次短截，使基部芽发育充实。对未停止生长的长枝，全部轻摘心（剪去1/4～1/3），为改善光照需疏除其间的弱枝。

采前夏剪目的在于促进果实着色。采前一周对影响通风透光的过密部位未带果的枝条、直立旺枝要尽早疏除；对由于果实重量而下垂的枝组要采取顶、吊枝措施；应尽量避免采前强剪，那样会使落果和裂核现象大量发生，而且抑制果实含糖量上升。

采后树体各类枝条的角度和空间位置都发生了变化，需要严格按树形重新进行调整。疏除部分过密枝，促进枝条充实；对结果枝组进行回缩，确保翌年结果部位不外移。

3. 秋季修剪 此期（山西运城 8 月中下旬）树体各器官逐步进入休眠和养分贮藏阶段，树体对修剪的反应不敏感，此时剪掉当年生枝的嫩绿梢部，对徒长枝回缩 1/3，对外围遮光的过密枝适当进行疏除，可起到紧凑树形，改善光照、充实枝芽，增强越冬性等作用。注意大剪口涂保护剂促进愈合。计划密植园此时可进行间伐。

常用的方法有长梢捋枝、拉枝、别枝等。生长期修剪的枝叶是桃树重要的光合器官，适度地修剪可改善光照，提高光合效率；修剪过重，影响光合面积，削弱长势。因此整个生长期修剪不可操之过急，若能用其他措施，如拉枝、拿枝、扭枝和顶、撑、坠等解决问题，就不用动剪，以减少桃树养分的消耗。

二、冬季修剪的方法

果树冬季修剪的常用方法有短截、疏枝、缓放、回缩等。

（一）短截

即剪去一年生枝的一部分。按剪截长度不同可分为轻短截、中短截、重短截和极重短截四种方法。适度短截对枝条有局部的刺激作用，可促进剪口芽萌发，达到促进分枝的目的；短截后枝条的总枝叶量减少，对母枝加粗有抑制作用。短截愈重，剪口枝愈强，而母枝条总的长势（粗度）被削弱；反之剪口枝生长中等，枝量大，母枝粗。

1. 轻短截 指剪去一年生枝条长度的 1/5～1/4，剪口芽留次饱满芽，因保留侧芽多，养分分散，可以形成较多的中、短枝，使单枝自身生长中庸，有利于成花。此外，树体伤口小对生长和分枝的刺激作用也小。发枝部位集中在枝条饱满芽分布的枝段，并多在中部和中上部。下部多为短枝或叶丛枝。

2. 中短截　多在春梢中上部饱满芽处剪截，为枝条总长度的 1/3～1/2。通常截后可发生发育枝 3 个左右，以下是长枝、中枝和休眠芽。成枝力强，长势强，可促进生长，一般用于培养健壮的大枝组或衰弱枝的带头枝修剪。

3. 重短截　即剪去枝条长度的 2/3～3/4，剪截部位多在春梢中下部饱满芽处，由于修剪量大，对枝条的促长作用较明显。重短截后一般能在剪口下抽生 1～2 个旺枝或中、长枝，中等枝大大减少，成枝力下降，即发枝虽少但较强旺，多用于培养大型结果枝组。剪至枝长的 4/5 或剪留 20 cm 长时，仅发两个强旺枝或 1～2 个叶丛枝。

4. 极重短截　在新梢基部剪留 1～2 个瘪芽的方法称为极重短截，截后可在剪口下抽生 1～2 个细枝，有降低枝位、削弱母枝长势的作用。一般多用于中庸树上的徒长枝、直立枝或竞争枝的处理，以及强旺枝的调节或培养矮壮的枝组。

因不同品种对以上各短截方法反应程度各异，故修剪时要因树制宜。幼树期间，为了加快扩大树冠，骨干枝、延长枝多采用中、重短截方法，而辅养枝一般不短截。一旦达到树形要求，骨干枝延长头可停止短截。结果后易衰弱的品种应适当增加短截的运用，尤其对于成年衰弱树更应多截少疏。为了果树丰产，少用短截是关键。

短截反应还与被剪截枝的着生部位、角度有关。直立枝反应强烈，斜生枝、下垂枝则稍缓和。

作为骨干枝、延长枝利用时，短截部位在中部至中下部饱满芽处，要求萌发出发育枝。作为辅养枝可以轻剪，培养较多的生长缓和的中长枝和短枝，有利辅养树势，增加结果。也可以重压削弱其长势，并控制在最小的空间利用结果，这往往用在枝组的改造和培养上。长、中、短枝的短截反应，也随剪截量的加大，剪口枝生长增强，只是长势远不如发育枝。南方品种群以中长果枝结果为主，多用短截；北方品种群以短果枝为主，多用轻剪甩放。

（二）疏枝

将一年生枝或多年生枝从基部剪（锯）除，称为疏枝。可以调节枝条的密度和分布，改善通风透光条件，缓前促后，平衡树势，有利于花芽分化。

一般疏枝是因树龄而宜，幼龄树宜少疏，以便扩大树冠和提早结果。但对一些徒长枝、无用的竞争枝以及背上的直立枝要疏除，为翌年结果创造条件；对成年树来说，因短果枝较多，常采用多疏少截的方法；衰弱树，要以短截为主，适当疏剪，特别是对外围的过密枝、交叉枝、重叠枝等进行疏除，并增强肥水管理，以恢复树势，提高产量。对于花量过大、短果枝很多的树种或品种，要适当疏剪短果枝，以促其营养生长、防止过早衰弱。另外，要及时疏除枯死枝、病虫枝。

疏枝对果树整体来说有削弱生长势的作用，就局部而言，对剪口上部枝梢的成枝力和生长势有削弱作用（抑前）；而对剪口下部芽有促进其萌发作用，对剪口下部枝梢有促进成枝和生长的作用（促后）。

疏枝作用的大小，与疏去枝梢的粗细、长势、数量有关。疏枝数量越大，越粗对树体削弱的作用越大，因此，大枝要逐年分批进行疏除。

疏枝时应注意不留桩、不伤皮、伤口要小而平滑，防止形成对伤口、同侧连续伤。

（三）缓放

缓放就是对一年生枝或多年生枝不动剪的修剪方法，又称长放、甩放。它是利用枝条自然生长逐年变缓的规律，中短枝比例增加，有利于营养积累、花芽形成和提早结果。缓放还可抑制树冠扩大。枝条长势愈强，发出的枝愈强。如发育枝长放，可发生长枝；长果枝长放，可发生中长枝；中短枝长放，仍发生中短枝和叶丛枝。这种方法常用于辅养枝和北方品种群的果枝修剪，其目的是缓和长势。

一般幼树可以多缓放，而成年树、壮年树则不宜过多缓放。缓放应以中庸枝为主，当强旺枝数量过多时，则多数疏除，少数缓放，但必须结合拿枝软化、压平、环割等措施，以控制其长势，否则，这些枝由于极性明显，易造成"树上长树"的现象。骨干枝延长头附近的竞争枝、徒长枝、背上直立枝也不宜缓放。主要用于细弱、平斜、下垂、中庸等枝条。

当骨干枝较弱时，过旺的辅养枝不宜缓放，因为其经过缓放后长势会超过骨干枝，要注意保持从属关系。

（四）回缩

回缩又称缩剪，即对在2年生以上的枝条部位进行短截。

回缩具有改善光照，调整骨干枝的角度和方位，矮壮和更新枝组，控制树冠的发展，延长结果年限，提高坐果率等作用。归结起来有两大方面，一是复壮作用，二是抑制作用，即对剪锯口后面的枝梢和潜伏芽有促进作用，而对母枝整体有较强的削弱作用。

缩剪对被剪母枝的刺激较重，若剪留下的母枝较壮，剪口枝较强，可促进长势，并使近剪口的叶丛枝萌发出较强的中长枝。若留下的部分较弱，剪口枝较弱，这样对母枝的抑制是严重的，甚至使其死亡，所以在利用缩剪技术更新复壮时要特别注意。缩剪还可刺激潜伏芽萌发，可利用更新复壮。大枝缩剪可诱发不定芽的形成和萌发，可利用作局部更新复壮。需要注意的是发出的不定芽在浅表层，因而作为骨干枝复壮的更新枝还需考虑结合部的牢固性再定。

三、冬季各类型枝的修剪

（一）主枝和侧枝的修剪

为了树势均衡要使其上所有主枝延长头修剪后大概处在同一个平面上。幼树从夏季摘心部位起1 m左右短截（延长枝基部15 cm处的粗度：剪留长度＝1∶30），成龄树主枝延长枝长势逐渐减弱，50～70 cm短截［粗∶长＝1∶（15～20）］，剪口留外芽。当主枝间出现不平衡时，强枝适当重剪，修剪时留外芽，或利用背后枝换头，并多留果，以达到以果压条的目的；对弱枝延长枝适当轻剪长留，不留副梢果枝结果，可选一个角度、长势、位置合适的副梢来换头，使抬高角度，增强长势。总之是采取抑强扶弱的方法，保持各主枝生长势均衡。

当树冠出现偏向生长时，将主枝剪口芽留在空隙较大的一侧，如果主枝长势偏弱或角度偏大，也可以利用向上生长的枝芽进行换头或短截，这样利用修剪使延长枝呈或左或右、或上或下的波状延伸方式，防止先端生长过旺，后部偏弱，达到立体结果的目的。剪口芽留侧芽或上侧芽，并对上部的徒长性果枝适当疏剪，可以收到抑前促后和改善光照条件、防止上强下弱的效果，当主枝衰弱下垂时可以利用背上枝组代替原头，对原主枝头可以回缩更新。

桃树延长枝的生长量与树势密切相关，强壮树的延长枝一般可达 50 cm 以上，多有副梢；弱树一般只有 30 cm 左右，副梢少。冬剪时，强壮树的延长枝可剪去 1/3～2/5，弱树的可剪去 1/2～2/3。在树冠交接的前一年，主、侧枝的延长头全部甩放，使其形成大量结果枝，减弱其生长势。对外侧枝的修剪应控前促后。

（1）生长适宜的外侧枝，角度保持在 70°～80°，方向适合，粗度和它所着生的主枝相比应细一些，可留原头延长，截留长度依粗度而定。

（2）对于方向不合适、过强或过弱、角度小的外侧枝应回缩，在下部选适宜的枝替代。要长于结果枝组，短于主枝。

（3）对前旺后弱的外侧枝（多数是角度小，头部旺枝多）应轻度回缩，改善后部光照，改用生长势与开张角度适宜的枝组作头。对下部失去结果能力的外侧枝或锯或改成大型枝组。随着树龄增大，经多次回缩，外侧枝必然衰弱，回缩过重会使外侧枝衰弱死亡。且回缩时不可使外侧枝拐弯过大（不超 45°），否则养分水分运输不畅，引起全枝发枝不均。

（二）结果枝的修剪

结果枝的剪留密度和长度，应根据品种特性、枝条粗度、坐果率、着生的部位及姿势等不同而有别。一般成枝力弱的品种，坐果率高的下垂枝或细枝应留短一点；成枝力强的品种、坐果率低的粗枝条，幼树的平生枝或向上斜生应留长一点。结果枝的修剪要注意选留有空间的方向留芽，才能保证新梢通风透光和角度适宜；结果枝的修剪以疏为主，不短截，幼树单枝更新，衰老树双枝更新。

1. 长果枝（30～60 cm） 粗度为 0.6～0.9 cm，着生在各个部位的长果枝均可选留。长果枝过密的可以疏去直留平斜；被疏掉的可留 2～3 芽短截作预备枝。长果枝短截一般可留 7 组左右的花芽。

2. 中果枝（10～30 cm） 粗度为 0.4～0.5 cm，剪法与长果枝基本相同，留 5 组左右花芽短截。

3. 短果枝（5～10 cm） 粗度为 0.2～0.3 cm，短果枝可留 3 组左右花芽短截。短果枝太密时可留基部 1～2 个叶芽剪截，以作预备枝。以上长中短果枝若短截，一定保证剪口芽中要有叶芽。

4. 花束状果枝（小于 5 cm） 只疏密，不短截。

5. 徒长性果枝 粗度为 1～1.4 cm，有花芽，顶端有副梢一般可当果枝用，这类枝条坐果不牢靠，有的虽然坐住了，但果个瘦小（但有些蟠桃品种例外），在当年可形成好的结果枝。徒长性果枝短截一般可留 9 组花芽，如能配合夏季修剪摘心，可取得较好的效果。有时也可留 3～4 个芽逐步发展成枝组。

6. 副梢果枝 与同粗度果枝剪留相同。

7. 结果枝的密度 留结果枝的数量与品种群的主要结果枝类型有关，以短果枝和花束状果枝结果为主的北方品种群，其所留结果枝密一点；以长、中果枝结果为主的南方品种群，其结果枝应稀一点。一般所留结果枝的枝头距离应保持在 10～20 cm。

(三) 结果枝组的培养和修剪

结果枝组是独立的结果单位。桃树上的结果枝组是由发育枝、徒长性结果枝和徒长枝等，经过多年短截促生出长短不一的分枝所组成。结果枝组按大小和寿命长短分为大、中、小三种类型。

1. 大型果枝组　分枝多，着生有中小型枝组及各类结果枝。大型果枝组的高度及距离有 70～80 cm。它背后斜生于主枝上，与侧枝交替排列。

2. 中型果枝组　分枝较多，着生有小型枝组及各类结果枝。中型枝组的高度及距离为 40～70 cm。分布于主侧枝背上或两侧。

3. 小型枝组　分枝少，着生有枝群及各类结果枝，分布在大中型结果枝组及主侧枝上，补充空隙。大型结果枝组的培养是多用旺长枝条，留 5～10 节短截，促发分枝，第二年留 2～3 个枝短截，其余疏除，3～4 年后即可培养成。小型结果枝组可用一般健壮的枝条留 3～5 节短截，分生出 2～4 个健壮的结果枝成型。

结果枝组应避免上强下弱。如果在桃树的整形修剪上不注意结果枝组的培养和更新修剪相结合，会很快出现结果部位上移、内膛枝枯死、结果外围化等不良后果。最好是在骨干枝上结果的同时能抽出好的新梢，疏掉密生枝和衰弱枝，枝组要紧凑，生长势平衡，曲折延伸，保持连续结果能力。如果整个枝组长势旺，应及时疏除全部旺枝和发育枝，留下壮结果枝结果。结果枝组经过 3～4 年要更新复壮一次。更新分为全组更新和组内更新两种。当枝组已结果 2～3 年，枝组附近又有新枝，在不影响产量的情况下，可把衰老枝组整个疏掉，用新枝培养新的枝组。组内更新是在枝组缩剪的基础上，多培养预备枝，同时疏除衰老枝。

一般认为，桃树以培养大、中型结果枝组较好，尤其是北方品种群中的某些品种，大型结果枝组挂果多，果实质量高。结果枝组形状以圆锥形为好，结果部位较立体。

结果枝组的配置应大小交错排列，大型结果枝组主要排列在骨干枝背上向两侧倾斜，也可以配置在骨干枝背后。中型结果枝组主要排列在大型枝组之间，有的因空间变化而逐年缩剪以至疏除。小型结果枝组可安排在骨干枝背后、背上以及树冠外围，有空即留，无空则疏。从整个树冠来看，以向上倾斜着生的枝组为主，直立着生、水平着生的枝组为辅，向下着生的枝组要注意抬高角度更新复壮。枝组排列，要求冠上稀、冠下密。且顶端着生的枝组，其所占空间的高度，不得超过骨干枝的枝头，以保持骨干枝的生长势。

（四）单枝更新和双枝更新修剪

单枝更新是把结果枝按负载量留下一定长度短截，在结果的同时抽生预备枝。冬剪时选靠近母枝基部发育充实的枝条作结果枝，余下的枝条连同母枝全部剪掉，选留的结果枝仍按要求短截。这种在同一枝上利用比较靠近基部的新梢短截更新，是目前生产上广泛应用的方法。

双枝更新修剪是在同一母枝上，在近基部选留两个相邻近的结果枝，上枝按结果枝的要求短截，当年结果；下枝仅留基部两个芽短截作为更新母枝，抽生两个新梢为更新枝。当年结果的上枝，冬剪时把更新母枝以上部分全部剪除，而下侧的更新母枝长出的两个更新枝，当年形成花芽成为结果枝。上侧的再按结果枝的修剪要求短截，下侧枝仍然是留两个芽短截作为更新母枝。但因更新母枝长期处在下部光照不良的位置，经过 2～3 年之后，预备枝只能长出细弱的中、短枝，不仅使产量下降，也不再适合双枝更新修剪。如果同时配合扭梢、曲枝等措施，压低上部结果枝，使预备枝培养为较粗壮的优良长果枝，这样可连续采用双枝更新修剪。

（五）预备枝的培养

一般可对短果枝、长果枝及徒长枝仅留基部的两个芽短截，促使萌发两个新梢，培养结果枝，这也是桃树修剪中常用的培养结果枝组的方法。此外，还可以采用长留果枝的方法培养预备枝。即对向上斜生的结果母枝缩剪，仅留基部的两个果枝，上侧的长留，结果后下垂，下侧的基部留两芽短截，可以长成健壮的预备枝并逐步培养成结果枝组。

（六）徒长枝的修剪

不能利用的应尽早疏除。有空间的徒长枝可培养成结果枝组。一般是留 15～20 cm 重短截，剪口下的 1～2 个芽仍然徒长，可于当年 6 月摘心（南方要早一点），或冬剪时剪掉顶部 1～3 个旺枝，下部枝可成为良好的结果枝。此外，徒长枝还可以培养为主枝、侧枝，并结合拉枝，使其开张角度达到骨干枝的要求。

(七) 下垂枝的修剪

幼果期树的下垂枝易成花，盛果期树斜生枝成花多又好，衰老期树是直立枝易成花。所以幼树应利用下垂枝结果，修剪时剪留长度为 10～20 cm，剪口留上芽抬高角度。

(八) 短果枝结果为主品种的修剪

肥城桃、五月鲜、深州蜜桃等短果枝结果为主的品种，修剪以疏为主，对于留下的长枝，一般不截或轻截，下一年在顶部抽生长枝，下部抽生数个短枝，这些短枝几年后就会下垂衰老，这时应在枝组的基部留 1～2 个短枝回缩，促使萌发长枝而更新。以短果枝和花束状果枝结果为主的品种，在幼树期和盛果初期应尽量多留这类结果枝组，可使树势缓和。到盛果期后期树势衰弱时，疏去一部分这类枝组。

(九) 骨干枝更新修剪

多用于衰老树上。一般在盛果期后期，骨干枝的延长枝生长量小于 20 cm 时，说明树体已开始衰老，应及时回缩大枝并疏除已衰弱的小枝。一般根据骨干枝衰老程度可回缩到 3～4 年生甚至是 7～8 年生部位。缩剪时要留强旺的枝条或骨干枝背上的徒长枝作剪口枝。此外，对非因树老而衰弱的树，可在光滑无分枝处缩剪，利用潜伏芽抽生旺枝和发育枝。

直立的结果枝组回缩后，顶端易冒条，应在夏季时摘心，促使其形成饱满花芽。

在修剪过程中剪锯口要平，当骨干枝上的锯口大于该部位本身粗度时，可留活桩。剪净果柄、残叶、病虫枝及干枝、干橛，剪下的病虫枝集中销毁。剪口在 1.5 cm 以上，涂抹保护剂灭菌。

(十) 长枝修剪

目前我国桃树早期丰产技术领先世界，由于采用轻剪长放修剪技术和早期密植，3～4 年就可进入盛果期。这种技术表现出了技术简单、易掌握、省工、结果早、前期产量高的优点，从根本上改变了我国桃树以短截为主的整形修剪模式，桃树的果品质量和技术水平得到迅速提高。

1. 1～2 年生幼树的修剪 定植后对骨干枝或预备骨干枝（包括开心形、杯状形或纺锤形的骨干枝）在第一个生长季里摘心 2～3 次，第二年摘心 1～2 次；对非骨干枝（大、小枝组）每年摘心 1～2 次。第一次摘心一般在 5 月份的旺长期，对长度 10 cm 以上的新梢均从 10 cm 处摘心。3～4 周后进行第二次和第三次摘心，保留 15～20 cm 长。第一个生长季结束后，由于夏季摘心形成了较多且长势缓和的枝条。冬剪时，首先选留骨干枝，再根据所采用的树形选留 6～10 个预留主枝或侧枝。在以后的 2～3 年里，根据预备主枝生长角度及长势情况，最后保留所需的优良骨干枝。对于拟淘汰的预备枝，回缩成临时性结果枝组，2～3 年后完全疏除。骨干枝延长头冬剪时应特别注意。要利用带小橛（10～15 cm）的延长头，特别是树势直立的品种。小橛有利于开张主枝角度，增强所在母枝的长势和加大骨干枝的尖削度。对小橛上抽生的新梢在生长季里进行适当的控制，以便形成具有 1～2 个结果枝的小型枝组。小橛一般在 2～3 年内剪除。主枝头之外的其他枝条，则应疏除或长放。需要注意的是，为了保证树体尽快成形，在定植后的 1～2 年内，不应挂果。

2. 3 年生以上树的修剪 幼年树和成年树整形修剪的主要区别在于对延长头的处理方法。幼树的延长头带小橛延长。成年树的延长头处理取决于树势，即旺树疏除延长头上的全部或部分副梢，中庸树压缩至健壮的副梢处，弱树带小橛延长。树势开张的品种（如大久保等）处于盛果期后期时，主枝呈下垂或水平状，这时要抬高主枝延长头，具体方法是在主枝上选留 1 个直立且生长旺盛的枝条，进行带小橛延长修剪。

3. 冬季修剪对骨干枝以外小枝的处理

（1）留枝密度。骨干枝（包括大型结果枝组）上每 15～20 cm 留 1 个结果枝，同侧枝条间距一般在 40 cm 以上。

（2）保留一年生枝条的长度。桃树一年生母枝的生长与自然更新能力明显地表现为三种类型：一是 40 cm 以内的更新能力弱，难以更新；二是 40～70 cm 的长枝更新能力能较好地满足生长上的要求；三是 70 cm 以上的一年生枝条自我更新能力最强，但生长过旺，影响通风透光与结果的平衡。因此，长枝修剪时，保留第二类 40～70 cm 长的枝条较为适宜。短于 40 cm 的枝，在枝条数量够用的情况下，除可适当保留一些短果枝和花束状果枝外，原则上一律疏除。

（3）结果枝组的更新。果实重量能使一年生长枝下垂，并从其基部抽出健壮更新枝。冬剪时，可将母枝回缩该健壮更新枝处。枝组基部附近的骨干枝上的长果枝，也可作为更新枝。

（4）骨干枝上小枝的着生角度。树势直立的品种，主要保留水平枝或斜上枝，树体上部可适当保留一些背下枝，特别是幼树，适当多留水平枝及背下枝，有利于开张角度和提早结果。

4. 夏季修剪　疏除过密和徒长枝梢，以改善透光条件，确保果实全面着色。夏剪是在疏果之后或与疏果同时进行的重要修剪措施。在采果之前要疏剪 2～3 次。对桃树实行长枝修剪后，树冠内膛的多年生骨干枝上由潜伏芽或不定芽抽生出大量的萌枝。因此，需在 5 月下旬至 6 月上旬，根据空间大小，疏除一部分枝条；对可更新的，留 15～20 cm 摘心或剪梢，实现内膛枝组的更新复壮。

5. 应注意的问题

（1）定植的 1～2 年生幼树，应尽快扩大树冠。为此，定植后 1～2 年内应不挂果实，尤其对树势开张的品种，过早结果会导致树姿过于开张，以后难以维持正常树势。

（2）尽快获得早期丰产，防止盛果期后不能维持正常的树冠体积。为了更新，栽培密度以株行距 4 m×6 m 为宜。

（3）修剪后，树体的花芽量相对增大，要注意人工疏花疏果，以获得优质果和实现更新。

（4）对生长势开始变弱的树进行长枝修剪，应加强肥水管理。长枝修剪的树水分蒸发量大，应增加灌溉次数和量。

四、夏季修剪的方法

根据桃树特点，合理应用夏季修剪，可以起到加速树冠形成、调节枝条间生长势、缓和树势、改善光照、促花等作用，尤其对幼树更为重要。夏季修剪方法不同，所起作用也不同，在修剪时，应根据树体情况及要求，选用适宜的方法。具体方法如下。

（一）抹芽、除萌

萌芽后到新梢生长初期，抹除并生萌发芽及无用新梢。抹芽即抹掉树冠内膛无用的徒长芽，剪口下部的竞争芽等。除萌是及时掰掉 5 cm 左右的位置角度不合适嫩枝，一般幼树去强留弱，这样可以缓和树势，改善光照、节约养分。通过处理，促使留下的新梢健壮生长，并可减少冬剪因疏枝而造成的伤口。

（二）摘心

在新梢迅速生长期，将新梢顶端 5～10 cm 的嫩梢摘除。摘心促使新梢暂时停长，营养优先充实枝条，以提高花芽饱满度。桃树如果不摘心，花芽（特别是饱满的花芽）多分布在枝条的中上部。因此，冬剪时必须长留，这样势必造成结果部位迅速上移。如果及时摘心控长，可促使枝条下部形成充实饱满的花芽，结果部位不至于上移。

在幼树整形期，当主、侧枝的延长新梢长到 35～45 cm 时摘心，促使副梢萌发，加速树冠形成。对树冠内膛可以利用而需要控制的直立旺枝或徒长枝，可适时（北方约在 6 月初）留 5～6 片早摘心，促发二次枝，使之由直立生长变为斜向生长，形成各类结果枝组。

摘心是桃树修剪中必不可少的技术措施，绝大多数枝条生长期都需要摘心。

（三）疏枝

在新梢生长期，疏除树冠内膛的无用直立旺枝、过密枝和纤弱枝，以节省养分，改善内膛光照。

（四）扭梢

扭梢是把直立的徒长枝和其他旺长枝扭转180°，使生长方向向下，改造为结果枝，同时能改善树体的光照条件。扭梢时期选在新梢长到30 cm左右尚未木质化时进行。扭梢部位以枝梢基部以上3～10 cm为宜。有的旺枝扭梢后，在扭曲处又冒出新条，应及时将冒出的新条再扭梢。骨干枝的背上枝、延长枝的竞争枝、短截的徒长枝和旺长枝都应及时扭梢，以使其转化为结果枝。

有些徒长枝仅靠单一的摘心或扭梢都不能形成良好的结果枝组，若采用先摘心后扭梢的方法，就能收到良好的效果。当新梢长到20～30 cm时摘心，待抽出的1～3条副梢长度30 cm左右时再扭梢。枝量增多，营养分散，各部位生长势稳定。

（五）短截新梢

短截新梢能促进分枝，进而培养成结果枝，并能改善光照和缓和枝条长势。短截新梢培养结果枝不如扭梢效果好。一般在6月以前，对有空间的徒长枝可以留基部3～5个芽短截，可培养小中型结果枝组。

（六）开张角度

加大枝条基部与着生母枝之间角度的方法，称为开张角度。此法多用于各级骨干枝及辅养枝的角度及方位调整，如幼年果树的枝条较直立，生长势较强，会直接影响树冠整形，不利于早果丰产，要及时对枝条进行开张角度；成年桃树，对一些影响树体结构、从属关系的枝条也要开张角度，以保持树形不乱、主从分明。

开张角度可起到扩大树冠、坚固枝条，改善树冠内膛光照，调节光合产物的分配状况，缩小内膛枝和外围枝的生长势差异，有利于控制枝条内源激素的平衡，促发短果枝，形成的花芽量多质优及果实增色。开张角度的大小要根据不同树种品种、树龄树势、树形及立地条件灵活运用。

开张枝条角度的方法很多，常用的有拉枝、拿枝、转枝、撑枝、吊枝、别枝等。现以拉枝和拿枝为例，简述其操作技术要点如下。

1. 拉枝　就是用绳子一端固定在枝条上，把枝条拉向所需的方位及开张到适宜的角度，另一端固定在主干基部或地面木桩上。目的是缓和树势，打开光路，防止枝干下部光秃，提早结果。生产上多用于幼树和初果期树的整形。

拉枝一般在5～6月进行，这时容易定型。但1～2年生幼树的主枝不能过早拉开，否则会削弱新梢生长，影响主枝的形成，一般到6～7月才能拉枝。主、侧枝要按树形要求的角度拉开。拉枝不能拉成下垂或水平状，否则会使被拉枝后部背上枝旺长；角度也不能太小，容易上强下弱；也不可拉成弯弓形，这样容易在弯曲部位抽生旺枝，达不到拉枝的目的。

2. 拿枝（捋枝）　即对当年萌发的直立旺梢（包括徒长梢、竞争梢）用手从基部向下逐步弯折向适宜的方位。拿枝时木质部虽受伤却又不折断，枝条软化后一般呈水平或下垂状态。

拿枝的作用是改变枝条的姿势，削弱顶端优势，减缓生长，积累养分，形成花芽。

桃树上拿枝（捋枝）的适宜时间，一是在春夏之交时，对60 cm以上侧生徒长特性的半木质化新梢操作，由于此时枝条柔软，容易操作，同时可使旺枝及早停止生长和减弱秋梢长势，有利于形成花芽。此外，冬季修剪时对一年生枝也可以拿枝，但一定要避免折断。

（七）环割、环剥

环割、环剥多对在生长旺盛的临时枝或徒长枝上进行，可明显削弱环剥点以上的树体生长势。幼果期时操作可明显增加果重，成熟前进行，可明显提高果实含糖量（提高2%～3%）和着色。环剥易造成流胶，严禁在桃树主干和主侧枝上用。桃树环剥最好不剥通，或全剥通后进行倒贴皮。

现代修剪观点认为修剪方法应以疏、拉、放为主，基本不截、不回缩，提倡"简化修剪"；注意调节枝量和枝质，留枝数量合理化。

（八）夏剪技术的综合应用

桃树在不同栽培地区，物候期有显著差异。根据各地的具体情况，夏剪一般要进行2～5次不等。幼树要比成年树夏剪次数多。

1. 定植当年幼树夏剪

（1）抹芽。萌芽后抹去20 cm整形带以下主干上的芽。

（2）选留主枝。当新梢长到40 cm左右时，选择3个长势好且呈120°夹角排列的枝作为主枝，其余旺枝摘心（以后隔1月摘心1次）。也可立支杆将主枝固定，支杆水平夹角呈45°。

（3）打秋梢。为使枝条充实，可在秋梢停长前1周内，将幼嫩部分（10～15 cm）剪掉。山西运城地区一般在9月上旬进行。对于3年生以内的树，必须要打秋梢。

2. 2～3年生树的夏剪　这是培养主枝的必要操作。根据北方桃生长特点，夏剪按时间可分为4次，基本上5～8月每月1次。

（1）5月。当新梢长至20 cm左右时进行。

去双枝：每节位保留一个枝条。

除萌：除去砧木及主干上萌出的芽。

（2）6月。部分水平枝停长封顶时进行。

选留主枝：控制竞争枝及直立旺枝，主要方法是扭梢和摘心，即对没有培养前途的枝，从基部扭至水平当辅养枝；对有前途的枝进行摘心。

拉主枝：调整角度至45°。

（3）7月。北方多雨季，枝条生长快，出现副梢。

开副梢：对有副梢的竞争枝、旺枝剪到下部角度合适的副梢处。

摘心：对没有副梢的直立旺枝留30 cm左右摘心。

（4）8月。雨量渐少，此期主要是改善光照条件。

开副梢：方法与上次基本相同，不同处是有些枝条已经长出2～3次副梢。

疏枝：疏除过密枝。

3. 4年生以上结果树的夏剪　夏剪的主要目的是调节营养生长与生殖生长的关系，对整形未完成的还要继续整形。夏剪可以进行2～3次，即免去5～6月的1～2次。

需要注意几点：①回缩修剪。主要对早熟品种采收后的过长、过密枝或一些长放而未坐果的果枝进行。②采收前 20～30 d（尤其是中晚熟品种）的疏枝。对影响果实品质的枝条进行。现以两次剪法为例加以说明。

第一次：北方约在 6 月上中旬，南方多在 5 月上中旬开始。主要是控制利用徒长枝、疏密枝，尤其要疏内膛直立密植。疏枝留下的直立枝，留 5～10 cm 短截，促其早早萌发 1～2 个副梢培养成结果枝。徒长枝根据需要进行扭梢、剪梢等处理使其转化为结果枝。其他枝条长到 30～40 cm 的都要摘心，使养分集中，防止 6 月落果，强枝摘心培养结果枝组。不挂果的空枝组应适当回缩，疏除枝组基部的不定芽枝，缩剪掉顶部的旺枝。枝组的结果枝上如果先端无果，可将无果节的枝段剪去，但应注意留下剪口节的新梢不能过弱。剪口节上有果而此节新梢过旺时，可将其摘心或在角度合适的副梢处剪截。可利用副梢开张或抬高角度使主、侧枝的延长枝如生长势均衡。

第二次：北方约在 8 月上中旬，南方约在 6 月中下旬进行。主要是缓和树势，培养结果枝组，疏剪上部强枝。凡是带有副梢的枝条，留下部 1～2 个副梢回缩，同时在留下的副梢长 20 cm 以上时摘心或扭梢，斜生枝、平生枝还应摘心，继续疏除过密枝条。这次夏剪修剪量宜轻，以免流胶。

五、不同品种群的整形修剪特点

从目前我国桃树的修剪水平看，对于具体品种的整形修剪特性还了解得不充分，并且不同品种的修剪共性较多。因此，目前除少数品种外，桃树修剪多数是按照品种群的修剪特性作为依据。

（一）北方品种群的修剪特点

北方品种群主枝开张角度小，树姿直立，顶端优势强，下部枝条易衰老枯死，结果部位外移快。

主、侧枝的修剪，首先是调节其开张角度，主、侧枝的延长枝要轻剪长放，待后部生长势变弱时再回缩促后。

北方品种群以短果枝和花束状果枝结果为主，其次是中果枝。因此，应少截轻疏，缓出短枝以利结果，短果枝和花束状果枝占总枝量的 50%～70% 比较合适。

北方品种群适合采用三枝更新法修剪。即一枝短截结果，一枝长放促其萌发短枝，另一枝留 2～3 芽重短截作为预备母枝，促其生成发育枝。冬剪时把已结过果的枝疏掉，长放枝短截留几个短果枝结果，预备母枝上长出的发育枝一个长放，一个重短截。

北方品种群的单花芽较多，短截时注意剪口留叶芽。仅顶端为叶芽的只能疏而不短截。长果枝短截要轻，促使萌发短枝，连续数年后该枝衰弱时再回缩复壮。

北方品种群以培养大型、中型的结果枝组较好，用弱枝带头，以缓和枝组的生长势，才能生长出较多的短果枝和花束状果枝。但不能连续的大量疏旺枝，否则会使枝条衰弱。

北方品种群的花芽越冬后容易死亡，尤其是长果枝上的花芽死亡最多。易死花芽的品种如肥城桃、五月鲜、深州蜜桃等，修剪时应多留果枝。考虑到冻害，短截果枝时应适当长留。实践中冬剪时间也可推迟到在发芽前，可从芽的颜色和形态辨别出死花芽，从而酌情适量多留活花芽。

（二）南方品种群的修剪特点

南方品种群树姿开张，生长势一般不如北方品种群。以长果枝、中果枝为主要结果枝，果枝上多为复芽，修剪量可稍重，刺激生长较多的长、中果枝。南方品种群始果期和盛果期都比北方品种群早，花芽越冬死亡率不高，加上坐果率较高，所以结果枝可以适当短留和少留，否则会使树势衰弱快、产量下降、品质变劣、寿命缩短。

主、侧枝可适当长留，开张角度不宜过大，到后期可适当抬高角度。

此外，黄肉桃的特点与南方品种群类似，树姿开张，主要结果枝也相同，修剪可参照南方品种群。

第二节　桃主要丰产树形及整形过程

　　现代果树整形的观点是遵循果树的自然生长规律，最大程度地利用空间和光能，提高光合产量，增加树体的贮藏营养，健壮树势，高效优质。树形的选择要与栽植密度相配套。

　　桃树干性弱，生产势强而寿命短。萌芽率和成枝力均较强，易发生二次、三次副梢，且极喜光。如果整形修剪不合理，外围枝极易形成花芽，早结果；内部枝不易形成强壮果枝，花芽少，结果差，且结果后极易枯死而致结果部位外移现象发生严重，产量逐年降低，结果寿命短。因此，历来栽培上桃树以采用开心形为主。近些年，随着栽植密度的增加，不少桃园尝试采用纺锤形和主干形等其他丰产树形，现将生产上常见的主要树形及整形过程简介如下。

一、自然开心形

　　树体结构：干高30～50 cm，在主干顶端错落排列2～4个主枝，每主枝在背斜侧配置2～3个侧枝，或不配置侧枝，开张角度为70°～80°，主、侧枝上按标准配置各类结果枝组。按主枝数量多少，具体可分为四主枝、三主枝、二主枝自然开心形三种基本树形。

　　其主要特点是骨架牢固，通风透光条件好，产量高，采收管理方便，树体健壮，寿命长。整形过程如下。

（一）定干

　　春季萌芽前在距地面50～70 cm的饱满芽处剪截，干旱地区、山区和直立形品种可适当低些。剪口下留25 cm左右（5～7个健壮饱满叶芽）作为整形带。整形带内有副梢的，则选择合适的在饱满芽上剪截作未来主枝的基枝；细弱副梢全部疏除，保证整形带有

2～4个饱满芽成形后干高可保持在30～50 cm（图5-1）。

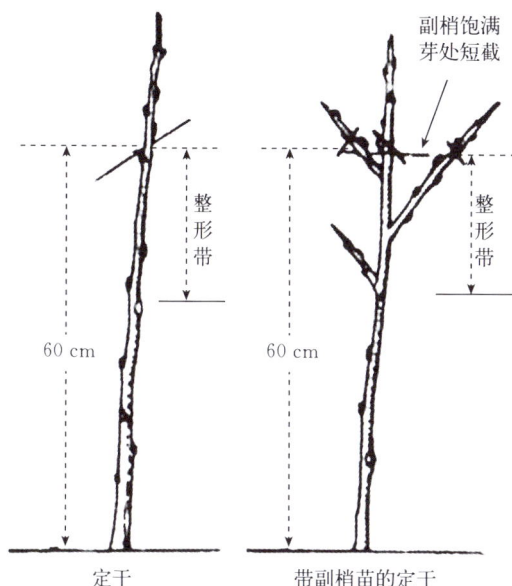

图5-1　定干

（二）主枝的培养

　　发芽后将整形带以下的芽全部抹除，待新梢长到30 cm左右时，选生长势均衡，方位合适的三个梢作为将来的主枝培养，其余枝条有空间则可摘心或别枝扭梢，培养成辅养枝，无空间则疏除。自然开心形的3个主枝要错开，一般第一、二主枝离地面40 cm，第三主枝离第二主枝15～20 cm。一般第一主枝基角60°～70°，第二主枝50°～60°，第三主枝40°左右（图5-2三主枝角度）。生产上还有另外一种方法，即选择两个距离方位都合适的1年生枝作为下部第二主枝，把中心枝拉向空缺方位作为第三主枝。

　　第一年冬剪对确定的主枝延长头进行短截，剪留长度要根据枝条长势、直径、芽的饱满程度确定，一般留50～60 cm在饱满芽处短截，并通过拉、撑的方法调整主枝方位和角度。经短截的主枝发芽后抽梢长到50 cm左右时，可在40 cm左右处剪梢，促发副梢增

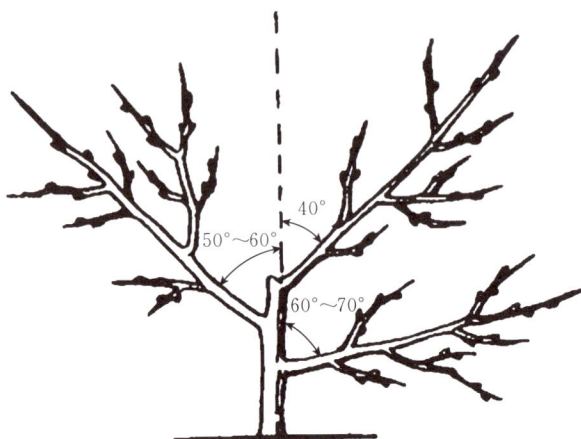

图 5-2 三主枝角度

加分枝级次。第二、三年主枝延长枝剪去全长的 1/3～1/2，剪留长度比上一年稍长。

加大主枝开张角度可缓和长势，如第一主枝最好向南或背梯田壁生长，由于其本身生长势力较强（离根近），为增加透光可加大角度。

（三）侧枝培养

在生长势强、肥水条件好的果园，当年冬剪即可利用副梢选留第一侧枝。第一侧枝向外斜侧延伸，距主干 50～60 cm，侧枝与主枝的分枝角度为 50°～60°，侧枝一般剪留 30～50 cm，在距离第一侧枝 30～50 cm 对面选出第二侧枝，稀植园还要培养第三侧枝，选留在第一侧枝同侧约 100 cm 处，同时配置好各类枝组。

生产上是为平衡各主枝长势，第二主枝第一侧枝离主干要近一些，第三主枝第一侧枝离主干 40 cm。其余的枝条和副梢，过旺的摘心促进成花（图 5-3）。

冬剪时，各侧枝的延长枝的剪留长度可稍短于主枝的延长枝，一般剪去约 1/3。

在主、侧枝上还要培养一些结果枝组。若徒长性果枝、长果枝长在主、侧枝的前部，应该疏除；如要保留，则轻剪。在主、侧枝

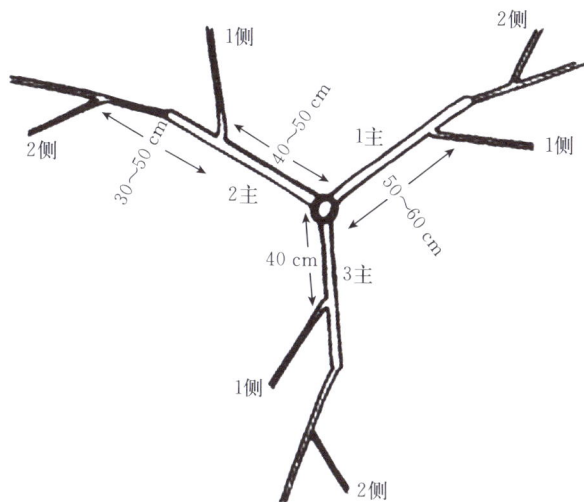

图 5-3　主、侧枝的配置

的下部，要多保留中、长果枝。

二、三挺身树形

　　主干高 40～60 cm，在主干顶端分生三个接近轮生的主枝，基角为 50°，梢角 45°。每个主枝上配置 3～4 个侧枝，全树共九个侧枝，侧枝夹角为 60°，第一侧枝距地面 70～80 cm 以上。在主侧枝上选留大、中、小型结果枝组。该树形早成形、早结果、抗衰老。三年生树冠径可达 3 m，亩产量可达 1 000 kg，12 年生树亩产可达 2 500 kg。整形同三主枝自然开心形。

三、二主枝自然开心形

　　在我国采用无永久支架整形方法。这种树形一般成形容易，适合密植栽培，株距 1.5～2.0 m，行距 4.5～5.5 m，视土壤、气候等条件而定。此方式优点是主枝之间长势容易平衡，树冠不易密闭，密植丰产，早结果，修剪省工。不足之处是幼树整形头1～2年修剪量较重，结果年限短（10～12年），管理不当易使下部"光腿"。

二主枝自然开心形的主枝配置在相反的两个方向上（图5-4），两主枝东西向，伸向行间，夹角80°。一般在距地面约1 m处即可培养第一侧枝，第二侧枝在第一侧枝的对面，相距40～60 cm。各主枝上的同级侧枝要向同一旋转方向伸展。主枝开张角度要求为40°，侧枝开张角度为50°，侧枝与主枝的夹角保持60°左右。

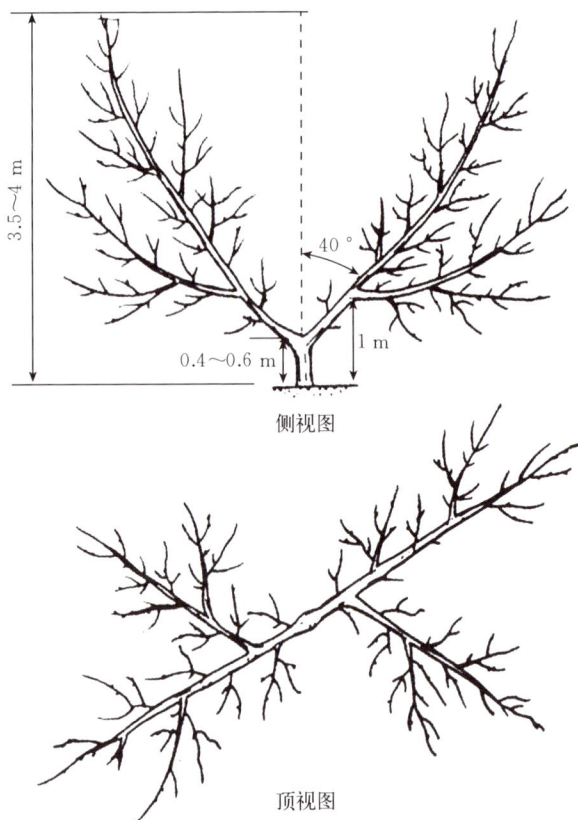

侧视图

顶视图

图5-4 主枝自然开心形

二主枝自然开心形为了成形快，可利用 1 年生枝上的副梢培养第一枝，原主干延长枝拉倾斜 40° 作为第二主枝。但第一主枝生长势弱，应缩小开张角度加强生长势。在以后几年的整形修剪中，除继续利用主枝开张角度平衡树势外，还要利用留果数的多少来平衡。生长势弱的品种或生长势弱的个别枝条，要注意选留徒长枝加以培养，以改变开张角度，增强生长势。

具体整形修剪方法如下。

（一）整形（一年完成）

苗木定植后定干，干高 50～60 cm，萌芽后整形带以下的芽抹掉（但 20 cm 内至少有 2 个方向不同的芽）。当新梢长 50 cm 左右时（山西运城地区约在 6 月上中旬）选主枝立杆绑缚。杆的立向要一致。其他枝摘心控制。1 个月后再对主枝进行一次绑缚。同时对主枝上的直立副梢等旺枝摘心。

（二）冬剪

1. 背上直立旺枝　以全部疏除为原则，如果无背上细弱枝，可保留旺枝基部的隐芽，防止夏秋季树干日灼病。

2. 主枝头　1～2 年生树截去秋梢不成熟部分（或按粗长比 1：40 留枝），留外芽。3 年生以上不剪截。

3. 大侧枝　主枝上相隔 50 cm 左右保留 1 个大侧枝，侧枝粗度从下至上递减。

4. 结果枝　去弱留强。疏去细弱枝（2 年生枝回缩至强枝部位）。保留长果枝，20 cm 以内不得有 2 个平行的长枝。根据产量确定留枝量，可按每个长枝 0.5 kg 果计算。

（三）夏剪（6～8 月进行 2～3 次）

1. 疏除背上直立旺枝　可保留 5 cm 左右短截，使阳光不大面积直射主干。

2. 疏除过密枝　应疏除一部分弱枝。

（四）几点值得注意的地方

1. 两主枝夹角不宜超过 90°，主枝背上易生直立旺枝。

2. 大侧枝由下至上一定要一级比一级弱，否则下部枝将因得不到光而枯死。如上部大侧枝强时可重回缩。

3. 行距一定要大于主枝长度。如主枝长度超过行距时，可以回缩。

四、主干形

(一) 树体结构

干高 30～40 cm，中心干强且直立，于其上直接分生结果枝组，下部一般配置 2 个永久性大型结果枝组以控制中心干长势，中上部多配置中、小型枝组，树高（露地）2 m 左右，冠径 1～1.5 m。此树形多为密植园采用，适用于株行距（1～1.5）m×（2.5～3）m，一般需设立支架，固定上部中心干（图 5-5）。

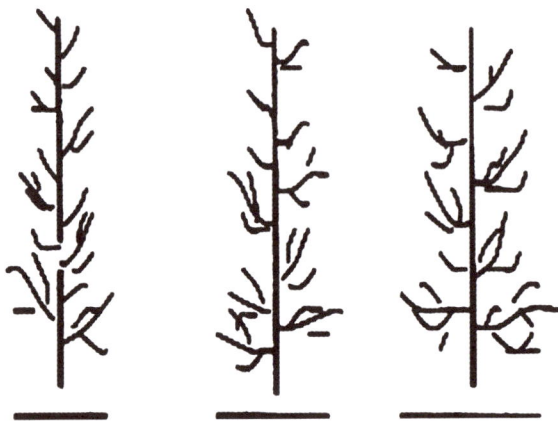

图 5-5　主干形树体结构示意

(二) 整形过程

栽植后于 60 cm 处定干，萌芽后在整形带内除选留中心干延长枝外，还应选留生长健壮、朝行向延伸、长势相当的两个新梢培养成永久性的大型结果枝组，开张角度 80°～90°，对中心干延长枝在其长度达 60 cm 左右时摘心促发侧枝，并在其上每隔 20～30 cm 培养一个健壮、呈螺旋状上升的永久性中小型结果枝组。

第三节　修剪技术的综合运用

生产中，为保持果树中庸，要针对问题采用不同的技术措施进行调节。

一、调节树体长势

对弱树弱枝应促进生长，对旺树旺枝要抑制生长，具体可采取以下措施。

（一）修剪时期的选择

落叶果树落叶后，营养物质从一、二年生枝向下部粗大枝干和根部回流，翌年接近萌芽时再向上部枝梢调运。冬季修剪时剪去的大多是无用一、二年生枝，可使剪留下的枝条养分供应更集中。而生长季树体的养分大多存在于树冠顶端和外围的枝梢中，此时修剪必然会造成养分损失。所以如果需要促进生长，则冬剪适当提前并重剪，在生长季应轻剪；相反为抑制生长，冬剪应推迟并轻剪，在生长季要重剪。

（二）整个树体的树势调控

由于根系供应养分的量一定，抑制树体某一部位的生长，则可促进其他部位的生长，反之亦然。

对于弱树应适当重剪，尽量少留果枝，将枝条扶直或剪口留背上枝芽，减少花芽形成量和结果量，以恢复树势。对于旺树应轻剪缓放，多留枝，将枝条压平或剪口留背后枝芽，促进花芽分化，多留花果，以果控长，缓和长势。

（三）枝条生长势调控

为增强枝条长势，应在充分利用有效空间的前提下，尽量减少骨干枝数量并缩短骨干枝和主干的长度，修剪时去弱枝，留中庸枝和强枝，去下垂、平生和斜下生枝留直立和斜上生枝，剪口下留壮枝芽，对枝条进行吊枝、顶枝，枝条前部不留或少留果枝等。

抑制生长则应增加枝干长度（如采用高干），去强枝留中庸枝和弱枝，去斜上生和背上枝留斜下生、平生和背后枝，剪口下留弱枝芽。对枝条进行拉枝、弯枝，在枝条前部多留果枝等。

另外使枝轴保持直线延伸可促进生长；而枝轴弯曲延伸则可以抑制生长。

二、枝组培养与修剪

枝组又称结果枝组、单位枝或枝群，是果树着生叶片和结果的独立单位，是果树经济效益的基础。为了防止大小年现象，达到连年丰产稳产的目的就要尽早合理配置好以及不断更新结果枝组。

（一）枝组的培养方法

枝组的培养是指在位置、大小与结构几方面对枝组的建造过程。开始于幼树期留用辅养枝时，其培养原则与方法如下。

1. 培养枝组的原则要求 枝组配置的原则要求是既要最大程度地增加有效枝量，又能保证良好的通风透光条件，提高商品果率。

（1）有大有小，结构各异。就是说在骨干枝上配置枝组时，应根据栽植方式、树冠大小和树龄培养成大小和分枝结构不同的样式。生产上普遍认为，多样化的枝组组成有利于结果和修剪调整。

（2）大小相间，均衡有序。就是说不同大小的枝组在骨干枝上应错位排列，均衡有序，以保证各部位通风透光良好，且结果时骨干枝不会发生大裂伤和扭曲。

（3）外稀内密，上小下大。同样为了保证通风透光条件，枝组在树冠外围要留稀一些，在内膛密一些，在树冠上部小一些，而在下部大一些。如某些较大树冠的基部三主枝上的枝组数往往占到全树的60%以上；在同一骨干枝上，要注意背上以小枝组为主，两侧和背下留大型和中型枝组。

（4）生长健壮，结果可靠。就是说要求每种果树的枝组应在其最佳年龄时期结果。此期其在营养的积累与消耗、合成与分配方面比较协调。故修剪时要根据具体情况不断调整和更新复壮枝组。

2. 培养枝组的方法　培养枝组的技术方法是指从实践经验中总结出的培养枝组的措施。

（1）先放后缩法。就是对中庸健壮的平斜和下垂枝连年缓放不剪，当其缓出中短枝成花结果后再在其下部分枝处回缩。有经验的果农们将其生动的总结为"一甩一串花，一堵一穗果"。此外，生产上亦有对角度较直立的枝条先弯曲或扭伤，改变其着生角度后再采用上述方法培养枝组的。

（2）先截后放再缩法。就是对于平斜、缓和且有发展空间的枝条，先根据品种特性进行适当的短截（萌芽率高、成枝力强的品种轻打头，萌芽率低、成枝力弱的品种可重短截），当得到所需的分枝时接着缓放，当结果后再回缩。

（3）连续短截法。就是对于萌芽率低、成枝力弱的品种和空间大、枝条少的部位，利用冬、夏剪配合对枝条连年地进行短截或极重短截（留2~4个瘪芽），当得到较多分枝后再放缩结合的方法，此法可有效控制结果部位外移。

（4）辅养枝改造法。即对幼树整形期间选留的部分辅养枝在树体空间较大的情形下，进行分枝数量和体积的调控，改造为大、中型结果枝组。

（5）连续缓放法。对枝组中轴延长枝连续多年缓放不剪并使其呈下垂状，对其上的侧生长枝疏除、中短枝缓放不剪，培养成单轴鞭节式结果枝组。多用于红富士苹果的枝组培养。

以上5种枝组培养的基本方法，生产中应根据具体的树形和枝芽特性等实际情况灵活地运用。人们在实践上认识到，单独运用某种方法很难获得理想的效果。所以，在培养结果枝组时，为了使其多样化，必须做到各种方法的有机结合。

（二）结果枝组的修剪技术

结果枝组的修剪是指随着树体生长、结果的具体情况变化，对结果枝组的分布与结构进行不断调整的修剪措施。

1. 枝组修剪的原则

（1）通风透光原则。就是要求各枝组间相互错位分布，以使整个树冠始终通风透光良好。

（2）枝势中庸原则。就是要求各枝组在结果期应保持中庸健壮状态。全树应有15%～20%的长枝。

（3）三配套原则。果树要保持长期优质、高产和稳产，就必须用培养好由结果枝、成花枝（预备枝）、发育枝组成的三配套枝组。这样，本枝组内就可做到每年轮替结果和更新。近些年在一些树形上也有采用长果枝连年结果，并在果台细弱的情况下才更新的修剪方法。

（4）从属分明原则。同一个骨干枝上的任何结果枝组，应通过向下回缩的方法保证其在生长势上不得超过延长头的生长势。

（5）互不交叉原则。在培养结果枝组时，互相之间不得交叉摩擦。

（6）酌情灵活原则。修剪枝组的方法不像培养骨干枝那样严格，可根据情况灵活掌握。

2. 修剪枝组的方法　有时需结合并用多种修剪技术与方法，才能达到修剪枝组的目的（图5-6）。

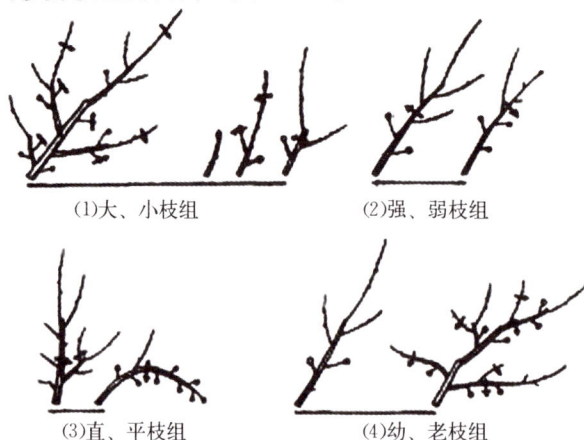

(1)大、小枝组　　(2)强、弱枝组

(3)直、平枝组　　(4)幼、老枝组

图5-6　各种枝组的修剪

（1）对不同大小枝组的修剪。大中型枝组由于分枝多，较易在组内轮替结果，修剪时应根据各个枝条的状态截放结合，每个枝轴上选留一个中庸偏弱的带头枝。小型枝组由于分枝少，修剪时应做到相邻枝组间的轮替结果，不必在每个枝组内都留带头枝。

（2）对不同强弱枝组的修剪。生长势强的枝组应去强留弱，多留花果，并配合其他造伤措施使其生长势得到缓和。生长势衰弱的枝组则相反。生长势中庸的枝组可按上一年情况修剪。

（3）对不同姿势枝组的修剪。过于直立的枝组，修剪时应加大开张角度，然后去直留平，去强留弱，配合造伤技术和多留花果削弱其势力。对下垂衰弱的枝组则相反。

（4）对不同年龄枝组的修剪。一般苹果、梨的适龄结果枝组是3～5年的，枣的是3～7年的。在修剪方法及程度掌握上，幼龄的宜缓放轻剪，适龄的要疏密适度修剪，老龄的应更新重剪。枝组越年轻留的花果量越多。

三、修剪中应注意的问题

（一）修剪前的准备和安排

首先要了解果园的立地条件、建园时期、树种品种构成、砧穗组合、栽植结构、目标树形、管理水平以及以前的修剪反应与存在的突出问题等基本情况，研究好技术方案，统一修剪标准。若参加修剪工作人员较多时，有必要进行技术培训，以保证修剪质量。为提高修剪效率，修剪人员应穿软底鞋，衣裤要紧身结实，提前整修磨快修剪工具。另外还要准备好工具消毒剂、伤口保护剂及刷具，以便随时涂用。

（二）养成先看后剪的习惯

修剪前在不同方位认真观察树体骨架和结果枝组分布情况，找出树体存在的主要问题，兼顾次要问题进行重点调控，这就是人们所说的"剪树前先绕树转三圈"的道理。

（三）修剪的顺序

1. 先大后小 剪树前，应首先考虑中心干和主枝的选留和培养调整，然后在主枝上选留侧枝，结果枝组的培养上也是先考虑按一定间距配置大、中型枝组。修剪时必须先调整中、大枝，再修剪小枝，这样既解决了关系到树体扩张、负载能力和通风透光的大问题，又能定位定量足够的结果部位。

2. 先外后内 不论任何枝条，均应从外向内修剪。这样一方面可形成清晰的思路，另一方面有利于修剪活动按顺序进行，不易出现漏剪现象。

3. 先上后下 对整形期的幼树，应根据下层主枝着生情况，先修剪中心干延长枝和选留出上部主枝，然后再对下部已选留好的主枝进行合理修剪。而对于结果期大树，也应坚持先上后下的修剪顺序。这样可避免因修剪人员上下树及上部掉落的大枝损坏下部枝芽而造成的损失。

（四）树体中、大枝处理

对于中、大枝较多的植株，疏除应分期分批逐年在秋季采果后进行。否则，会刺激树体长势更旺，或因伤口过多、过大使弱树更弱。

（五）认真细致，连续到底

修剪时，必须认真对待每一个枝条，为树体打下早产、高产、稳产、优质的基础。从幼树期开始每年连续不断按照目标树形进行整形修剪，加快成形和稳定结果。

（六）剪锯口的处理

短截时，剪口一般在剪口芽的对面有一个斜面，斜面上端略高于芽尖，下端位于芽的1/2处（剪口容易愈合，且剪口芽发枝长得直）。但对于冬季较冷地区来讲，剪口应位于芽尖上方0.5～1 cm处。

疏枝时伤口不宜过大且不留桩。这样做的好处一是避免幼龄枝隐芽的大量萌发，二是避免多年生大枝留下的短桩使伤口愈合困难而引发病虫害。由于直立枝、水平枝与母枝的夹角大，疏除时伤口基本上是平的；斜生枝疏剪的时候，上口仍要尽量贴近分枝处，下口是微有些翘起的。具体翘起多少，要看被疏枝条的分枝角度灵活处理：分枝角度小的，下口翘起多些，避免母枝上留的伤口过大；分枝角度大的，下口少翘起一些，使剪口较平，避免有过多的残留。

锯除多年生枝时，使锯口与枝条基本垂直。锯除较细大枝时，可采用"一步法"，其顺序是先从大枝的下方向上锯入 1/4～1/3，然后再从上向下锯（图5-7、图5-8），可防止母枝劈裂。对于较粗大枝，应该采用"两步法"，即先在要去的大枝下部距母枝较远处从下往上锯至直径的 2/3 处，然后在此锯口上部往外 10 cm 左右处从上到下锯至直径的 2/3 处锯断该大枝的一部分，最后一次性从基部去除。对较大的剪锯口要及时削光、消毒、涂愈合剂保护，减少蒸腾，促进愈合。最后锯口下方比上方略高 1～2 cm。

图5-7　锯大枝的部位　　　　　　图5-8　大枝锯法之一
1. 正确，锯口易愈合　2. 伤口过大　3. 留有残桩

除以上几点以外，对修剪掉的病虫枝要及时烧毁或送出园地。同时，对接触过病虫枝的修剪工具必须消毒后才能继续使用。

第四节　桃不同年龄时期修剪技术

一、幼树和初果期桃树的整形修剪

此期从定植后开始，到树冠占地面积达 70% 为止。这一时期桃树树冠不断扩大，长势旺，经常萌发大量的徒长性果枝、长果枝、发育枝和副梢，花芽着生节位高，坐果率低。此时期整形修剪的主要任务是完成整形工作，基本完成枝组培养，适当多留结果枝和辅养枝，控制枝梢密度，促进早果丰产。所以修剪量要小，在没有达到整形要求时，骨干枝延长头可适当短截，并利用副梢结果。生长季做好抹芽、摘心、剪梢、绑缚、扭梢、控制竞争枝、利用副梢开张角度等措施，减少冬剪工作量，也不浪费树体养分。

骨干枝轻剪长放，同时考虑调整骨干枝开张角度和平衡势力。其延长头剪留长度根据生长势来定，为平衡树势，弱的适当长留。北方品种群比南方品种群要长留或不剪。总之，以不会刺激徒长，也不造成下部脱节为宜。侧枝选剪口下第3～4芽培养成侧枝，冬剪时，考虑到从属关系，侧枝延长头剪留长度为主枝延长头剪留长度的2/3～3/4。

这一时期开始培养结果枝组，因树势旺，徒长枝和徒长性果枝比较多，在骨干枝后部培养大中型果枝比较方便，通过摘心、曲枝等夏剪措施，促进下部发枝培养或通过剪截等方法也可培养。结果枝适当长留，待结果下垂再回缩至后部发枝处。及时疏除过密的中短枝，其余留3～4对花芽短截。一般的桃树结果组培养过程见图5-9。

图5-9 桃树结果枝组培养过程
1. 修剪前　2. 修剪后

二、盛果期桃树的修剪

桃树一般 6～7 年进入盛果期，此期长短因品种、栽植方式、所用树形、管理水平不同差别很大，一般可维持 10～15 年。这一时期，整形基本完成，树势趋于缓和，树冠扩大缓慢，各类枝组已齐备，结果枝增多，中短果枝所占比例高，有些骨干枝上的小枝组渐渐衰亡，主要结果部位转向大、中型枝组。修剪的主要任务是：维持树体结构，调节主、侧枝生长势的均衡和更新枝组；调节枝量和负载量。

(一)夏剪

盛果期桃树的夏剪一般要进行 3～4 次。管理越是精细的桃园越重视夏剪，这样可减轻冬剪工作量。

1. 抹芽　在叶簇期进行（华北地区在 4 月下旬至 5 月上旬）。这次修剪的主要任务是抹芽、除梢、调节剪口芽角度并缩剪过长或没挂果的结果枝。抹芽在芽长 3 cm 时进行，主要是剪锯口下的密生芽、无用徒长芽等。使养分集中供应留下的单芽。

2. 第一次夏剪　在坐果后新梢迅速生长期（华北地区在 5 月中旬至 6 月中旬）进行，目的是保持主、侧枝生长势平衡，控制徒长枝、竞争枝生长，防止上强下弱，扩大有效叶面积。任务主要有：

(1) 延长枝的调整。可对其扭梢控旺或新梢长 40～45 cm 时选择一个合适的副梢代替原头。严格控制该副梢延长枝的竞争枝，摘心控制其他副梢，分别培养成侧枝、结果枝组等。

(2) 竞争枝、旺枝和直立枝的控制。背上过密竞争枝应疏除，其他无副梢的竞争枝摘心控制。其他有副梢的竞争枝可剪留基部 2 个方向较好副梢，使其变直立生长为斜生生长，或进行弯枝、扭枝，培养结果枝组。旺枝一般长度为 35～50 cm，粗 0.6～0.8 cm，中上部有副梢，当旺枝生长长度超过 30 cm 时，也留 2 个副梢培养枝组。

（3）结果枝的更新。对过密的结果枝须进行疏剪和回缩。对于果枝或结果枝组的基部发出的新梢，可以疏掉或用于该结果枝组的更新。

（4）摘心促花。对健壮、有空间的新梢摘心，可促使其抽生带花芽副梢。对当时没有副梢的新梢，不要摘心，以免枝条太密，提高结果部位。

3. 第二次夏剪　在新梢缓慢生长期（华北地区 7 月上中旬）进行。目的是改善光照，抑制枝条旺长，促进养分供应果实（中晚熟品种）和花芽。由于已进入生长后期，不可再进行大改造。继续利用副梢培养结果枝，为使基部芽充实，可对上次修剪调整过的旺枝再次留 1～2 个副梢短截。对未停长长枝，全部剪去 1/4～1/3。

4. 第三次夏剪　也称为秋剪，一般是在新梢停止加长生长后（华北地区一般在 8 月中下旬至 9 月中旬）进行，目的是全面控长，促进枝芽充实，提高越冬能力，并提高晚熟桃品质。主要的疏除对象是过密枝、旺长枝、细弱枝、雨季发生的发育枝及新出现的二、三次幼嫩副梢。影响通风透光的较粗壮的长果枝和徒长性果枝，可轻短截。

需要注意的是，桃树枝叶毕竟是桃树重要的营养器官，修剪适当可提高光合效率，修剪过重，会削弱长势。所以如果采用能达到修剪目的的其他措施（如扭梢、拿枝、拉枝、撑、顶、坠等），就不必过多地进行疏除。

（二）冬剪

1. 主枝延长枝的修剪　对主枝延长枝一般栽后第一年剪留程度为 50 cm 左右，第二年剪留长度为 50～70 cm，以后各年均剪留 30～40 cm。当树冠大小基本确定时，则采用放、缩交替进行的方式，来维持延长枝的长势和树冠大小。经数年结果，当主枝角度开张过大时，可采用撑或背上枝（枝组）换头的办法来抬高主枝角度；若主枝角度变小，则采用背后枝换头的方法来加大其角度；若主枝整体衰弱，则采用缩剪的方法进行更新复壮（图 5-10）。

2. 侧枝的修剪　侧枝要从属于主枝，要注意同一主枝上各侧

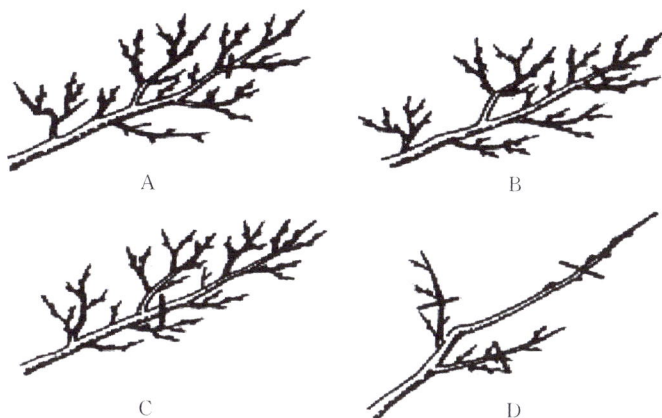

图 5 - 10 盛果期主枝头的修剪

A. 背上枝换头抬高角度 B. 背后枝换头加大角度

C. 背上枝组作头，将原头缩剪 D. 主枝衰弱，缩剪下部枝

枝之间及侧枝本身前后的平衡，可用"抑前促后"的方法来调节。

侧枝在必要时可疏除或回缩修剪变成大型结果枝组。骨干枝上部侧枝应重短截，下部的要轻短截。外侧枝生长势的强弱，可用侧枝的枝头与主枝的枝头所成的角度来衡量。正常角度应为 $30°\sim45°$（图 5 - 11）。小于 $30°$，说明侧枝弱小，可缩回剪成枝组；大于 $45°$时，说明侧枝太强，需加控制。

3. 结果枝组的修剪 盛果期要培养和更新结果枝组，维持结果能力。顶部少留枝组、下部多留枝组。结果枝组要去强留弱，抑前促后，平衡长势。对角度过大、过长、过分衰弱的枝组，回缩到极短枝或花束状果枝处，使其紧靠骨干枝，保持其长

图 5 - 11 侧枝与主枝所成角度

势，或从基部疏除过弱的小枝组。对树冠内膛大、中枝组出现上强下弱现象时，可缩剪降低高度，为限制其发展，还要以果枝带头。若枝组中庸，只疏除强枝。为维持结果空间，侧面、外围生长的大、中型枝组也应像侧枝修剪一样，放缩结合。

调整好结果与发枝的关系。控制部分旺枝，选一些徒长性果枝或强旺长枝进行短截，留作预备枝。北方品种群应适当多短截短果枝和花束状果枝，多留果枝。南方品种群短截长、中果枝，疏除长势弱的短果枝。长果枝留 5～8 节短截，中果枝留 3～4 节短截。

留枝量：北方品种群修剪后各枝条顶端距离为 10 cm，每平方米内有 70～80 个枝条；南方品种群修剪后顶端距离为 15 cm，每平方米内有 40～50 个枝条（图 5-12）。

结果枝修剪后剪口芽的选留方向能调节发出枝条的强弱（枝条角度和生长势），从而使新梢长势平衡（图 5-13）。

图 5-12 结果枝修剪后的枝头
距离 10～20 cm

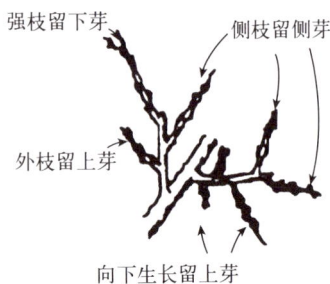

图 5-13 留芽方位

4. 预备枝的选留 预备枝是用以代替结果枝组或结果枝的预备枝。盛果期的中后期要注意选留预备枝，防止结果部位上移。对肥水条件较好或复芽着生节位低、健壮的果枝，可用单枝更新。在树冠上部结果枝和预备枝的比例 2∶1，树冠中部 1∶1，树冠下部 2∶1。预备枝来源于无结果能力的弱枝、结果不好的强枝或有空间的徒长枝，留 2～3 个芽短截，不挂果。

三、衰老期树的修剪

桃树进入衰老期，骨干枝的延长头年生长量小于 30 cm，中、小枝组大量死亡，大枝组变弱；树冠内出现秃裸、中短果枝比例多；全树产量明显下降。修剪的主要任务是在维持经济产量的前提下，通过缩剪更新骨干枝，利用内膛徒长枝更新树冠，维持树势。枝组更新时，疏除细弱枝，多留预备枝。

骨干枝视衰老程度而定，一般 3～5 年生在分枝部位处缩剪，回缩时仍然保持主、侧枝间从属关系。

对树冠外围的徒长枝，可培养成骨干枝。尽量内膛发生的徒长枝可培养成新枝组枝，填补空缺部位。

第六章

桃树花果期管理技术

第一节　花

华北地区多部分品种的桃树，在3月下旬至4月上旬进入开花期。气温回暖，桃树根系生长活动加速，叶芽、花芽进一步膨大，到逐渐开花、叶芽萌芽。

一、花芽

桃树的花芽为纯花芽，侧生，着生于叶芽旁，花芽有单花芽和复花芽之分，同一节上只着生一个芽的为单花芽，叶芽两侧各着生一个花芽的为复花芽（图6-1）。复花芽多、着生位点低、花芽充实、排列紧凑是丰产性状之一。

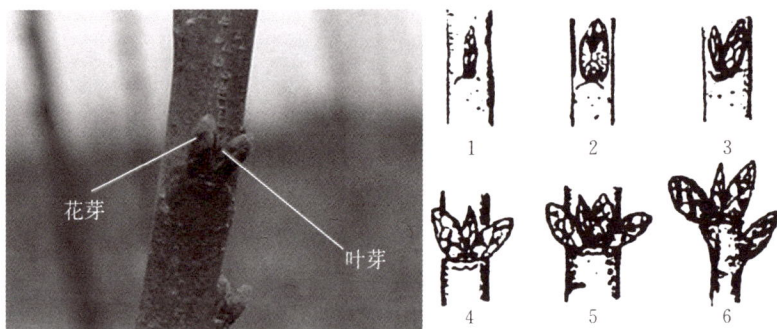

图6-1　桃树花芽和叶芽及其排列
1. 单叶芽　2. 单花芽　3. 双芽　4. 三芽　5. 四芽　6. 短果枝上单芽

二、花芽分化

桃树花芽分化要经历生理分化和形态分化两个时期。形态分化开始前 5～10 d 为生理分化期，此时桃新梢生长速度明显趋于缓慢，芽中蛋白氮占总氮量的比例显著升高。形态分化可分为开始分化、萼片分化、雄蕊分化和雌蕊分化四个时期。当单芽具有 12～15 片鳞片，复芽彼此分离时已进入形态分化，在休眠前完成花萼、花瓣、雄蕊、雌蕊的分化，然后进入休眠，通过一定的低温，第二年春季，气温上升到 0 ℃时，花粉母细胞减数分裂，形成花粉。雄蕊形成胚珠和胚囊，花芽内部各器官形成大概需要 3 个月。

桃花芽分化有两个分化期，大致在 6 月中旬和 8 月上旬，与两次新梢缓慢生长期基本一致。各类果枝中以短果枝分化早，但分化时间长。长果枝分化较迟，但分化速度快，到花瓣原基形成以后，分化进程与短果枝无大差异。以徒长性果枝和副果梢分化最晚。6 月以前形成的副梢分化的花芽多而充实，7 月形成的副梢花芽少而瘦小，夏剪时需要控制。

（一）生理分化期

华北区桃树生理分化期一般于 5 月下旬至 6 月上旬开始，至 7 月中旬前后结束。生理分化开始的早晚及持续时间长短与品种、树龄、树势、新梢长度、芽在枝条上的着生部位、气候等因素相关。在同样的气候、土壤和栽培管理条件下，红港桃的花芽生理分化期为 5 月底至 6 月中旬，其开始及结束均比阳关桃要晚 18 d 左右。成年树开始得早，幼龄树开始得晚。弱树开始早，强壮树开始得晚。短梢开始早，长梢则开始晚，短梢要比长梢早 20～30 d，同一新梢上，下部的芽开始得早，持续时间长；上部的芽开始晚，持续时间短。气候干旱地区或年份开始早，降雨较多的地区或年份开始晚。生长季长的地区开始早、结束晚，持续时间长；生长季短的地区则开始晚、结束早，持续时间短。

（二）形态分化期

生理分化开始不久后即转入形态分化，秋季落叶前，芽内逐渐分化形成萼片、花瓣、雄蕊、雌蕊原始体（图 6-2）。

不论分化开始早晚、冬前均可分化形成雌蕊原始体。随后，花

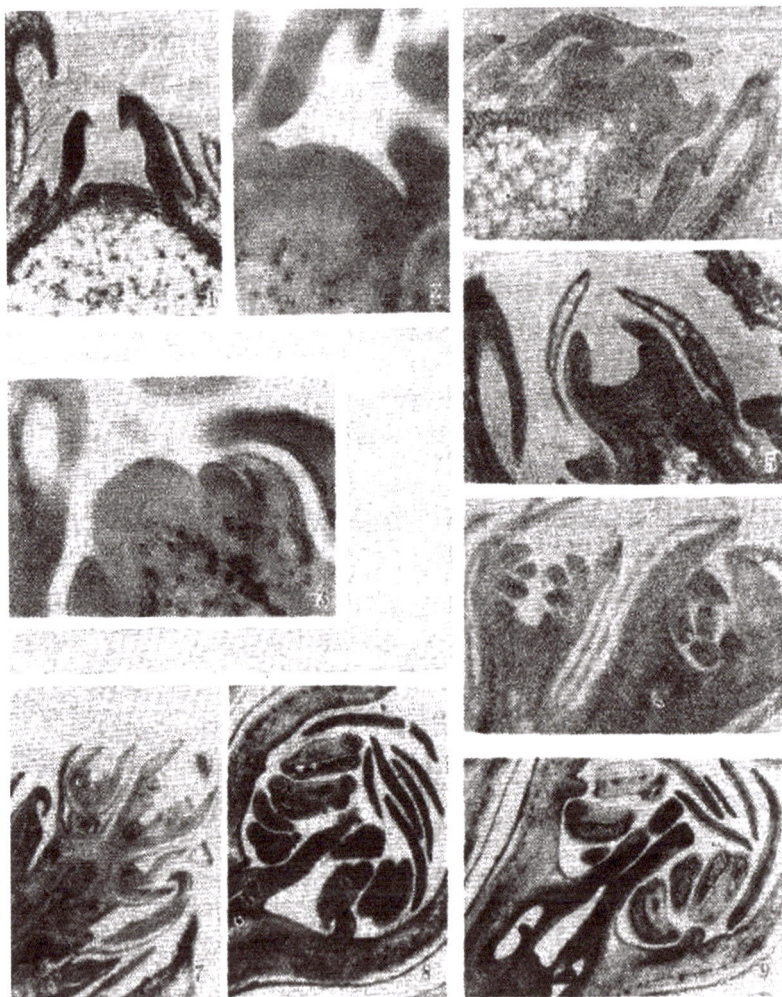

图 6-2　桃花芽分化

芽进入冬季休眠状态。第二年早春花芽萌动期，花粉母细胞开始减数分裂，形成单核花粉。此时，距离开花 40 d 左右。开花前 10 d 左右，单核花粉发育形成双核花粉，花粉粒成熟，与此同时，雌蕊则分化形成胚珠和胚囊。

三、休眠

入秋后不久，叶芽陆续进入自然休眠状态，至落叶前 40 d 左右，花芽也很快进入自然休眠状态。进入自然休眠状态的芽，必须在适宜的低温条件下经过一定的时期才能解除休眠。只有解除自然休眠的芽，才能在适宜的温度条件下正常发育、萌芽、抽枝长叶、开花结果。当冬季低温不足时，多数桃不能正常解除自然休眠，春季花芽分化不整齐，树体不能正常生长和开花结果。

在北方地区进行桃树设施促成栽培时，也必须在桃芽解除自然休眠后才能进行覆膜升温，若升温过早，则适得其反，甚至造成绝产。

桃树解除自然休眠所需的冷温量称为需冷量。需冷量由遗传因素决定，每个品种都有一定的需冷量，不同品种之间需冷量差异较大，北方地区设施促成栽培中，尽量选择需冷量较低的品种，而进行延迟栽培的则需要选择需冷量高，成熟极晚的品种。

除遗传因素外，同一品种解除自然休眠所需的时间与其所处的温度环境密切相关，温度适宜则短，不适宜则长。

四、花器官发育

早春，随着气温回升，花芽逐渐萌动，芽内进入雌雄配子体的分化与发育阶段。此时的芽对温度极其敏感，过低则发育缓慢，过高则性器官发育受阻，导致花芽败育以致花芽脱落。研究表明，在夜间温度为 15 ℃、白天 20 ℃时花器官发育正常，25 ℃时花粉量减少 50%，30 ℃时花药内的花粉几乎全部败育，开花后花药不能开裂，35 ℃时花芽萌动后不久便很快枯萎脱落，高温伤害导致小孢子减数分裂异常而严重败育。

第二节　果

一、开花、授粉、坐果

桃树为两性花，自花结实能力强，但也有不少品种花粉败育，这些无花粉品种在合理配置授粉树后仍能丰产。无或少花粉品种的丰产性受气候影响很大，气候环境变化大、灾害性天气发生频繁的地区，应尽量栽培完全花品种。

春季日均温达 10 ℃左右时开始开花，最适温度为 12～14 ℃。同一品种的开花期为 7 d 左右，花期长短因气候条件而异。气温低、湿度大则花期长，气温高、空气干燥则花期缩短。桃树开花早晚因品种、气候、土壤、树龄树势、枝条类型而异。南方冬季短而较温暖，开花早晚主要受品种需冷量大小的影响，需冷量大的品种开花晚，需冷量小的品种开花早，不同的品种之间差异可达 30 d。北方地区冬季低温时间较长，所有品种都能顺利通过自然休眠，开花早晚主要受品种本身需热量的影响，需热量低的品种开花早，需热量高的品种开花晚，不同品种间差异在 1～7 d。沙壤土春季低温回温速度快，桃树开花相对黏重土得早，成年树较初果树开花早，树势弱的树较树势强的树开花早；花束状果枝、短果枝较长果枝开花早，徒长枝果枝开花最晚。

临近开花前，桃树的雌雄配子即已发育成熟，开花当天花药开裂散粉。桃单花的有效授粉期一般为 2～5 d。花期温度低、湿度大时，有效授粉期长，温度高、空气干燥时则短。

不同品种从授粉到完成受精过程所需的时间长短不同。主要与地区、气候及品种等多因素相关。

雌蕊保证授粉受精的时间是 4～5 d，如果遇到干热风，柱头 1～2 d 内就枯萎，缩短授粉时间。桃虽然为自花结实率较高的树种，但异花授粉能显著提高结实率。花粉萌芽和花粉管伸长要求在 10 ℃以上，10℃以下花粉萌芽、花粉管伸长受阻。4℃以下完全停止发育。有些桃品种存在花粉无活力或无花粉，如深州蜜桃、五月鲜、晚黄金、传士郎等，必须严格要求配置授粉树。有的品种花粉生活力旺盛，如大久保、离核水蜜，不但结实率高，也是优良的授粉品种。

桃子房有两个胚珠，一般在受精后2～4 d，小胚珠退化，大胚珠则继续发育形成种子。有时两个胚珠会同时发育，在一个果实中，形成两个种子。子房壁的内层发育形成果核，中层发育形成果肉，外层发育形成果皮（图6-3）。

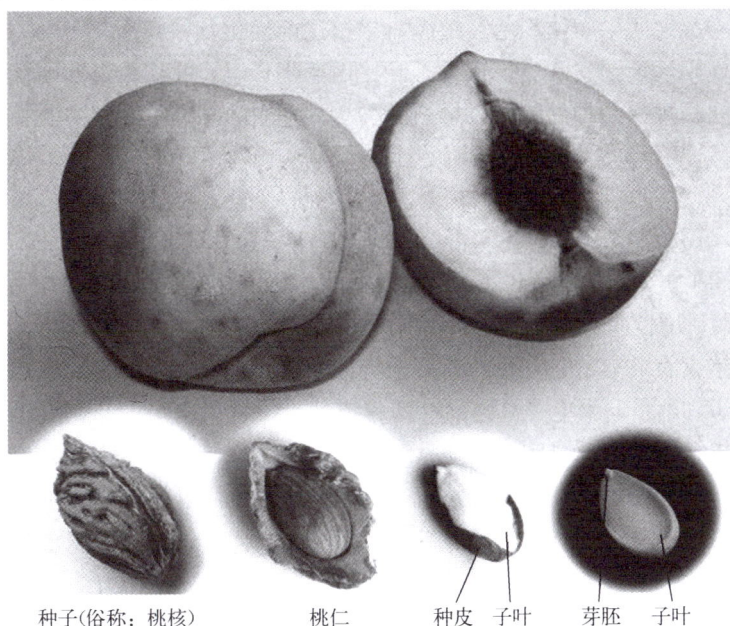

| 种子(俗称：桃核) | 桃仁 | 种皮 子叶 | 芽胚 子叶 |

图6-3　桃果实各部分发育示意

二、果实发育

桃果实发育为双S形。授粉受精后，子房壁细胞迅速分裂，子房开始膨大，形成幼果。2～3周后，细胞分裂速度逐渐放慢，果实生长也随之放缓。花后30 d，细胞分裂停止，此后果实生长主要靠细胞体积和细胞间隙的增大。桃果实发育要经历三个时期，即幼果期、硬核期和果实迅速生长与成熟期。

（一）幼果膨大期

此期始于花后子房开始膨大，止于果核硬化开始之前。花后子房迅速膨大，幼果体积和重量迅速增加，果核也迅速增大，至嫩脆的白色果核核尖呈现浅黄色。即果核开始硬化为止，幼果膨大期结束。此期持续时间一般为 20～40 d，极早熟品种最短，极晚熟品种最长。

（二）硬核期

此期间果实体积增长缓慢，果核逐渐硬化，种胚逐渐发育，而胚乳则逐渐消失。当果实再次开始迅速生长时，此期结束。硬核期时间长短因品种而异，极早熟品种 1 周左右，早熟品种 2～3 周，中熟品种 4～5 周，晚熟品种可持续 6～7 周，极晚熟品种持续 8～12 周。

（三）果实迅速生长与成熟期

硬核期结束后，果实再次开始迅速生长，直至果实成熟为止。此期间果实体积和重量迅速增长，果实重量的增加占总果重的 50%～70%，增长速度最快期在采收前 2～3 周。栽培管理正常情况下，此期结束前果实完全表现出其品种特征。果面丰满，果个达到应有的大小和重量，果皮及果肉的叶绿素迅速减少，果皮中的花色素迅速积累，果皮果肉均呈现出其品种固有的颜色。果肉硬度下降，并富有一定弹性，果肉中的淀粉和有机酸迅速分解，可溶性固形物和芳香类物质含量迅速增加，基本呈现出其品种固有的大小、颜色和风味。此时期，果核体积不再增加，只是种皮逐渐变褐，种子干重迅速增长。此时期持续时间长短及品种间的变化趋势与幼果膨大期相似。

而油桃的果实生长与普通桃完全不同，油桃果实没有明显的缓慢生长期和迅速生长期，整个果实生长发育过程中，一直处于不断生长的状态。

三、果实发育中的生化变化

果实发育过程中，其内含物的成分与含量逐渐变化，并具有一定的规律性。果肉中全糖量不断增加，幼果期还原糖多于蔗糖，硬核期以后蔗糖含量迅速增加，大大超过了还原糖。成熟果实中的糖类以蔗糖为主，完熟时蔗糖含量有所减少，果实风味稍微变淡。不同品种间果实含糖量差异很大，一般成熟越晚的品种，果实含糖量越高。桃果实淀粉含量很少，以幼果期最高，果实成熟前迅速减少。

游离酸含量品种差异很大，一般以果实发育中期最高，成熟期稍有所下降。从幼果期到果实成熟开始前，果实及果皮中含有的色素主要是叶绿素。成熟过程启动后，叶绿素含量迅速减少，果肉及果皮呈现乳白色。黄色品种在叶绿素减少的同时，类胡萝卜素迅速增加，果皮和果肉呈现黄色。果实成熟过程中，果皮中花青素迅速形成并增加积累，果面呈现不同程度的红晕或红色条纹。细胞间原果胶水解成可溶性果胶，果实硬度下降。此外，芳香物质形成并迅速积累，散发出浓郁的香味。

桃果肉发育过程中组织化学变化的研究表明，不溶质桃与溶质桃在果实发育的大部分时间里没有显著差异，至少在成熟时溶质桃果肉细胞间的原果胶含量显著减少，使果肉细胞的组织结构遭到破坏，同时细胞膜厚度明显减小，透性增加，内含物渗入细胞间隙，并有部分细胞破裂，导致果肉呈现柔软多汁的性状。硬肉桃完全成熟时，果肉细胞间的中胶层水解，肉质呈现粉状而变面。不溶质桃的细胞间隙膜变薄但不破裂，细胞间隙带充满空气，因而使得果实呈现有弹性的橡皮质。

第三节　花果管理

一、花果管理中存在的主要问题

（一）花期偏施化肥、灌大水

桃树等落叶果树开花坐果的前期营养主要来源于上年树体贮藏

的养分，此时偏施高氮化肥，由于温度低，开花及前期果实发育无法利用，反而促使新梢旺长，使花和幼果在营养竞争中处于劣势。此外，花期灌大水降低土壤温度，影响根系吸收和养分正常运转，引起大量落花落果，造成减产。

（二）未合理疏花疏果

部分果农认为人工疏花疏果太费劳动力，造成果树负载太大，营养分配不合理，激素不平衡，严重影响当年果实品质，更影响采果后的花芽分化（桃的花芽属夏秋分化型，一般是采果后1个月内进入花芽生理分化期）。

（三）中晚熟品种不套袋

部分果农认为套袋花费人工，增加纸袋成本，生产的果实多数属低档果品。

（四）过分依赖化学农药

不注重农业方法、物理机械方法、生物方法等生态调控技术，过度依赖化学农药防治病虫害，造成生产成本上升，环境质量下降，农药污染加重，害虫天敌减少，果品质量下降。

（五）果实恶性早采

6～7月是水果生产淡季，消费需求很旺盛，有的果农为了填补市场空缺，严重早采，造成果个小，色泽淡，味道差，香气少，由于桃果在成熟前1周左右膨大最快，可溶性固形物增加也较多，应严禁恶性早采。

（六）采果后放松管理

由于桃坐果率的高低与花芽质量成正相关，采果后失管果园树体营养差，病虫害严重，叶片营养低，甚至异常脱落，致使花芽分化不好，花芽数量少，质量差。

（七）栽植密度大，土肥水管理差

果园普遍栽植过密，桃园适宜的密度为株行距（4～5）m×（3～4）m，不宜过密。生产上间作不合理，杂草多，沟系建设维护不好。个别果园长期不施用有机肥，偏施氮肥，致使桃果脱落多、病害重、色泽差、口味淡。

（八）修剪不合理

采用传统的短枝修剪方法，用工量大，技术复杂，修剪量大，树体旺长，结果部位外移，大果比例小，果实品质差，必须推广长枝修剪新技术。

二、露地桃花果管理配套技术

（一）桃树开花后的温度控制

开花期白天气温 19～22 ℃，夜间气温 8～11 ℃；幼果膨大期白天气温 22～28 ℃，夜间气温 10～15 ℃；果实着色期白天气温 26～30 ℃，夜间气温 12～16 ℃；果实成熟期白天气温 22～26 ℃，夜间气温 10～15 ℃。

（二）幼旺树促花

1. 合理施肥 幼树管理必须做到前促后控，前期以速效氮肥为主，配合磷肥，夏秋季控制氮肥用量，增施磷、钾肥，多施有机肥，及时补充中微肥及根外追肥，6～8 月控制水分，造成树体轻微生理干旱，加速枝条老化，利于花芽分化。

2. 搞好夏季修剪 夏季修剪可延伸至广义生长季（晚春、夏、秋季），采取适时拉枝、撑枝、吊枝、扭梢、拿枝、摘心等措施，促进树体营养积累。

3. 药物调控 6～7 月对过旺树利用多效唑、烯效唑等生长调节剂控梢，抑制旺长，可使用 15％多效唑 150 倍液叶面喷布 1～2 次树冠旺梢或树冠，土施多效唑 1.5 g/m²（先溶解再加入清淡猪粪水在树冠滴水界周围沟施），可在 1～2 个月后见效，能有效控制桃树 2～3 年的树势，注意多效唑年内使用次数、浓度必须控制。

（三）保花保果

1. 预防晚霜危害 桃花花期一般气温不稳定，易遭受晚霜（倒春寒）危害。气温为 0～1 ℃，造成花蕾受冻，严重影响产量。生产上可以采用以下措施保护花芽：一是在上年 10 月叶面喷布 1 次 20～30 mg/kg 赤霉素（GA3）＋0.3％磷酸二氢钾液，能明显推迟当年落叶期，增加光合产物积累，使翌年花期推迟 7～10 d。二是在春季花芽膨大期，喷施 1 次 1 000 mg/kg 青鲜素（MH），能推迟花期 5 d 左右。三是建园时搞好规划，配置防护林，控制好晚秋梢不抽发，果园熏烟。喷防冻剂，晚霜来临前，灌防冻水、树干涂白或包扎、挖排冷气沟等。

2. 配置授粉树（枝）及人工辅助授粉 建园时按 1∶（8～10）的比例配置授粉树，或高接授粉枝，人工采集或购买商品花粉采用人工点授、喷粉等方法进行辅助授粉。初花期可用毛笔或香烟的过滤嘴人工点授，花期用鸡毛掸子滚动授粉；或开花前放蜜蜂授粉，每棚 1～2 箱蜂。

没有花粉或者坐果率低的品种，或者花期遇到倒春寒的情况下，需要人工辅助授粉。

（1）制作花粉。选择花期早、花粉多、亲和力强的品种，采集即将开裂或刚刚开裂的花药薄薄的摊在光滑的纸上，置于室内阴干，室内要求干燥、通风的环境，温度控制在 20～25 ℃。晾干后的花粉装入棕色玻璃瓶，放在冰箱保鲜层中保存。注意，一定不要将花粉放在阳光下暴晒。

（2）人工辅助授粉。可以用毛笔或者铅笔带橡皮的一头，或者制作一个简单的授粉器，准备 5 cm 长的自行车气门芯，一端套在火柴棒上，一端往回翻卷 0.5 cm，点授授粉器即制作完成。用点授授粉工具蘸取花粉，点授到新开的花的柱头上，每蘸一次花粉，可授 3～4 朵花。授粉顺序按照主枝顺序排列，由下向上，由内向外逐枝进行。新开的花花瓣新鲜，柱头上有黏液，点授这样的花授粉效果好。花粉要随用随取，不用时放回冰箱进行保存。授粉量要看树的大小、树势强弱、技术管理水平等因素来确定。一般点授一次达不到授粉量，需要授粉 3～4 次才能完成。

注意授粉时间，选择晴朗无风的天气，在上午 10 时至下午 3 时进行，若授粉后 2～3 h 内下雨或者遇晚霜，需要重复进行授粉。

3. 花期喷硼肥和放蜂 在初花期及盛花期喷 0.3% 硼砂（或硼酸）＋0.3% 尿素＋0.3% 磷酸二氢钾混合液，有利于提高坐果率，花期放蜂，能使桃园增产，并提高果实商品性，增加果农收益。

4. 喷植物生长调节剂 正常年份不需要使用生长调节剂，如花期遇低温等灾害性天气，花量小，花质差，挂果量不大，可适当喷 1 次植物生长调节剂保果，如 2,4 - D、GA3、防落素、爱多收（复硝酚钠）、芸薹素内酯或稀土微肥、黄腐酸、海藻素、沼液等营养剂，5 月新梢生长 15 cm 以上难以控制时，可喷 1 次多效唑＋磷酸二氢钾混合液。

（四）疏花疏果

桃树进入盛果期后，多数桃品种花芽数量大，坐果率较高，超过树体合理负载量。为了达到丰产、稳产、优质的目的，有必要进行疏花疏果。疏花一般在大花蕾至开花初期进行，对象是坐果率高的品种，如充国香桃、中油 4 号油桃、秦王桃，人工疏去畸形花、迟开花、并生花、朝天花、无叶枝上的花，疏花量为总花量的 1/4～1/3，花量少的年份及农家乐桃园不疏或少疏。疏果要求时间越早越好，分 2 次进行，第 1 次在谢花后 20 d，疏去畸形幼果、小果、双柱果、无叶果、并生果，第 2 次在果实硬核前期（套袋前）进行，疏去萎黄果、病虫果、畸形果、小果、朝天果，一般早熟品种按叶果比 20∶1、中熟品种按 30∶1、晚熟品种按 40∶1 留果（定果）。

（五）果实套袋

套袋能改善果面色泽，使果皮底色整齐一致，干净鲜艳，提高果实外观品质，减少病虫害，降低农药残留，并可以防止裂果、日灼、冰雹和鸟害，是简便易行、效果显著的生产高品质桃技术措施。容易裂果的品种和晚熟品种必须套袋，在定果后套袋，时间越早越好，套袋前喷 1 次防治病虫害的混合药剂，药液干后即可套袋，应选择专用果袋。如果要求果实着色良好，可在采收前 1 周逐步去掉纸袋。

定果后立即套袋，郑州地区一般在 5 月下旬进行，此时蛀果害虫尚未产卵。套袋前喷药，先对全园进行 1 次病虫害防治，杀死果实上的虫卵和病菌，常用农药为 30％桃小灵 1 500 倍液＋70％代森锰锌 800 倍液，或 2.5％敌杀死 2 000 倍液＋70％甲基硫菌灵 1 000 倍液等。

选择果袋颜色时，红色品种用浅色单层袋如黄色、白色袋，特别是容易裂果的油桃和有冰雹的地区，用浅色袋可直到成熟时去袋；对着色很深的品种，可用深色双层袋，果实成熟前几天再去袋，其外观十分鲜艳。

套袋时由于桃果柄短，应将袋口捏在果枝上用铅丝或铁丝扎紧。不要将叶片绑进果袋中。

果实套袋后要加强肥水管理，除秋施基肥时每亩施过磷酸钙 50 kg 外，还要进行叶面喷钙。套袋后至果实采收前，一般每隔 10～15 d 喷 1 次 0.3％硝酸钙溶液。

果实去袋时，浅色袋采收时将果与袋一起采下，雨水多、容易裂果和有雹灾的地区可用此法。双层袋去袋，一般品种采前 7～10 d 进行，紫色品种采收前 3～4 d 进行。最好在阴天、多云天气、晴天下午光不强时去袋。上午 10 时至 12 时去树冠北侧袋，下午 5 时去树冠南侧袋，也可把袋下部拆开，2 d 后全部去袋。

促进果实着色技术如下。

（1）合理修剪。冬季修剪适当留枝，夏季疏除树冠内外的直立枝、徒长枝、过密枝等，改善光照条件。

（2）拉枝与吊枝。果实阳面部分着色时，将结果枝或枝组吊起来，使果实阴面也能见光着色。把大枝按生长情况适当轻拉，使树冠内、树冠下的果实都能着色。

（3）摘除果实。周围叶片果实近成熟前 7～10 d，将挡光叶或贴果叶少量摘去，可使果实全面着色。

（4）地面铺设反光膜。果实着色初期在行间或树冠外围的地面铺设反光膜，不可拉得过紧，地面要整平。

（5）施肥。秋季多施有机肥，生长季少施氮肥，果实着色始期喷 0.3％磷酸二氢钾 2 次。

（六）提高果实品质

1. 采用长枝修剪技术　长枝修剪缓和树体及枝梢营养生长，

夏季徒长枝和过旺枝少，改善了树冠内光热及微气候生态条件，大果率增加，果实色泽、品质大幅提升。

2. 铺反光膜　在果实膨大后期铺镀铝反光膜，反射的散射光对桃果实后期着色极为有利，并可减轻病虫危害，降低土壤表面含水量，在行间和树冠外围下部土壤，铺银色反光膜，成本较低，且可多年重复使用。

3. 摘叶转果　叶片过多影响果实着色，可在果实成熟前 10 d，将挡光的叶片或紧贴果实的叶片摘去部分，有利于果实着色，减少果面机械擦伤。果把较紧密的品种，可轻轻转动部分果面，使着色更均匀（不能强行转果）。

4. 撑拉、吊枝　采用这些方法一是可以缓和枝梢生长势；二是开张角度，促进果实透风通光，使色泽更鲜艳；三是有利于花芽分化。

5. 优化土肥水管理　高温季节，可间种豆科绿肥，采用杂草、秸秆、谷糠、麦壳、LS 地布等覆盖，增施有机肥，平衡配方施肥，特别是适当补充钾、钙肥及硫、镁、硼、锌、铁等中微肥，并采用根外追肥配合。

三、设施桃花果管理配套技术

（一）湿度与光照控制

大棚桃花期前后的温湿度控制十分重要。温度过高，不能正常授粉受精，影响坐果；温度过低，开花不整齐，花期延长，严重时花器受冻。大棚内的温湿度指标，应根据开花进程精确控制。

棚内最高温度出现的时间一般在白天 10 时至 12 时，如最高温度高于 25 ℃，应立即打开通风口、揭开底脚棚膜通风降温，遇到温度下降缓慢的情况，可临时放下部分草帘，但要注意变换草帘位置，以防室内受光不匀。

控制湿度的有效方法：在花前灌水后覆膜或覆细干土，花期尽量不灌水。

桃树喜光，大棚栽培条件下，在一天的大多数时间段光照是不能满足生长发育需求的，必须采用增光措施。除选用透光率高的优质塑料薄膜外，还要采取下列措施：挂反光幕；树下铺反光膜；延长光照时间，缩短覆盖草苫时间；经常清扫棚膜；适当灌水，降低湿度。

(二) 授粉受精

为了提高坐果率，需在配植授粉树基础上，辅助花期人工授粉、生物传粉等技术措施。

1. 人工授粉　在授粉前 2～3 d，采集含苞待放的花蕾，用镊子摘取花药，在光面纸上摊一薄层阴干，在 20～25 ℃室温条件下，经 1～2 d 花药开裂，放出花粉，将花粉收集起来，装入干燥小瓶内避光存放备用。桃树开花时人工授粉，一天中以 9 时至 15 时进行为宜，方法是用毛笔或铅笔的橡皮头蘸取花粉，点抹到刚开放的花朵柱头上，每朵花授 2～3 次。

2. 生物传粉　在棚内放两个能装 10 kg 水果的纸箱，将其改制成巢箱，每箱装芦苇制成的巢管 12 捆，每捆 50 根，巢管平放，管口向外，巢管口染成不同颜色，便于壁蜂识别。巢箱固定在棚室北墙上，距地面 1.5 m，箱前放湿润泥土供壁蜂筑巢用。放蜂时间为花前 8～10 d，方法是：将壁蜂从冷藏箱内取出，放入已钻孔（直径 1 cm）的小纸盒内，将小纸盒放在箱内的巢管捆上，使有孔侧向外。每个棚放壁蜂 500 只。

(三) 促花促果

桃树开花期和花后 10～12 d 喷 2 次人工合成的生长调节剂，如 0.2‰坐果灵 400 倍液，可显著提高坐果率，并且增大果个。

(四) 疏花疏果

1. 疏花疏果作用

(1) 集中养分，减少无效消耗，从而提高坐果率。

(2) 增大果个，改善着色及内在品质，提早成熟，从而提高水果商品价值及经济效益。

(3) 合理负载，维持树势中庸健壮，达到连年丰产、稳产。

2. 疏花 宜在花蕾开始露红、开花前 4～5 d 进行。此时只要用手轻轻将发育差的花蕾去掉即可。

疏花时，长果枝上留中部花蕾，短果枝和花束状果枝上留前部花蕾，双花芽位一般只留 1 个侧花蕾，主、侧枝的枝头附近或幼树的延长枝上不留花蕾，以保持树体正常生长。全树疏除花蕾量一般占总蕾量的 50% 左右。

3. 疏果 一般疏两次。第 1 次疏果在落花后 15～20 d 进行，当果实蚕豆大时，疏掉发育不良果和过密果，使疏后的果实呈三角状排列。这次疏果量较大，可疏掉总果数的 60% 左右。第 2 次疏果实际上就是定果，在落花后 5～6 周进行。通过疏花疏果，使叶果比达到（20～40）：1。

（五）促进果实着色和成熟

主要措施是改善光照和保持昼夜温差，可采用吊果枝、合理修剪、铺反光膜三项措施改善光照。吊枝：先用 16 号铁丝在棚内结成 2 m×2 m 的网格，距地面 1.8 m，用细绳把下垂的长枝拉到树冠上成斜立枝，把长果枝调整到缺枝空间，细绳系到铁丝上。合理修剪：（1）每个骨干枝延长头只保留 1 枝适当方向的 1 次或 2 次旺长新梢，其余疏掉；（2）回缩生长过旺的结果枝，果台梢前只留 1 个平斜新梢；（3）疏除无果枝；（4）适当短截部分遮光新梢。铺反光膜：通过吊枝和修剪，行间留出 0.3～0.4 m 宽的透光带，在透光带下铺 1 m 宽铝箔单层反光膜。果实着色期保持 15～18 ℃ 的昼夜温差，有利于促进着色及成熟。

第七章

桃树设施栽培技术

第一节　品种选择与树形选择

桃树设施生产又称桃树保护地栽培，是指利用各种设施来创造和调控桃树适宜生长发育的小气候，并采取特殊的栽培技术，使在不适宜桃树生长的季节和地区实现预定生产指标的一种生产方式。

根据桃树设施生产目的及上市时间的不同，设施生产可分为避雨栽培、促成栽培、半促成栽培、延迟栽培等不同方式。目前在山西运城地区主要以促成栽培为主，约占设施栽培面积的95％以上。

一、品种选择

(一) 原则

桃树设施栽培对主栽品种的选择应遵循以下原则：三短（进入丰产期短，休眠期短，升温至盛花期时间短）；一优（果实综合性状优异）；一强（对弱光、多湿及变温的适应性要强）。具体来讲要求以选择植株矮小，容易成花，花粉多，自花结实率高，丰产抗病、休眠期短、果实生育期也短的早熟和极早熟品种为主。而延后栽培则要以选择极晚熟、个大、质优、耐贮运、丰产性好的品种为主。

(二) 适宜促成栽培的桃早熟和极早熟品种

1. 油桃品种　中油4号、曙光、艳光、瑞光、早红宝石、丽春、早红2号、NJN 76、早红珠、早美光、华光等。

2. 水蜜桃品种　千姬、千丸、春华、春艳、春蕾、安农水蜜、早醒艳、京春、日川白凤、八幡白凤、早凤王等。

3. 蟠桃品种　早露蟠桃、新红早蟠桃、早蜜蟠桃等。

(三) 适宜延迟栽培的极晚熟品种

中华寿桃、青州蜜桃、白雪红桃等。

二、树形选择

选择适宜的树形，可使树体合理充分地利用设施内的空间、阳光，有利于进行田间管理及适应品种的生长发育习性，达到迅速成形、尽早结果，最大程度地提高经济效益的生产目的。目前生产上常用的丰产树形有自然开心形、丛状形、纺锤形、主干形等。一般来讲日光温室内由于南面低，北面高，南边多采用二主枝开心形或三主枝开心形，中后侧树体则多采用纺锤形、圆柱形等，以便于有效利用空间和光照，获得最大经济效益。

（一）树冠大小合适

设施桃树的树形必须具有成形快、有效结果枝多、骨干枝少的特点。设施内各部位空间大小不同，所选树形应有所区别。在日光温室的前底脚和塑料大棚的边缘低矮处，一般可采用开心形或 Y 形，中部空间大处可选用主干形，以充分利用空间。设施中部桃树的高度距棚膜 50～100 cm，靠边缘 1～2 行桃树的高度距棚膜 30～60 cm；行间有 30～50 cm 的通道，以利通风透光和人工作业。通过选择适宜树形，搭建良好树体骨架，既能充分利用空间，实现立体结果，又不宜超高超大，达到树体枝条密度适宜不郁闭，实现高产优质的目标。

（二）适宜密植和树体控制

设施桃树栽培密度较大（每亩 200～600 株），为防止郁闭，要减少骨干枝，简化树体结构，增加有效结果枝，抬高枝角，减少交叉，培养与维持良好的树冠结构。不仅考虑个体的树冠构成，同时还必须考虑群体结构合理。

（三）整形修剪简单方便

设施桃年生长量大，栽植密度大，每年修剪次数多，修剪量大，所选树形应骨干枝清楚明了，整形修剪技术简单，树下和行间有足够空间，便于进行施肥、疏花疏果、喷药等生产作业。

第二节　设施桃树整形修剪

由于空间受限、栽植密度大、环境差异等因素，桃设施栽培所采用的树形应有别于露地，选择适于设施栽培的桃树树形至关重要。但由于设施桃发展时间短，多数果农套用露地树形，栽培效果差，急需改进和提高。

一、常见树形

（一）三骨扇形

干高 $25\sim35$ cm；1 个直立中心干，直接着生中、小枝组及各类果枝；南北行向，在东西两侧各留 1 个主枝，主枝与中心干夹角为 $45°\sim50°$；直接着生平斜生长的中、小枝组及各类果枝，不留侧枝（图 7-1）。

正面观如扇形，侧面观如细长扁椭圆形。树高 $1.2\sim2$ m，随屋面高矮而定。日光温室内，树体保持南低北高，一面坡式排列，能充分利用空间。

图 7-1　三骨扇形

（二）改良 Y 形

改良 Y 形，也称二主枝自然开心形。它是桃树宽行（行距 4～5 m）密植（株距 1.5～2.0 m）最适宜的树形，而宽行密植是桃树速生丰产的栽培方式，便于机械化操作。骨干枝少，只选留 2 个，树冠通风透光好，适于密植；树体着生的结果枝组和结果枝多；由于是密植株，所以一般不培养大型结果枝组和侧生结果枝组，各类结果枝直接着生在主枝上，分布环绕主枝，以两侧为主。成形后，整个树可着生 60～80 个大小不等的结果枝，树高 2.5～3 m；两主枝夹角 50°～60°，开张角度小，便于机械化操作。外侧枝向主枝背后或稍向两侧伸展；树体结构简单，整形容易。干高 20～35 cm；南北行向，在东西两侧各留 1 个主枝，主枝与中线夹角为 40°～45°（与地面夹角为 45°～50°），主枝上不留侧枝，直接着生中、小枝组及各类果枝。树高 1～2 m，具体依据空间大小而定。日光温室内，树体保持南低北高，一面坡式排列；行间有 30～50 cm 空间，株间可适当交接，整个树冠透光均匀，果实分布合理（图 7-2）。

图 7-2　改良 Y 形

（三）三主枝无侧小冠开心形

适于株行距较大的棚，或老树形改造时采用。目前生产中采用最多，但树形不规范，表现为主干过低（10～20 cm）、开角过大；大枝组和粗枝、大枝过多，有效结果枝少；树体高度不够，空间利用不足（图 7-3）。因为每个树有 3 个主枝，高度密植条件下，相邻树体间总有主枝交叉碰头，相互影响较大，时常需要回缩堵头，如修剪处理不当，往往造成树形紊乱，增加修剪难度。新建棚不宜采用此树形。

图 7-3　三主枝无侧小冠开心形

干高 20～35 cm；3 个主枝均匀伸向 3 个方位，主枝夹角 120°，主枝与地面夹角 45°，主枝上直接着生平斜生长的若干中、小枝组及各类果枝，不留侧枝和大型枝组。树高 1～2 m，保持南低北高，一面坡式排列；行间不交叉，有 15～30 cm 空间，株间可适当交接。

（四）主干形

干高 25～35 cm；1 个直立中心干，直接轮生中、小枝组及各类果枝；无主侧枝之分。树高 1.2～2 m，冠径 1～1.5 m（图 7-4）。当年成形，翌年有产量，3 年丰产，成形快、产量高、结果枝不外移，效益高。

图 7-4　主干形

二、常见树形整形要点

（一）三骨扇形

1. 定植当年整形　定干高度 25～35 cm，前低后高。新梢长到 30 cm 时，靠苗干垂直立竹竿，把顶部健壮新梢绑扶在竹竿上，培养中心干。下部东西两侧各选 1 个健壮新梢斜插竹竿绑扶，向行间延伸，并与中干夹角保持 45°～50°。随着新梢生长，向前逐段绑扶。主枝延长枝头 30～35 cm 长时摘心，促发分枝，培养枝组。苗木主干上其余新梢留 2～3 个，15～25 cm 长时摘心控长，靠近主枝和中心干的拉开或拿枝控制，培养临时结果枝组；主干上其余过低过密的新梢疏除。以后主枝和中心干上发出的副梢，根据空间大小留 20～30 cm 摘心，靠近主枝基部的和中心干上部空间较大处的新梢长留。反复摘心 3～4 次，利用副梢整形和培养枝组。疏除并生枝和过密枝，对直立枝、竞争枝通过拉枝、拿枝等调整枝角和方位，把枝条摆布均匀。多留枝叶，以利于幼树生长，提高产量。

2. 定植第 2 年以后的整形　第 1 年采果后，疏除辅养枝，树体超高超大的回缩主枝和中心干至适当分枝处；大枝组留 1～3 个分枝回缩，疏除过密过大枝组，利用附近的新梢重新培养。所留新梢留 1～3 个饱满芽短截，培养新的结果枝组；需要扩大树冠的骨干枝头适当长留。生长季对中心干上部新梢和枝组通过短摘心、缩剪、疏枝和拿枝等控制上强，保持上小下大、上疏下密状态。

(二) 改良 Y 形

1. 定植当年整形 定干高度为 20～35 cm，南低北高。新梢长到 30 cm 时，东西两侧各选 1 个健壮新梢斜插竹竿绑扶，向行间延伸，并与地面夹角保持 45°～50°。随着新梢生长，向前逐段绑扶。主枝延长枝头 30～35 cm 长时摘心，促发分枝，培养枝组。苗木主干上其余新梢留 2～3 个，15～25 cm 长时摘心控长，靠近主枝的拉开或拿枝扭伤控制，培养临时结果枝组；主干上过低过密的新梢疏除。以后主枝上发出的副梢，根据空间大小留 20～30 cm 摘心，反复摘心 3～4 次，利用副梢整形和培养枝组。少疏枝，多留枝叶，以利于幼树生长，增加第 1 年的结果部位，提高前期产量。对直立枝、竞争枝、并生枝和过密枝，通过拉枝、拿枝等调整枝角和方位，把枝条摆布均匀。

2. 定植第 2 年以后的整形 第 1 年采果后，疏除辅养枝，树体超高超大的回缩控冠；大枝组回缩到下部适当分枝处，疏除过密过大枝组，重新培养。所留新梢留 1～3 个饱满芽短截，培养结果枝组；生长季对主枝上部新梢和枝组通过短摘心、缩剪、疏枝和拿枝等控制上强，通过重摘心控制徒长枝和竞争枝，保持主枝头单轴延伸。

3. 种植第 3 年及以后若干年 夏季修剪仍以摘心为主，辅以修剪和扭梢，同时要开始培养健壮的结果枝组，使其紧靠主干，分布均匀，行间保证通风透光。每年 9 月中旬前后及时回缩修剪，顶端延长枝可以回缩到 2～2.5 m 高。冬季落叶后可视长势进行短截更新，每主枝应留有结果枝 30～40 个 (以长、中结果枝为主)。

(三) 三主枝无侧小冠开心形

与 Y 形相似，参照改良 Y 形。

（四）主干形

采纳圆柱形树形，干高 25～35 cm，主干上直接着生结果枝组，上下结果枝长度相近，整个树冠上下呈圆柱形，枝组基部粗度不能超过着生部位中心干粗的 1/4。

1. 定植当年，采纳高定干，定干高度 25～35 cm，主干不留主枝，直接错落着生结果枝，枝间距 10～15 cm。枝条与主干夹角为 80°～90°，枝条长度为 40～60 cm；随时抹除树干距地面 50 cm 以下萌芽，以利上部枝梢正常生长；采纳扭梢、重摘心技术掌握竞争枝，保持中央领导干的生长优势。5 月上中旬，新梢长至 30 cm 时，在其基部行转枝，掌握树体养分生长。冬剪时，对未达到高度的树体，疏除顶梢上部 40 cm 内的侧枝，以促进树体长高；对已达高度者，留 30 个左右结果枝，疏除重叠枝、过密枝。在中央领导干旁设棚架固定树体，掌握树势平衡。可在不影响主干光照的主干 40 cm 处培育 1～2 个枝组，以掌握树体养分生长。

2. 第二年，夏剪时，保留侧生分枝上距中央领导干最近的 1 个枝，并抹除其靠近中央领导干 20 cm 内的叶片、枝条，起到抑后促前作用；保留新长出全部新梢，并在新梢达 30 cm 时行基部转枝；疏除未结果的 2 年生枝条；新梢长到 40～50 cm 时摘心，促发副梢生长，加速整形，削减冬剪量，缓和树势，促进枝条成花；适当留果，按每枝留 3～4 个果，果实应留在枝条两侧及枝条上部；对中央领导干上的竞争枝，用扭梢、重摘心、疏除等方法处理，保证延长梢生长量达 60 cm。中央领导干延长枝达到 2～3 个时，则疏一留一或疏一留一截一；采果后重短接疏除结果枝条，促发新的结果枝。冬季修剪主要是调整树体结构，疏除过大、过密枝条。

第三节　桃树设施栽培周年生产技术

桃树设施栽培是相对于露地栽培而言的，其主要设施类型是塑料薄膜温室和塑料大棚。桃树设施栽培技术难度大，要求高，管理严格，只有熟练掌握栽培管理技术，才能达到早花、早果、早见效益的目的。

一、扣棚

桃树设施栽培具体的扣棚时间由桃树品种的需冷量确定，只有满足其需冷量后才可扣棚。需冷量通常以经历 7.2 ℃以下温度的小时数来计算，一般桃树的需冷量为 600～1 200 h，当达到这个数值区间就可扣棚。运城市扣棚时间一般在当年 11 月底至 12 月上旬期间，扣棚的同时，要增铺地膜反光，控制温度过高。

二、休眠期管理

（一）通过自然休眠的条件及调控措施

桃通过自然休眠的条件是：绝大多数品种在 0～7.2 ℃的低温条件下经 600～1 200 h 才能通过。此期内，即使给予适合其生长的环境条件，也不能进行正常的发育，故在设施栽培时需要采取一定措施，来满足桃树休眠对低温量的需要，才能完成树体内营养物质的系列转化，为萌芽生长奠定基础。如果尚未通过自然休眠就盲目升温，会出现发芽迟缓、发芽不整齐、花期过长或者芽体枯萎脱落的现象。设施栽培中多采取提前扣棚进行低温处理的措施，即白天覆盖草帘遮光，晚间通风降温来创造桃树休眠所需的低温环境，使桃树在人为控制棚室低温的措施下早日结束自然休眠，提早采取升温措施。辽宁桃农的具体做法是：在 11 月上旬进行扣棚后，在下边留出 50～70 cm 的通风带，并打开设施后墙、室顶等处的通风口，白天覆盖草帘进行遮阴，夜间卷开草帘通风，保持设施内温度在 7.2 ℃以下，确保桃树尽早顺利地通过休眠。经 30 d 后（即 12 月上旬），大多数品种的桃树就可以通过自然休眠，便可采取升温措施打破休眠，尽早转入生长阶段。

需要注意的是：此期既要通过提前扣棚留通风带、覆盖草帘和打开所有通风口来保证桃树通过休眠的低温量，又要注意温度不可过低，以免发生冻害。如桃一般品种可耐－22～－25℃的低温，但低于－25℃就会发生冻害。再如桃树体各器官中以花芽的耐寒能力最弱，若低于－15℃时某些品种花芽就会受冻。因此桃树休眠期间应使设施内的温度保持在－15～7.2℃之间最好。光照调控上主要是采取昼盖晚揭草帘的方法来控制光照度和保持室温在一定范围内。

(二) 休眠期修剪

设施桃树修剪多在秋季落叶后到扣棚前进行。由于设施内栽植密度大于露地，故修剪上必须注意设施内群体结构的调整。同一行树修剪后要做到前低后高，前稀后密，开心树形要做到中间低两侧高，达到通风透光良好。此外，要不断进行枝组的更新复壮，控制枝组的体积大小，结果枝修剪上一般对短果枝不进行处理，而中、长果枝多采用缓放或短截至一定长度处理。此外，亦可将修剪推迟至升温后进行，其准确性将更高。

(三) 催芽技术

设施桃在通过自然休眠期后，便可将棚膜盖严，并关闭通风口，采取升温催芽措施，具体做法是早8时以后打开草帘、纸被进行升温，下午日落时盖好草帘、纸被进行保温。使设施内保持在日平均温度8～10℃。尤其是夜间温度必须控制在2℃以上，室内空气相对湿度控制在70%～80%时有利于萌芽。此外，揭帘升温后，温室内温度要逐步提高。一般前10 d白天温度15～20℃，夜间温度5℃，以后白天温度应控制在20～25℃，夜温控制在7℃，最低不宜低于0℃的范围之内，以免造成棚室内气温高、地温低，出现萌芽过早、先叶后花的非正常物候期现象。此外，亦可采用发枝素处理芽体，促其萌发。这样，一般在升温后40 d左右桃树即可进入萌芽阶段。

(四) 其他

萌芽前应检查棚室内土壤水分含量，如墒情不足，应足量灌水，并于灌水后覆盖地膜来提高地温。当遇到阴天或雪天，棚室内白天光照不足时应采取人工增温措施，如进行生火或者增加照明设施，人为补充光照或于温室后墙面张挂反光膜进行增光、增温等措施。此外，病虫害防治应于升温后1周左右喷一次3～5波美度石硫合剂。

三、萌芽至开花期管理

（一）温、湿度调控

在桃设施栽培中萌芽至开花期的温、湿度的调控至关重要。不可过高或过低，否则将会影响到生长发育的正常进行。如温度，桃从萌芽至开花期，对日平均温度要求是10～15 ℃，最适宜温度为12～14 ℃。此期间，最低温度不能低于6 ℃。当温度降至0～1 ℃时花器便会发生冻害。具体标准如下：萌芽期适宜温度，白天保持在5～25 ℃，夜间不低于5 ℃。初花期白天14～17 ℃，不超过25 ℃，夜间不低于5 ℃。盛花期白天不超过22 ℃，夜间应保持在5 ℃以上。对空气相对湿度要求是萌芽期70%～80%，其他各期均为50%～60%。故生产中要适时放风，降低温室内的温、湿度，以保证树体生长健壮、坐果率提高。此外，为确保湿度不至过高，花前灌水后还应在地面覆加盖地膜，以起到提温、降湿、减少蒸发的作用。

（二）土、肥、水管理

桃在萌芽后每亩应及时追施氮、磷、钾复合肥40 kg，并适量灌水1次。待地面稍干后及时进行中耕松土（深度5 cm左右）和除草1～2次，保持棚室内地面疏松无草洁净状态。追肥时应控制氮肥的施入量，以防止造成花期授粉受精不良及生理落果严重。

（三）光照调控

桃属喜光的树种，生长季需要良好的光照条件。若棚室内光照充足时，非常有利于地温和气温的提高，能促进树体早萌芽，且新梢长势良好，授粉受精良好，坐果率也高。但由于温室内光照度通常只有室外的70%～80%，再加上棚膜上易粘有水滴或遭到灰尘污染，则光照度会进一步降低。此外，如果在萌芽及开花期遭遇到连续的阴雪天气，导致光照条件进一步恶化时，就必须采取人为补充光照的措施，以达到提高设施内温度和光照的目的。具体做法是将白炽灯或日光灯悬挂在温室内离地面 1.5 m 的高处进行补光。还可采取温室后墙面悬挂反光膜的方法，来增加光照度和棚室内的温度。此外对棚膜要选用透性好的无滴膜，人工随时清除棚膜上的灰尘，以确保棚室内透光良好。

（四）人工授粉和花期放蜂

由于设施栽培缺乏自然条件下的授粉受精条件，故应进行人工授粉和花期放蜂来提高坐果率。花期放蜂前应对蜂类进行环境适应锻炼。

四、果实发育期管理

（一）温、湿度调控

桃设施栽培中，果实发育期温、湿度标准：幼果期最高温度应控制在 20～25 ℃，夜温保持在 5 ℃以上；硬核期和果实膨大期白天温度应控制在 25 ℃左右，夜温保持在 10 ℃以上；果实着色期白天温度应控制在 28～30 ℃，夜温应保持在 15 ℃以上。空气相对湿度应控制在 60% 左右。温、湿度调控的途径是通过开关通风口和揭盖草帘的早晚来进行，为防止出现降湿的同时也导致温度不能保证的现象，从而影响到果实的正常生长发育，所以对草帘和纸被要晚揭、早盖，并适当缩短放风时间，放风口尺度也应适当减小。而当温室温度较高时，则采取早揭、晚盖草帘和纸被的方法来适当加大通风量和延长放风时间。最好在每天中午前后放风，既可降湿，又可保持适宜温度。若阴天温室内必需排湿，则需在中午进行短时间的放风。当果实接近成熟采收前 4～5 周，更要注意防止棚室内夜温过高，应在夜晚棚室内温度降到 12～15 ℃时再覆盖草帘。将昼夜温差控制在 15～18 ℃，既可以促进果实提早成熟，又可提高果实品质。

（二）疏花疏果技术

具体技术详见前面项目相关内容。需要说明的是，由于棚室内环境条件不如露地好，故留果量应稍低于露地的标准。

（三）枝梢的修剪

1. 抹芽　设施桃树进入萌芽期后，应及时抹除着生位置不当和过多的萌芽。对剪锯口处萌发的芽也应及时抹除。

2. 摘心、扭梢　对于骨干枝上延长梢和有生存空间位置的新梢，当其长至 20 cm 左右应采取摘心处理，以促发分枝，促进树冠迅速扩大成形和培养。当新梢长到 10～15 cm 时，进行扭梢处理，如此即可提高长果枝的坐果率，亦可防止因枝梢生长过旺而大量产生生理落果。

3. 疏枝、缩剪、短截　对于冠内生长过旺，没有坐果的枝条及背上直立枝要随时进行疏除或缩剪。或采取压弯、拉平，并适当短截等措施处理。对骨干枝的延长枝除保留 1 个方位合适的新梢外，其余的均应加以疏除。以调节树体营养的分配状态，使更多的养分流入果实。总之，由于设施内的光照条件不如露地好，故在生长季修剪中要随时疏、截树冠中无果及过密、直立、遮光的新梢。进入着色期后，对着生有果实的新梢亦可进行适度短截，以促进着色。同时，还要适量保留部分枝叶，维系地上、地下部之间的营养交流。

（四）病虫防治

桃树设施栽培中树体由于处于高温多湿的环境条件之中，各种病虫害发生频繁。防治难度较大，其中主要病害有桃细菌性穿孔病、花腐病、灰霉病、炭疽病等。而发生的主要虫害有桃潜叶蛾、蚜虫、食心虫、红蜘蛛等。具体防治技术可参考露地管理的有关内容，但在用药浓度上应适度减少，以防药害发生。

（五）土肥水管理

1. 土壤管理　鉴于设施内空间限制，故土壤管理采用清耕制较为合理，即经常进行中耕松土、除草、保持地表疏松。特别在每次追肥灌水后更需及时进行，如结合覆盖地膜则更为合理。以达到减少水分蒸发、降低设施内空气相对湿度的目的。

2. 土壤追肥 在桃设施栽培中，1个生长季每亩面积上氮肥的使用量应控制（如尿素用量在 10～20 kg 之间），且多数集中在幼果期施用（即坐果肥，具体时间在落花后 10 d 左右），不可过多，防止发生枝梢旺长。在施氮肥的同时还要配合施入适量的磷钾肥，以满足树体对磷钾元素的需求。第二次追肥在硬核末期进行（即催果肥），每株施高钾型果树专用复合肥 250～350 g，以促进果实膨大和着色，提高商品果率。

3. 叶面喷肥 生产上一般在坐果后结合喷药叶面喷施 0.2%～0.3%尿素液 1～2 次，果实膨大期喷 0.3%磷酸二氢钾 1～2 次，共计 2～4 次。每次间隔时间应保持在 10 d 左右，至采果前 20 d 结束。

4. 灌水 一般要求在每次土壤追肥后及时灌水一次，最好采用管道滴管的方式进行，并控制好水量。其他灌水时间应根据土壤墒情灵活掌握，但采果前 15 d 左右应停止灌水，以免发生裂果和品质下降。

（六）果实采收

棚室内不同位置光照条件的差异，导致果实成熟期亦不同，应根据上市时间顺序进行分期分批采收。采果要在清晨或傍晚低温时进行。采果时要轻拿轻放，带上果柄，亦可带梢叶剪下，既可以增加销售时的新鲜度吸引顾客，又为下部果实打开了光路，促其尽快着色，成熟上市。应用人工生长调节剂在桃树开花期和花后的 10～15 d，喷洒 2 次人工合成促进坐果的生长调节剂，如 0.2%坐果灵或果实增大增色灵 400 倍液，可显著提高大棚桃树坐果率，可达到 63%，且增大果个。采收要根据品种特性、用途、销售地远近等条件适时采收。就地销售可在 9 成熟时采；近距离运输在 8 成熟时采；远销 7 成熟时就可采收。采后进行分级包装，以待销售。

五、采后落叶期管理

桃树设施栽培在果实采收后要及时撤除棚膜，并立即进行冬前预剪。此时正值 4～5 月，桃树枝叶生长繁盛，有空间时对新梢进行短截或摘心，促进树冠扩大；无空间时进行缩减，对直立枝、过密枝、病虫枝进行疏除，达到空间的合理使用，修剪后每株沟施高氮型复合肥 200～250 g，并及时灌水 1 次，促发新梢，当其长到 20～25 cm 时进行摘心，促使副梢发生，至 8 月初树冠便可基本恢复。其间，自 7 月上中旬开始，便应采取控长措施以确保大多数新梢在 7 月底前封顶停长，顺利转入花芽分化。

第八章

桃树病虫害防治

第一节　桃树病害及防治

一、桃树霉斑穿孔病

（一）症状

桃树霉斑穿孔病，该病主要为害叶片和花果。

1. 枝叶　新梢发病时，以芽为中心形成长椭圆形病斑，边缘紫褐色，并发生裂纹和流胶。较老的枝条上形成瘤状物。瘤为球状，占枝条四周面积 1/4～3/4 叶片。病斑初淡黄绿色后变为褐色，圆形或不规则形，直径 2～6 mm。幼叶被害大多焦枯，不形成穿孔。温度高时，在病斑背面长出黑色霉状物，有的延至脱落后产生。病斑脱落后在叶上形成穿孔（图8-1）。

图8-1　桃树霉斑穿孔病

2. 花器　花梗染病，未开花即干枯脱落。

3. 果实　病斑小而圆，初为紫色，渐变褐色，边缘红色，中央稍凹陷。

（二）发病规律

1. 品种因素　粘核桃品种较易感病，嫩叶最易发病。

2. 气候因素　低温多雨利其发病。

3. 土壤　土内过度缺肥也会促使植株感病。病原以菌丝体或分生孢子在病叶、枝梢或芽内越冬。桃树枝条或芽外覆有胶质层，利于病原抵抗低温，春天借风雨传播，先从幼叶侵入进行初侵染，产生新的孢子后，再侵入枝梢或果实。

（三）防治方法

1. 加强栽培管理　增强树势合理施肥，增施有机肥，避免偏施氮肥。对地下水位高或土壤黏重的桃园，要改良土壤，及时排水。合理整形修剪，及时剪除病枝，彻底清除病叶，予以集中烧毁或深埋。

2. 实施药剂防治 早春喷洒 50％甲基硫菌灵可湿性粉剂 500 倍液，或 50％苯菌灵可湿性粉剂 1 500 倍液，1∶1∶120 波尔多液，30％绿得保胶悬剂 400～500 倍液，25％丙环唑水乳剂1 000～1 500 倍液喷雾。

二、桃树霉心病

（一）症状

病菌主要为害果实，发生霉心病时，一般症状不明显，较难识别。其主要症状有两种类型：一是果实心室霉变。发病初期，在果实心室与萼筒相连的一端出现淡褐色、不连续的点状或条状小斑，逐渐扩展形成不规则黑褐色斑块，导致心室壁变色。有的病果在心室出现灰白色、褐色、黑色或粉红色霉状物，严重时种子腐烂。心室以外的果肉完好，果实外部仍可食用。二是果心腐烂。果实病部发生病变，向周围的果肉扩展，引起腐烂（图 8-2）。腐烂部位黄

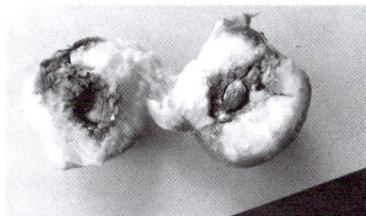

图 8-2 桃树霉心病

褐色，味苦。腐烂范围大小不等，有时可达到果皮以下。这种类型的果实不能食用。

（二）发病规律

霉心病菌除以菌丝体潜存于桃树树体中以及残留在树上或土壤等处的病僵果内之外，还可以孢子潜藏在芽的鳞片间越冬，翌年以孢子传播侵染。霉心病具有早期侵染的特性，大量侵入时期为花期，病菌侵入后在果心内呈现潜伏侵染状态，随着果实继续发病，最终使果实腐烂。6月下旬在树上可解剖到腐烂病果。果实发育后期为多，病果极易脱落。

（三）防治方法

1. 清除病原　结合冬剪，将树上枯死枝条、干橛、小僵果等枯死部位清理干净，进行集中烧毁或深埋，可减少病菌在树体上宿存部位、减少菌源数量。

2. 药剂防治　要抓住此病花期侵染但不表现的特点，掌握好喷药关键时期。可选择80％代森锰锌可湿性粉剂600～800倍液喷雾，10％苯醚甲环唑可湿性粉剂1 500～2 500倍液喷雾，80％福美双水分散粒剂1 000～1 200倍液喷雾。

3. 合理修剪　保持树冠通风透光，注意排涝，合理增施有机肥。对需要贮藏运输的果实要严格剔除病果及残次、受伤果。

三、桃树干腐病

（一）症状

桃树干腐病大多发生在树龄较大的主干和主枝上（图8-3）。发病初期，病斑以气孔为中心突起，暗褐色，表面湿润。病斑皮层下有黄色黏稠的胶液。病斑长形或不规则形，一般局限于皮层，但在衰老的树上可深入到木质部。以后发病部位逐渐干枯凹陷，黑褐色，并出现较大的裂缝。发病后期，病斑表面长出大量的梭形或近圆形的小黑点（子座），有时数个小黑点密集在一起，从树皮裂缝中露出，大小一般为1～8 mm。多年受害的老树，造成树势衰弱，严重的引起整个侧枝或全树枯死。

（二）发病规律

桃树干腐病菌属于子囊菌亚门真菌。病菌以菌丝体、子座在枝干病组织内越冬，第二年4月产生孢子，借风雨传播，通过伤口或皮孔侵入，潜育期一般为6～30 d。温暖多雨天气有利于发病。当温

图8-3　桃树干腐病

度较高时，病害发展受抑制，如南方在 7 月下旬以后，温度高达 28～31 ℃，停止发病。干腐病菌是一种弱寄生菌，只能侵害衰弱植株，一般树龄较大、管理粗放及树势弱的果园，发病较重。

（三）防治方法

1. 加强栽培管理　在桃树丰产后，增施有机肥料，增强树势，提高抗病力。冬季做好清园工作，收集病死枝干集中烧毁。及时做好树干害虫的防治工作，减少伤口，防止发病。

2. 刮除病斑　此病为害初期一般仅限于表层，开春后要加强检查，及时刮除发病部位。刮除后，用 402 抗菌剂 50 倍液或 40％福美胂可湿性粉剂 50 倍液消毒伤口，再外涂波尔多液保护。

3. 药剂防治　发病较重的果园，在桃树发芽前，用 402 抗菌剂 100 倍液涂刷病斑，杀灭越冬菌源。生长期喷 50％多菌灵可湿性粉剂 800 倍液或 50％硫悬浮剂 500 倍液。在喷杀菌剂时，要全面喷湿主干和大枝，以保护枝干，防止病菌侵入。

四、桃树黑星病

（一）症状

该病主要为害果实，也能侵害叶片和新梢。果实发病时多在肩部产生暗褐色圆形小点，逐渐扩大至 2～3 mm，后呈黑色痣状斑点，严重时病斑聚合成片。病菌扩展一般仅限于表皮组织。当病部组织坏死时，果实仍继续生长，病斑处常出现龟裂，呈疮痂状，严重时造成落果（图 8 - 4）。枝梢发病，病斑暗绿色，隆起，常发生流胶，病健组织界限明显。叶片发病开始于叶背，形成不规则多角形灰绿色病斑，以后病斑干枯脱落，形成穿孔，严重时引起落叶。叶脉发病呈暗褐色长条形病斑。

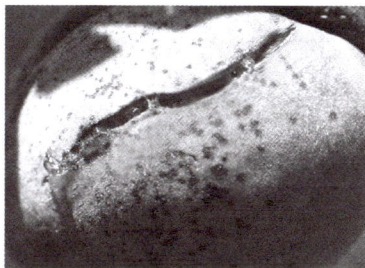

图 8 - 4　桃树黑星病

（二）发病规律

病原菌以菌丝体在枝梢的病部越冬。第二年4月下旬至5月中旬形成分生孢子，成为初次侵染来源。病原菌经风雨传播，分生孢子萌发后直接穿透寄主表皮侵入。病菌侵染果实时潜育期可达40～70 d，侵染新梢和叶片为25～45 d。4～6月多雨潮湿发病重，地势低洼潮湿、果园定植过密或树冠郁闭也利于病害的发生。果实在6月开始发病，7月为盛发期。晚熟品种发病较重。该病的发生与气候、果园地势及品种有关，特别是春季和初夏及果实近成熟期的降水量是影响该病发生和流行的重要条件。此间若多雨潮湿易发病。果园地势低洼，栽植过密，通风透光不好，湿度大发病重。

（三）防治方法

1. 农业防治　种植抗病早熟品种；结合冬剪，剪除病枝梢，带出园外烧毁，消灭越冬病源。重视夏剪，加强内膛修剪，促进通风透光，降低果园湿度。适时套袋，落花后3～4周进行套袋。

2. 药剂防治　开花前喷5波美度石硫合剂加0.3％五氯酚钠，45％晶体石硫合剂30倍液，铲除枝梢上的越冬菌源；落花后半个月喷药，常用药剂有12％绿乳铜600倍液，70％代森锰锌可湿性粉剂500倍液，80％炭疽福美可湿性粉剂800倍液，50％苯菌灵可湿性粉剂1 500倍液，70％甲基硫菌灵超微可湿性粉剂1 000倍液，10％苯醚甲环唑水分散粒剂（世高）6 000～7 000倍液，以上药剂与硫酸锌石灰液交替使用，效果较好，每隔10～15 d防治1次，共防治3～4次；套袋前喷施1次杀菌剂，如70％甲基硫菌灵超微可湿性粉剂1 000～1 500倍液。

五、桃树干枯病

（一）症状

主要为害主干和大枝（图8-5），症状较隐蔽，初病部略凹陷，可见米粒大小胶点状物，后逐渐现出椭圆形紫红色凹陷斑，胶点逐渐增多，胶量增大，严重者树干流胶。胶点初为黄白色，后变褐或棕褐色至黑色，胶点处病组织变成黄褐色，呈湿润状腐烂，可深达木质部，散出酒糟气味。后期病部干缩、凹陷，表面生有黑色小粒点，即病菌子座，湿度大时，涌出橘红色孢子角。剥开病部树皮，黑色子座壳尤为明显，成为本病重要特征。

图 8-5　桃树干枯病

（二）发病规律

病原菌以菌丝体、子囊壳及分生孢子器的形式在病部越冬。树势弱、园地湿、土质黏重、冬季枝干受冻及修剪过重、枝干伤口过多且愈合不良，以及日灼等，都会引起病害发生。

（三）防治方法

1. 农业防治　加强果园肥水管理，合理修剪，合理留果，防止树势衰退。

2. 药剂防治　可选择 80% 乙蒜素乳油 800～1 000 mg/kg 喷雾，不能与碱性农药混用，可以与其他作用机制不同的杀菌剂轮换使用，延缓抗药性产生。或选用 30% 戊唑·多菌灵可湿性粉剂 600～800 倍液喷雾，可以与其他作用机制不同的杀菌剂轮换使用，延缓抗药性产生。

六、桃树叶斑病

（一）症状

主要为害叶片，产生圆形或近圆形病斑，茶褐色，边缘红褐色，秋末出现黑色小粒点，最后病斑脱落形成穿孔（图 8-6）。8～9 月发生。叶斑病病斑圆形，茶褐色，后变为灰褐色，上生黑色小点，后期也形成穿孔。

（二）发病规律

以菌丝体和分生孢子器在落叶上越冬。翌春产生分生孢子，借风雨传播进行初侵染和再侵染。秋季发病较多，降雨多或秋雨连绵时发病重。

（三）防治方法

精心养护，增强树势，可减少发病。可选择 80％多·锰锌

图 8-6　桃树叶斑病

可湿性粉剂 600～800 倍液喷雾，在病害初发期均匀喷雾，连用 3 次，每隔 7～10 d 用药一次，该药不能与铜及强碱性农药混用，在喷过铜、汞、碱性药剂后要间隔一周后才能用药。也可选用 50％代锰·戊唑醇可湿性粉剂 1 000～2 000 倍液喷雾，使用时兑水对全株茎叶均匀喷雾，每隔 10～15 d 喷雾一次，连续喷施 3～5 次，应与其他作用机制不同的杀菌剂轮换使用，延缓抗药性产生。

七、桃树褐锈病

（一）症状

初秋常可引起早期落叶，削弱树势。全国各地均有发生。新梢于 5 月产生淡褐色病斑（图 8-7）。主要为害叶片，6 月叶背出现小圆形褐色疱疹状斑点，稍隆起，破裂后散出黄褐色粉末。在病斑相应的叶正面，发生红黄色、周缘不明显的病斑。后期在叶背褐色斑点间，出现深栗色或黑褐色斑点。严重时，叶

图 8-7　桃树褐锈病

片常枯黄脱落。果实病斑呈褐色至浓褐色，椭圆形，大小 3～7 mm。病斑中央部稍凹陷，然后病斑向果肉内部纵深发展，并出

现深的裂纹。

（二）发病规律

桃树褐锈病的病原主要以冬孢子在落叶上越冬，也可以菌丝体在白头翁和唐松草的根或天葵的病叶上越冬，南方温暖地区则以夏孢子越冬。6～7月开始侵染，8～9月进入发病盛期。

（三）防治方法

1. 农业防治　冬季扫除落叶，并集中烧毁。铲除桃园附近的中间寄主白头翁、唐松草等。

2. 药剂防治　生长季节结合防治桃褐腐病和黑星病喷药保护。秋天冬孢子形成期间喷 0.5 波美度石硫合剂，或 65% 代森锌可湿性粉剂 500 倍液。连用 2 次，间隔 12～15 d。也可每亩喷施 44% 三唑醇悬浮剂 18～24 mL，在锈病发病前或初期开始全田喷雾，选无风下午喷药为宜，喷药时做到均匀一致，根据病情，隔 7～10 d 再喷一次。使用唑类药剂防治锈病时，幼嫩花木及草坪一定要注意使用的安全间隔期，不可加量和缩短间隔期使用，以免发生矮化效果。

八、桃树实腐病

（一）症状

桃树实腐病主要为害果实。桃果实自顶部开始表现为褐色，并伴有水渍状，后迅速扩展，边缘变为褐色（图 8-8）。感病部位的果肉为黑色且变软，有发酵味。感染初期病果看不到菌丝，后期果实常失水干缩形成僵果，表面布满浓密的灰白色菌丝。

图 8-8　桃树实腐病

（二）发病规律

桃园密闭不透风、树势弱发病重。

1. 越冬　病原以分生孢子器在僵果或落果中越冬。

2. 侵染　春季产生分生孢子，借风雨传播，侵染果实。果实近成熟时，病情加重。

（三）防治方法

1. 农业防治　注意桃园通风透光，增施有机肥，控制树体负载量；减少初侵染源；清除园内病僵果及落地果实，减少菌源。

2. 药剂防治　发病初期开始喷药，常用药剂有 50%速克灵可湿性粉剂 2 000 倍液，50%本菌灵可湿性粉剂 1 500 倍液，50%多菌灵可湿性粉剂 700～800 倍液，70%甲基硫菌灵超微可湿性粉剂 1 000～1 200 倍液，36%甲基硫菌灵悬浮剂 600 倍液，60%防霉宝可湿性粉剂 800 倍液。每隔 10～15 d 喷药防治 1 次，共防治 3～4 次。

九、桃树白粉病

（一）症状

桃树白粉病是最耐干旱的真菌病害，一般在温暖、干旱的气候条件下严重发生。在日光温室中尤其是苗期很容易蔓延。发病初期叶片正面形成浅黄色小圆斑，背面着生白色粉状物，病斑处叶片不平整，严重时病叶紫红色，早落。秋季病斑处出现黑色小粒（闭囊壳）。该病主要为害叶片和新梢，影响光合作用，减弱树势。幼苗发病重于成树。

1. 枝干　新梢被害在老化前出现白色菌丝。

2. 叶片　9 月以后，叶片初现近圆形或不定形白色霉点，后霉点逐渐扩大，发展为白粉斑。粉斑可互相连合为斑块，严重时叶片大部分乃至全部为白粉状物所覆盖。发病后期叶片褪绿，皱缩，干枯脱落（图 8-9）。

3. 果实　果实 5～6 月出

图 8-9　桃树白粉病

现白色圆形或不规则形的菌丝丛，粉状，接着表皮附近组织枯死，形成浅褐色病斑，后病斑凹陷，硬化。

（二）发病规律

病原菌以子囊壳或菌丝越冬，第二年春天放出子囊壳作为初侵染源。粘毛单囊壳以菌丝在最里面的芽鳞片表面越冬，翌年产生分生孢子进行初侵染和多次再侵染。分生孢子萌发适温 21～27 ℃，高于 35 ℃，低于 4 ℃不能萌发。

（三）防治方法

1. 农业防治 秋天落叶后及时清洁果园，将落叶集中烧毁，以消灭越冬病原菌。

2. 药剂防治 发芽前全园喷药，常用药剂有 2～3 波美度石硫合剂、25％三唑酮 3 000 倍液、95％精品索利巴可溶性粉剂 150～200 倍液，杀灭越冬树上的病菌；发芽后、开花前、落花后各喷药 1 次，可用 62.25％仙生可湿性粉剂 600 倍液，15％三唑酮可湿性粉剂 1 500～2 000 倍液及 12.5％烯唑醇可湿性粉剂 2 000～2 500 倍液。

十、桃树根霉软腐病

（一）症状

桃树根霉软腐病主要为害果实。熟果或贮运期染病，初生浅褐色水渍状圆形至不规则形病斑，扩展很快，病部长出疏松的白色至灰白色棉絮状霉层，致果实呈软腐状，后产生暗褐色至黑色菌丝、孢子囊及孢囊梗（图 8-10）。

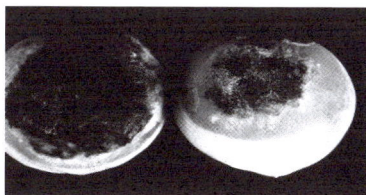

图 8-10 桃树根霉软腐病

（二）发病规律

病原菌物广泛存在于空气、土壤、落叶、落果上。在高温高湿条件下极易从成熟果实的伤口侵入果实，且通过病健果接触传播蔓延。温暖潮湿利其发病。除侵染桃外，还危害杏、苹果、梨等多种果实。

（三）防治方法

1. 农业防治　雨后及时排水，严防湿气滞留，改善通风透光条件。采收过程中千方百计减少伤口。单果包装。在低温条件下运输或贮存。

2. 药剂防治　每亩可喷施 76% 丙森·霜脲氰可湿性粉剂 159～189 g（保护性），或 687.5 g/L 的氟菌·霜霉威悬浮剂 60～75 mL（保护＋治疗），兑水 45～75 L，叶面均匀喷雾，在病害发生初期使用效果好，每隔 7～10 d 使用一次。也可选择每亩喷施 722 g/L 的霜霉威水剂 80～100 mL（保护＋治疗），在发病前或初期及时喷药，每隔 7～10 d 使用一次。

十一、桃树根腐病

（一）症状

桃树根腐病发现较晚。在桃树生长期要多检查，发现桃叶较黄，枝条衰弱，树枝、树干没有其他病虫为害现象，就应把根挖出检查是否有根腐病。叶片焦边枯萎，嫩叶死亡，新梢变褐枯死，根部表现木质坏死腐烂，严重时整株死亡。

1. 急性症状　中午 13～14 时高温以后，地上部分叶片突然失水干枯，病部仍保持绿色，4～5 d 青叶破碎，似青枯状，凋萎枯死。

2. 慢性症状　病情来势缓慢，初期叶片颜色变浅，逐渐变黄，最后显褐色干枯，有的呈水烫状下垂，一般出现在少量叶片上，严重时整株枝叶发病，过一段时间萎蔫枯死。发病重的植株，根部腐烂（图8-11）。

图 8-11　桃树根腐病

（二）发病规律

病菌为土壤习居菌，营腐生生活，当根系生长衰弱时，抗病能力下降，病菌趁机侵入引起发病，发病高峰期在春季 4～5 月和秋季 8～9 月。土壤条件差，排水不良、通气性差，有机质含量低，沙质土壤或黏度大的土壤，根系发育不良，易引起发病。前茬栽种过李、杏或其他苗木之类的土壤，病菌累积多，发病重。管理粗放，桃树生长势弱，抗病性差，发病重。

（三）防治方法

1. 农业防治 疏松土壤，9 月挖大槽，深施有机肥（一般槽深 50～100 cm）。通过修剪，合理负载，保持树势健壮。均匀供水，不要浇水太勤，也不要长期干旱，具体的灌水时期应根据桃树不同生育时期的需水情况、降水量多少、土壤性质等方面来确定。加强土肥水管理，增施有机肥和钾肥，合理灌溉，提高有机质含量，改善土壤结构。生长季节及时中耕除草保墒。活化土层，抓紧防治其他病虫害，合理修剪，控制大小年，保持树势健壮。

2. 药剂防治 可使用 68%噁霉·福美双可湿性粉剂 800～1 000 倍液灌根，发病初期用药，连用 3 次，每次间隔 10 d，每株用药 600 mL 左右。病株四周适当深挖，把根系挖掉一些，天气好的晒几天太阳，然后在根部浇灌溃腐灵 500 倍液，最好从无病地挖黄泥，填到根的四周。树上枝条进行适当重修剪，长结果枝进行短截，促发新枝梢，为明年结果打下较好的基础。

十二、桃树煤污病

（一）症状

为害桃树叶片、果实和枝条。

1. 枝干 被害处初现污褐色圆形或不规则形霉点，后形成煤烟状黑色霉层，部分或布满枝条。

2. 叶片 叶片正面产生灰褐色污斑，后逐渐转为黑色霉层或黑色煤粉层，这是桃树煤污病的重要特征（图 8-12）。

图 8-12 桃树煤污病

严重时叶片提早脱落。

3. 果实 表面布满黑色煤烟状物，严重降低果品价值。

（二）发病规律

湿度大、通风透光差以及蚜虫等刺吸式口器昆虫多的桃园往往发病重。主要是介壳虫类的影响，以龟蜡蚧为主。因其繁殖量大，产生的排泄物多，且直接附着在果实表面，形成煤污状残留，用清水难以清洗。病原以菌丝体和分生孢子在病叶上、土壤内及植物残体上越冬。翌春条件适宜时产生分生孢子，借风雨或蚜虫、介壳虫、粉虱等昆虫传播蔓延，进行初侵染和再侵染。

（三）防治方法

1. 农业防治 增加桃园通透性，雨后及时排水，防止湿气滞留；及时防治蚜虫、粉虱及介壳虫。

2. 药剂防治 零星发生时及时喷药，常用药剂有40％克菌丹可湿性粉剂400倍液，40％大富丹可湿性粉剂500倍液，50％苯菌灵可湿性粉剂1 500倍液，40％多菌灵胶悬剂600倍液，50％多霉灵（乙霉威、万霉灵）可湿性粉剂1 500倍液，65％抗霉灵（硫菌霉威）可湿性粉剂1 500～2 000倍液。每隔15 d左右防治1次，视病情防治1～2次。

十三、桃树木腐病

（一）症状

桃树木腐病又称心腐病，主要为害桃树的枝干和心材，引起心材腐朽（图8-13）。发病树木质部变白疏松，质软且脆，腐朽易碎。病部表面长出灰色的病原菌子实体，多由锯口长出，少数从伤口或虫口长出，每株形成的病原菌子实体

图8-13 桃树木腐病

1个至数十个。以枝干基部受害重，常导致树势衰弱，叶色变黄或过早落叶，引起产量降低或不结果。

（二）发病规律

老树、病虫树及管理不善、伤口多的桃园常发病严重。病原菌在受害枝干的病部越冬，条件适宜时产生大量担孢子，借风雨传播飞散，经锯口、伤口侵入。病原菌侵入后在木质部内扩展为害，引起木质部腐朽。衰弱树、老龄树受害严重。

（三）防治方法

发现病死及衰弱的老树，应及早挖除烧毁；对树势弱、树龄高的桃树，应采用配方施肥技术，恢复树势，以增强抗病力；发现病树长出子实体后，应立刻削掉，集中烧毁，并涂1％硫酸铜消毒；减少伤口，锯口可涂10％硫酸铜消毒后，再涂波尔多液或煤焦油等保护。

十四、桃树软腐病

（一）症状

桃树软腐病主要为害近成熟期至贮运期的果实。发病初期病果表面产生黄褐色至淡褐色腐烂病斑，圆形或近圆形；随病斑发展，腐烂组织表面逐渐产生白色霉层，渐变成黑褐色，霉层表面密布小黑点；病斑扩展迅速，很快导致全果呈淡褐色软腐；发病后期病斑表面布满黑褐色毛状物（图8-14）。

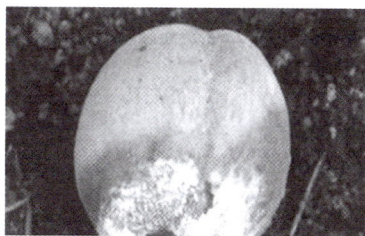

图8-14 桃树软腐病

（二）发病规律

病原菌在自然界广泛存在，借气流传播，主要从伤口侵入，另外还可通过病健果接触传播。果实受伤是诱发该病的主要因素，高温下贮运果实发病严重。

（三）防治方法

1. 农业防治　防止果实受伤；合理浇水，防止果实自然裂伤；合理采摘，避免果实碰伤；精心挑选，防止伤果进入贮运场所；用靓果安喷雾。尽量采用低温贮运，有利于控制病害。

2. 药剂防治　生长后期注意蛀果害虫及果实病害防治。每亩可喷施 76% 丙森·霜脲氰可湿性粉剂 159～189 g（保护性），或 687.5 g/L 的氟菌·霜霉威悬浮剂 60～75 mL（保护＋治疗），兑水 45～75 L，叶面均匀喷雾，在病害发生初期使用效果好，每隔 7～10 d 使用一次。也可选择每亩喷施 722 g/L 霜霉威水剂 80～100 mL（保护＋治疗），在发病前或初期及时喷药，每隔 7～10 d 使用一次。

十五、桃树黑斑病

（一）症状

该病主要为害果实，从果实近成熟期开始表现症状。果实受害多发生在果实尖部及腹部（图 8-15）。发病初期果实尖部及腹部先产生水渍状晕斑，继而病斑呈淡褐色腐烂，明显凹陷；后期病斑表面产生墨绿色至黑色霉状物。有时病斑从果实伤口处开始发生。典型病斑表面霉状物略呈轮纹状排列，严重时果实大部分腐烂，完全丧失食用价值。

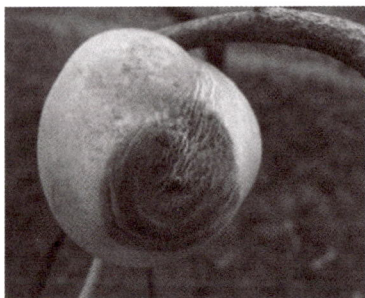
图 8-15　桃树黑斑病

（二）发病规律

病原菌是一种弱寄生菌，在自然界广泛分布，没有固定越冬场所，主要通过气流和风雨传播，从伤口及衰弱组织侵染危害。

1. 气候因素　一般在雨后 4～15 d 发病重。

2. 密度　密植树发病轻，非密植树发病重，但树冠上部的病情并无明显差异。

3. 树体 成龄树发病重，树体上部病果较多。

病原在花芽鳞片上越冬，雌蕊及幼果果尖的黑斑病带菌率在开花后是逐渐增加的。花瓣萎蔫带菌率明显增长。病原侵入期是从开花期开始，花瓣萎蔫期至盛花后 40 d 左右形成侵染高峰。果实症状最早在 7 月中旬开始出现，大部分病果出现在 7 月下旬以后。

（三）防治方法

1. 农业防治 增施农家肥、绿肥等有机肥，避免偏施氮肥，适量施用钙肥；合理修剪，使果园通风透光，降低果园中的湿度；干旱季节及时浇水，雨季注意排水，保证树体水分平衡供应，防止果实开裂；生长期适当喷钙，提高果实含钙量。

2. 药剂防治 从落花后 3～5 d 开始喷药，常用药剂有 80％大生 M - 45 可湿性粉剂 600～800 倍液，1.5％多抗霉素可湿性粉剂 300～400 倍液，50％扑海因可湿性粉剂 1 000～1 200 倍液，1∶4∶240 波尔多液等。每隔 10～15 d 防治 1 次，共防治 3～4 次。

十六、桃缩叶病

（一）症状

桃缩叶病主要为害叶片，严重时也可以为害花、幼果和新梢。嫩叶刚伸出时就显现卷曲状，颜色发红。叶片逐渐开展，卷曲及皱缩的程度随之增加，致全叶呈波纹状凹凸，严重时叶片完全变形（图 8 - 16）。病叶较肥大，叶片厚薄不均，质地松脆，呈淡黄色至红褐

图 8 - 16 桃缩叶病

色；后期在病叶表面长出一层灰白色粉状物，即病菌的子囊层。病

叶最后干枯脱落。在新梢下部先长出的叶片受害较严重，长出迟的叶片则较轻。如新梢本身未受害，病叶枯落后，其上的不定芽仍能抽出健全的新叶。新梢受害呈灰绿色或黄色，比正常的枝条短而粗，其上病叶丛生，受害严重的枝条会枯死。花和幼果受害后多数脱落，故不易觉察。未脱落的病果，发育不均，有块状隆起斑，黄色至红褐色，果面常龟裂。这种畸形果实，不久也要脱落。

（二）发病规律

桃缩叶病菌以子囊孢子或芽孢子在桃芽鳞片上或潜入鳞片缝内越冬。翌年春季桃树萌芽时，越冬孢子也萌发长出芽管侵染嫩芽幼叶引起发病。初侵染发病后产生新的子囊孢子和芽孢子，通过风雨传播到桃芽鳞片上并潜伏在内进行越冬，当年一般不发生再侵染。桃缩叶病的发生与春季桃树萌芽展叶期的天气有密切关系：低温、多雨潮湿的天气延续时间长，不但有利于越冬孢子的萌发，而且还延长了桃树萌芽展叶的时间，即延长了侵染时期，因而发病就重，若早春温暖干旱，发病就轻。一般早熟品种较中、晚熟品种发病重。

（三）防治方法

1. 药剂防治　在早春桃发芽前喷药防治，可达到良好的效果。如果错过这个时期，而在展叶后喷药，则不仅不能起到防病的作用，且容易发生药害，必须引起注意。

在早春桃芽开始膨大但未展开时，喷施 5 波美度石硫合剂一次，这样连续喷药 2～3 年，就可彻底根除桃缩叶病。在发病很严重的桃园，由于果园内菌量极多，一次喷药往往不能全歼病菌，可在当年桃树落叶后（11～12 月）喷 2%～3% 硫酸铜一次，以杀灭黏附在冬芽上的大量芽孢子。到第二年早春再喷 5 波美度石硫合剂一次，使防治效果更加稳定。早春萌芽期喷用的药剂，除 5 波美度石硫合剂外，也可喷用 1% 波尔多液。喷药后，如有少数病叶出现，应及时摘除，集中烧毁，以减少第二年的菌源。发病重、落叶多的桃园，要增施肥料，加强栽培管理，以促使树势恢复。

2. 摘除病梢，加强管理　当初见病叶而尚未出现银灰色粉状物前摘除销毁，可减少翌年的越冬菌量。对发病树应加强管理，追施肥料，使树势得到恢复，增强抗性。

十七、桃褐腐病

（一）症状

褐腐病主要为害桃树的花、叶、枝干和果实，以果实最重（图 8-17）。

图 8-17　桃褐腐病

1. 枝干　新梢发病，病斑长圆形，褐色，后期中央凹陷，边缘紫褐色，常发生流胶，当病斑扩大至围绕枝梢一周后，病梢上部枯死。

2. 叶片　嫩叶染病，多从叶缘开始，产生圆形褐色水烫状斑点，很快扩大，边缘绿褐色，中部黄褐色，可见深浅相间的轮纹，后扩展到叶柄，全叶枯萎，病叶残留于枝上经久不落。

3. 花器　先侵染花瓣和柱头，初呈现褐色水渍状斑点，后期花萎凋，花朵成喇叭状，无力张开，花瓣顶部变褐色，花柱肿大畸形。潮湿天气病花迅速腐烂，表面丛生灰霉；天气干燥时则萎垂干枯，残留枝上，严重的花芽松散干枯。

4. 果实　采收前病果初期呈现褐色、圆形小病斑，而后病斑扩展很快，并露出灰色、粉状小球，呈同心轮纹排列，病果大部分或全部腐烂，最后呈僵果干枯挂在树上。

（二）发病规律

1. 时期 桃花芽破口期、幼果至硬核期、采果前后期、采后至销售贮运期和连续台风出现的秋雨连绵高湿期发病重。

2. 品种 一般凡成熟后质地柔嫩，汁多，味甜，皮薄的品种比较感病。

3. 气候 春夏之间雨水多，秋雨季节，沿河多雾有利于发病。果实贮运中如遇高温高湿，损失更重。

4. 虫害 蚜虫、介壳虫、叶蝉、椿象等造成桃树伤口，传播病原。

5. 环境 清园不彻底，地势低洼，通风透光较差，发病较重。

6. 苗木 未经检疫从病区及老栽植区引种的接穗苗木带菌，发病多。病原主要以菌丝体或菌核在僵果或枝梢的溃疡部越冬，翌春条件适宜时产生分生孢子，靠风雨传播，进行初侵染和再侵染。

（三）防治方法

1. 消灭越冬菌源 结合修剪做好清园工作，彻底清除僵果、病枝，集中烧毁，同时进行深翻，将地面病残体深埋地下。

2. 及时防治害虫 如桃象虫、桃食心虫、桃蛀螟、桃椿象等，应及时喷药防治。有条件套袋的果园，可在 5 月上中旬进行套袋。

3. 药剂防治 桃树发芽前喷布 5 波美度石硫合剂或 45% 晶体石硫合剂 30 倍液。落花后 10 d 左右喷施 65% 代森锌可湿性粉剂 500 倍液，50% 多菌灵 1 000 倍液，或 70% 甲基硫菌灵 800～1 000 倍液。花褐腐病发生多的地区，在初花期（花开约 20% 时）需要加喷一次，这次喷用药剂以代森锌或硫菌灵为宜。也可在花前、花后各喷 1 次 50% 速克灵可湿性粉剂 2 000 倍液或 50% 苯菌灵可湿性粉剂 1 500 倍液。不套袋的果实，在第二次喷药后，间隔 10～15 d 再喷 1～2 次，直至果实成熟前一个月左右再喷一次药，50% 扑海因可湿性粉剂 1 000～2 000 倍液。

十八、桃树炭疽病

(一)症状

桃树炭疽病主要为害部位是果实和枝梢,尤其为害幼果最为严重。在桃树和李树混栽区域有时互为感病,损失严重。幼果初期发病时果面呈褐色水渍状,随着果实膨大,病斑也扩大,呈红褐色,病斑圆形或椭圆形,并明显凹陷。成熟果主要在果顶发病,病斑凹陷,有明显的同心环(图8-18),在潮湿时病变处有朱红色小粒点(分生孢子盘)。嫩梢发病开始

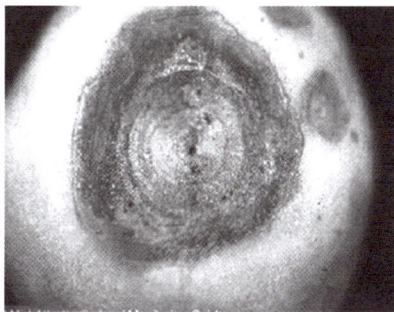

图8-18 桃树炭疽病

出现水渍状斑,并逐渐呈现出褐色的椭圆形、有时为不规则的病斑,病变与正常处交界明显,随着病斑渐大,嫩叶变黑且回缩萎蔫干枯。

(二)发病规律

桃树炭疽病在相对湿度60%~80%、温度20~27℃时最易感病,该病的发生与园区内的转寄主杂草有密切的关系。

1. 品种因素 一般早熟桃发病重,晚熟发病轻。

2. 气候因素 桃树开花期及幼果期低温多雨,有利于发病。果实虚熟期,则以温暖、多云、多雾、高湿的环境发病严重。

3. 栽培因素 生长过旺,种植过密,挂果超负载均能导致发病重。

病原在病梢组织内越冬,也可以在树上的僵果中越冬,春季借风雨或昆虫传播,侵害幼果及新梢,引起初次侵染。以后在新生的病斑上产生孢子,引起再次侵染。

（三）防治方法

1. 加强栽培管理 桃树生长期应施以磷酸二氢钾颗粒剂（注意掌握好浓度）和有机肥为主，尿素为辅，尽量避免偏施氮肥，在树盘内以环状沟施肥法为宜。雨后及时排水，合理修剪，改善树体通风透光条件，严防枝叶过密，以减少发病诱因。特别是在地势较高的山地园区，每3～4年撒施一次生石灰，每亩撒施50～80 kg。秋季做好清扫果园工作。

2. 秋冬季铲除病原 树体修剪时造成的大于3 cm的伤口，在其横切面处涂抹油漆"孔雀蓝"以防止伤口染病，不能涂红色等其他颜色的油漆。修剪后以园区通风流畅、透光良好为原则，对于病虫枝、枯死枝、徒长枝彻底剪除，并摘除僵果。对郁闭桃园进行间伐处理。清园后要对整个园区彻底喷洒一次3～5波美度石硫合剂（以地面见湿为宜）。

3. 化学防治 春季萌芽前（3月初）对树体喷洒3～5波美度石硫合剂。于花前和花后分别用80%乙生可湿性粉剂600～750倍液和10%世高800～1 000倍液交替喷施2次。在初果期和果实膨大期的45 d内，用10%世高800倍液和80%乙生600倍液，或80%代森锰锌600～800倍液（70%甲基硫菌灵800倍液）与美绿先锋的混合液交替喷雾。用药时最好加上倍加威等黏着剂以加强药力，每隔10 d喷一次，即可收到很好的效果。

十九、桃树疮痂病

（一）症状

主要为害果实，其次为害枝梢和叶片。

1. 枝梢 新梢被害后，呈现长圆形、浅褐色的病斑，后变为暗褐色，并进一步扩大，病部隆起，常发生流胶。枝梢发病，最初在表面产生边缘紫褐色，中央浅褐色的椭圆形病斑。后期病斑变为紫色或黑褐色，稍隆起，并于病斑处产生流胶现象。春季病斑变灰色，并于病斑表面产生黑色粒点，即病菌分生孢子丛。病斑只限于枝梢表面，不深入内部。病斑下面形成木栓质细胞。因此，表面的角质层与底层细胞分离，但有时形成层细胞被害死亡，枝梢呈枯死状态。

2. 果实 发病初期，果面出现暗绿色圆形斑点，逐渐扩大，至果实近成熟时，病斑呈现暗紫色或黑色，略凹陷，后呈略突起的黑色痣状斑点，病菌扩展局限于表层，不深入果肉（图 8 - 19）。发病严重时，病斑密集，随着果实的膨大，果实龟裂。

图 8 - 19 桃树疮痂病

3. 叶片 初期在叶背出现不规则红褐色斑，以后正面相对应的病斑亦为暗绿色，最后呈紫红色干枯穿孔。在中脉上则可形成长条状的暗褐色病斑。发病严重时可引起落叶。

（二）发病规律

以菌丝体在枝梢病组织中越冬。翌年春季，气温上升，病菌产生分生孢子，通过风雨传播，进行初侵染。病菌侵入后潜育期长，然后再产生分生孢子梗及分生孢子进行再侵染。北方桃园，果实一般在 6 月开始发病，7～8 月发病率最高。春季和初夏及果实近成熟期多雨潮湿易发病。果园低湿，排水不良，枝条郁闭，修建粗糙等均能加重病害的发生。

（三）防治方法

1. 农业防治 加强栽培管理，提高树体抗病力，增施有机肥，控制速效氮肥的用量，适量补充微量元素肥料，以提高树体抵抗力。合理修剪，注意桃园通风透光和排水。清除菌源，秋末冬初结合修剪，彻底清除园内树上的病枝、枯死枝、僵果、地面落果，集中处理，以减少初侵染源。及时喷药防治害虫，减少虫伤，以减少病菌侵入的机会。

2. 药剂防治 发芽前喷布 5 波美度石硫合剂或 45%晶体石硫

合剂 30 倍液。落花后 15 d，喷洒 80％代森锰锌可湿性粉剂 600～800 倍液或 40％氟硅唑乳油 8 000～10 000 倍液，二者交替使用，每 10～15 d 喷一次。

二十、桃树褐斑穿孔病

（一）症状

主要为害桃树叶片，也为害新梢和果实（图 8 - 20）。

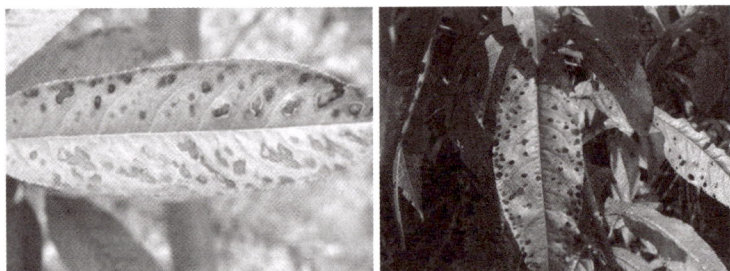

图 8 - 20　桃树褐斑穿孔病

1. 叶片　病斑圆形或近圆形，中部褐色，边缘紫色，略带环纹，直径 1～4 mm。若空气潮湿，后期病斑上长出灰褐色霉状物，中部干枯脱落，形成穿孔，穿孔的边缘整齐，有明显坏死组织残留。穿孔多时叶片脱落。

2. 枝梢　在枝梢上形成褐色、凹陷、边缘红褐色病斑，潮湿时有灰色霉状物。

3. 果实　病果上出现褐色、凹陷、边缘红褐色病斑，潮湿时有灰色霉状物。

（二）发病规律

病原菌以菌丝体在病叶或枝梢病组织内越冬，第 2 年春季气温回升，降雨后产生分生孢子，借风雨传播，侵染叶片、新梢和果实。潜育时间较长，病部产生的分生孢子进行再侵染。发病适温为28 ℃，低温多雨利于发病。

（三）防治方法

1. 农业防治 选种抗病品种，把果园建在能排能灌的地方，合理密植，科学修剪，使桃园通风透光；配方施肥，避免偏施氮肥，增强树势，提高树体抗病力；清除越冬菌源，秋末冬初结合修剪，剪除病枝、枯枝，清除僵果、残桩、落叶，集中烧毁或深埋；生长期剪除枯枝，摘除病果，防止再侵染；采用果实套袋可以有效减少病果。

2. 药剂防治 在桃树落叶后及春季发芽前，应全园喷 1 次 3～5 波美度石硫合剂并加入五氯酚钠 200～300 倍液；落花后喷药，常用药剂有 70%代森锰锌可湿性粉剂 500 倍液，50%超微果菌灵可湿性粉剂 600 倍液，70%甲基硫菌灵可湿性粉剂 800 倍液，40%多丰农可湿性粉剂 500 倍液。以上药剂可轮换用药，每隔 10～15 d 用药 1 次。应在发病初期用药和雨前用药。雨多多喷，雨少少喷，遇雨补喷，无雨定期喷药。

二十一、桃树侵染性流胶病

（一）症状

主要为害枝、干，也可侵害果实。在大枝及树干上，树皮表面龟裂，粗糙（图 8-21）。后瘤皮开裂陆续溢出树脂，透明、柔软状，树脂与空气接触后，由黄白色变成褐色、红褐色至茶褐色硬胶块。病部易被腐生菌侵染，使皮层和木质部变褐腐朽，树势衰弱，叶片变黄，严重时全株枯死。果实发病，由果核内分泌黄色胶质，溢出果面，病部硬化，有时龟裂，严重影响桃果品质和产量。

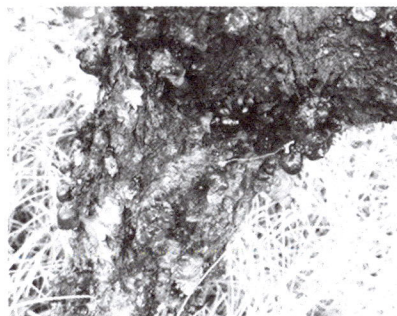

图 8-21 桃树侵染性流胶病

(二)发病规律

一般 4~10 月,气温 15 ℃以上就开始发生,25 ℃左右的中降雨后湿度大时就有可能暴发。树龄大的桃树流胶严重,幼龄树发病轻。果实流胶与虫害有关,蝽象为害易使果实流胶病发生。黏壤土、贫瘠土壤、菜园土和酸碱过重的果园容易出现流胶病。

(三)防治方法

1. 农业防治　结合冬剪,清除被害枝梢。低洼积水地注意开沟排渍;加强肥水管理,增施有机肥及磷、钾肥,氮、磷、钾配比合理。科学修剪,注意生长季节及时疏枝回缩,冬季修剪少疏枝,减少枝干伤口,修剪的伤口上要及时涂抹愈伤防腐膜,保护伤口不受外界细菌的侵染,有效防止伤口腐烂流胶。注意疏花疏果,减少负载量。加有机肥和沙土改良黏重土壤;雨后及时排水;涂白减少冻伤和日灼;防治枝干病虫害,减少伤口。

2. 药剂防治　可喷涂 68%噁霉·福美双可湿性粉剂 800~1 000 倍液,于发病初期用药,连用 3 d,每次间隔 10 d,每株用药液 300 mL。使用 1.9%辛菌胺醋酸盐水剂 50~100 倍液涂抹病部,发病初期把病部刮除后涂抹。

二十二、桃树花脸病

(一)症状

果实开始着色时表现症状,在果面出现近圆形的黄绿色斑块,到果实成熟时也不着色,果面出现红黄相间的"花脸"状,着色部分稍隆起,不着色部分凹陷,病果小,品质差(图 8-22)。还有一种是锈果花脸混合型。病果着色前多在果实顶部或表面出现锈斑,在无锈斑处出现不着色的斑块,表现为锈斑和花脸的复合症状。花脸病直接影响果实的品相,失去或严重降低商品价值。

(二)发病规律

1. 土肥管理不当　果农不重视地下管理,极少有深翻改土等

图 8-22　桃树花脸病

土壤改良措施；在施肥过程中，往往只施氮、磷、钾复合肥，有机肥施入少甚至不施，部分果农甚至错误地认为鲜粪、生肥就是有机肥，还有的误施含氯肥料，导致果园土壤酸化、板结、养分吸收利用差，各种营养元素不平衡，树体衰弱，病毒病发生严重。

2. 负载量过重　挂果过多，树体负载量过重；采摘不及时，对树体营养补充不足；采果后秋季不追肥，而是等到第二年春天再施，这些措施都会造成树体营养亏空，严重削弱树势，抗冻抗寒能力差，病毒病发生严重。

3. 病健枝混剪　其传播途径主要是病健枝混剪，通过剪刀等工具携带的树液传播，枝条、根系交叉导致树液交换传播。

4. 通风透光性差　易发病。

（三）防治方法

秋施基肥以腐熟好的农家肥为主，配施复合微生物肥料，培肥地力，增强树势，抑制病菌，提高桃树抗逆性。桃果膨大期，应及时合理疏枝，改善通风透光条件。平衡水肥（控氮、浇水应浇小水），控制新梢旺长。套袋前喷施好杀菌剂，并注意补充钙肥、镁肥，选择优质膜袋（通气性能好）。

二十三、桃树花叶病

（一）症状

桃树花叶病的发病初期病叶上出现斑驳，继而发展成黄绿色的褪绿斑块，严重时褪绿部分呈黄色，甚至黄白色。有时新梢叶片全部发病（图8-23）。

（二）发病规律

花叶病是一种病毒病，主要通过嫁接传播，无论是砧木

图8-23 桃树花叶病

还是接穗带毒，均可形成新的病株，通过苗木销售到各地。在同一桃园，修剪及蚜虫、瘿螨都可以传毒。高温环境发病重。

（三）防治方法

杜绝从病树上剪取接穗繁育苗木，培育和利用无病苗木；桃蚜可能是传毒的媒介，应加强对果园害虫的防治。

二十四、桃树红叶病

（一）症状

红叶病主要发病部位为叶片（图8-24）。春季萌芽期嫩叶红花，病叶背面呈现红色，叶面粉红色，黄化或脉间失绿，随着病情的加重红色更加鲜艳。发病严重的叶片红斑从叶尖向下逐渐焦枯，形成不规则的穿孔，病害较轻的叶片红

图8-24 桃树红叶病

化症可随着气温的升高逐渐褪红转绿。受害严重的嫩芽往往不能抽生新梢，形成春季芽枯，进入 5 月中旬至 8 月显症轻或不显症，到了秋梢期气温下降时，新梢顶部又可出现红化症或红斑。不能抽生新梢导致一年生的枝条局部或全部干枯。果实成熟迟，严重时果实出现果顶秃尖畸变、味淡。

（二）发病规律

1. 品种因素　大久保、庆丰、旱凤等对红叶病较敏感，白凤、秋香等较轻。

2. 气候因素　气温在 20 ℃以下时，易发病。

（三）防治方法

病毒可能是嫁接或昆虫传播，杜绝从病树上剪取接穗繁育苗木，培育和利用无病苗木；桃蚜可能是传毒的媒介，应加强对果园害虫的防治。

二十五、桃树细菌性穿孔病

（一）症状

主要为害叶片，多发生在靠近叶脉处，初生水渍状小斑点，逐渐扩大为圆形或不规则形，直径 2 mm，褐色、红褐色的病斑，周围有黄绿色晕环，以后病斑干枯、脱落形成穿孔，严重时导致早期落叶。果实受害，从幼果期即可表现症状，随着果实的生长，果面上出现 1 mm 大小的褐色斑点，后期斑点变成黑褐色。病斑多时连成一片，果面龟裂（图 8 - 25）。

图 8 - 25　桃树细菌性穿孔病

（二）发病规律

此病由一种黄色短杆状的细菌侵染造成，病菌在枝条的腐烂部位越冬，翌年春天病部组织内细菌开始活动，桃树开花前后，病菌从病部组织中溢出，借风雨或昆虫传播，经叶片的气孔、枝条的芽痕和果实的皮孔侵入。一般年份春雨期间发生，夏季干旱月份发展较慢，到雨季又开始后期侵染。病菌的潜伏期因气温高低和树势强弱而异。气温 30 ℃时潜伏期为 8 d，25～26 ℃时为 4～5 d，20 ℃时为 9 d，16 ℃时为 16 d。树势强时潜伏期可长达 40 d。幼果感病的潜伏期为 14～21 d。

（三）防治方法

1. 农业防治　　加强桃园管理，增强树势，清除病枝、病果、病叶。集中烧毁，以消灭越冬病源。注意果园排水，合理修剪，使果园通风透光良好，降低果园湿度。增施有机肥料，避免偏施氮肥，使果树生长健壮，提高抗病能力。冬、夏季修剪时，要及时剪除病枝，清扫枯枝落叶，予以集中烧毁或深埋。新建桃园时，切忌将园址建在地下水位高或低洼的地方。

2. 药剂防治　　每亩可选择 20％叶枯唑可湿性粉剂 100～125 g 喷雾、弥雾（保护＋治疗）。轻微发病时，用生物农药按 400 倍液稀释喷洒，10～15 d 用药一次；病情严重时，300 倍液稀释，7～10 d 喷施一次。

二十六、桃树根癌病

（一）症状

病瘤发生于树的根、根颈和树干等部位（图 8 - 26）。根部被害后形成癌瘤，开始时很小，后不断增大，根瘤大而硬，木质化。瘤的形状不一致，通常为球形或扁球形，也可以相互愈合呈不定型。大小不等，小的如豆粒，大的如核桃。苗木上的癌瘤绝大多数发生于接穗与砧木的愈合部分。初生时为乳白色或略带红色，光滑，柔软，后逐渐变成褐色乃至深褐色，木质化，坚硬，表面粗糙或凹凸不平。

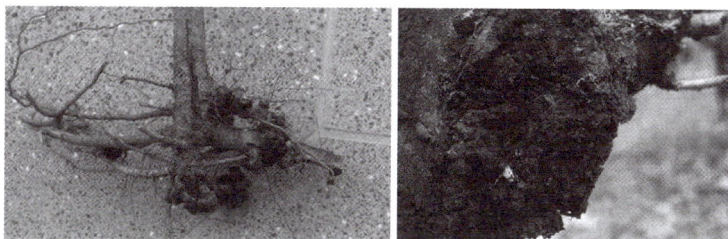

图 8 - 26 桃树根癌病

(二)发病规律

芽接苗伤口大,发病多。土壤湿度高,感病植株的数量多。中性土壤或弱碱性土壤促进发病。黏土比沙质土壤发病重。耕锄不慎或地下害虫为害,会增加发病。病原菌大多存在于癌瘤表层,土温 22℃时最适合癌瘤的形成,28～30℃时不易形成,30℃以上几乎不能形成癌瘤。雨水和灌溉水为传病的主要媒介。病原从伤口侵入寄主。苗木带菌是根癌病的远距离传播方式。

(三)防治方法

加强栽培管理,增施有机肥,注意排水,改良土壤理化性状,碱性土壤可适当施用酸性肥料。严格检查出圃苗木,发现病株应剔除烧毁,苗木栽植前要先用根癌灵 30 倍液浸根 5 min。2～3 年生幼树,可扒开根际土壤,用 30 倍液的根癌灵每株浇灌 1～2 kg 进行预防;对已患病的植株可用刮刀将癌瘤切除干净,伤口处贴附吸足根癌灵 30 倍液的药棉花,并在周围浇灌一定数量的根癌灵 30 倍液,刮下的癌瘤组织要及时清理烧毁。浸核育苗时把作为砧木用的毛桃核于播种前用根癌灵 30 倍液浸泡 5 min,取出后播种。

二十七、桃树非侵染性流胶病

(一)症状

桃树非侵染性流胶病又称生理性流胶病。主要为害主干和主枝

桠杈处，小枝条、果实也可被
害（图 8 - 27）。主干和主枝从
病部流出半透明黄色树胶，尤
其雨后流胶现象更为严重。流
出的树胶与空气接触后，变为
红褐色，呈胶胨状，干燥后变
为红褐色至茶褐色的坚硬胶
块。病部易被腐生菌侵染，使
皮层和木质部变褐腐烂，致树

图 8 - 27　桃树非侵染性流胶病

势衰弱，叶片变黄、变小，严重时枝干或全株枯死。果实发病，由
果核内分泌黄色胶质，溢出果面，病部硬化，严重时龟裂，不能生
长发育，无食用价值。

（二）发病规律

早春树液开始流动时，日平均气温 15 ℃左右开始发病，5 月
下旬至 6 月下旬为第一次发病高峰，8～9 月为第二次发病高峰期，
以后随气温下降，逐步减轻直至停止。该病为一种生理性病害，可
由多种因素引起。机械伤、病虫害、冻害、日灼伤等均可诱发流胶
病。地势低洼、土壤黏重、过度修剪、施肥配比失调、栽植过深等
也会引起流胶现象。

（三）防治方法

1. 调节修剪时间，减少流胶病发生　桃树生长旺盛，生长量大，
生长季节进行短截和疏除修剪，人为造成伤口，遇中温高湿环境，伤
口容易出现流胶现象。通过调节修剪时期，生长期修剪改为冬眠修剪。

2. 主干刷白，减少流胶病发生　冬夏季节进行两次主干刷白，
防止流胶病发生。

3. 及时防治虫害，减少流胶病的发生　4～5 月及时防治天牛、
吉丁虫等害虫侵害根茎、主干、枝梢等部位发生流胶病，防治桃蛀
螟幼虫、卷叶蛾幼虫、梨小食心虫、椿象等为害果实出现流胶病。

4. 夏季全园覆盖，减少流胶病发生　没有种植金边草或其他
绿肥的果园，夏秋高温干旱季节全园覆盖 10 cm 厚的杂草或稻草，

不但能够提高果园土壤含水量，利于果树根系生长，强壮树体，而且可十分有效地防止地面辐射热导致的日灼病而发生流胶病。

第二节　桃树虫害及防治

一、桃蚜

（一）为害状

群集芽上为害，展叶后迁移到叶背面和嫩梢上为害，并可以产生有翅胎生雌蚜迁飞扩散。对黄色有强烈的趋性，而对灰色有负趋性。成、若虫群集芽、叶、嫩梢上刺吸汁液，被害叶向背面不规则的卷曲皱缩，排泄蜜露能引起煤污病发生或传播病毒病（图8-28）。

图8-28　桃蚜为害叶片

（二）发生规律

在北方每年发生10余代，在南方每年发生30～40代。桃蚜以卵在桃、杏、樱桃等越冬寄主枝条的芽旁、裂缝等处越冬。寄主发芽时，卵孵化为干母，在3月下旬至4月中旬孵化，5月初繁殖最盛，为害严重，并开始产生有翅蚜。5月中旬以后在越冬寄主上基本绝迹，10月产生有翅蚜陆续迁回越冬寄主，继续为害繁殖，产生有性蚜交尾产卵，以卵越冬。桃蚜在不同年份发生量不同，主要受雨量、气温等气候因子所影响。一般气温适中（16～22 ℃），降雨是蚜虫发生的限制因素。

（三）防治方法

1. 加强田间管理　创造湿润而不利于蚜虫滋生的田间小气候。

2. 黄板诱蚜　在桃园中设置黄色板。即把涂满橙黄色66 cm

见方的塑料薄膜，从长 66 cm、宽 33 cm 的长方形框的上方使涂黄面朝内包住夹紧。插在桃树周围，隔 3～5 m 放一块，再在没涂色的外面涂以机油。这样可以大量诱杀有翅蚜。

3. 药剂防治 药剂是目前防治蚜虫最有效的措施。实践证明，只要控制住蚜虫，就能有效地预防病毒病。因此，要尽量把有翅蚜消灭在迁飞之前，或消灭在无翅蚜的点片阶段。喷药时要侧重叶片背面。可以采用 2.5％溴氰菊酯乳油 3 000 倍液喷雾，或 20％杀灭菊酯乳油 4 000 倍液喷雾，或 10％二氰苯醚酯乳油 5 000 倍液喷雾，或 10％氯氰菊酯乳油 4 000 倍液喷雾，或每亩选用 7.5％氯氟·吡虫啉悬浮剂30～35 g 喷雾，或 22.4％螺虫乙酯悬浮剂 3 000～4 000 倍液喷雾等。

二、瘤蚜

（一）为害状

群集在叶背面取食为害，大量成虫和若虫藏在虫瘿里为害，给防治增加了难度。以成虫、若虫群集叶背吸食汁液。被害叶片从叶缘向叶背纵卷，初为筒状，后为细绳状，卷曲部分组织肥厚肿胀。凹凸不平，呈桃红色（图 8-29）。

图 8-29　瘤蚜为害叶片

（二）发生规律

每年发生 10 余代，以卵越冬。果树发芽至展叶期，越冬卵孵化，孵化期约半个月。5～6 月随着嫩叶的生长，蚜虫转移到新梢上为害，这时已经出现成蚜并进行孤雌胎生繁殖，叶片受害加重。这时的蚜虫除了为害叶片，还为害幼果，使被害果实表面出现稍凹陷的线斑。从 7 月下旬开始，蚜虫数量逐渐减少。10～11 月出现有性蚜，交尾后产卵越冬。

（三）防治方法

修剪虫卵枝，早春要对被害较重的虫枝进行修剪，夏季桃瘤蚜迁移后，要对桃园周围的菊科寄主植物等进行清除，并将虫枝、虫卵枝和杂草集中烧毁，减少虫、卵源。蚜虫的自然天敌很多，如瓢虫、草蛉、食蚜蝇等，在天敌的繁殖季节，要科学使用化学农药，不使用触杀性广谱型杀虫剂。

根据桃瘤蚜的为害特点，防治宜早，在芽萌动期至卷叶前为最佳防治时期。萌芽期天敌较少，可选用 5.7％百树菊酯乳油 2 500 倍液、2.5％功夫乳油 2 000 倍液、90％万灵粉剂 4 000 倍液、70％艾美乐水分散颗粒剂 5 000 倍液、48％乐斯本乳油 1 000 倍液。芽萌动期，用 5％高效氯氰菊酯乳油 2 000 倍液，或 20％速灭杀丁乳油 3 000 倍液，5％来福灵乳油 3 000 倍液，30％菊马乳油 2 000 倍液喷布，消灭初孵若蚜。喷雾时每桶药水加神效王 1.5 mL，可破坏桃瘤蚜的蜡质层，促进农药迅速进入蚜虫体内，能提高防治效果。上述药剂必须交替使用，以防桃瘤蚜产生抗药性。在卷叶后，天敌较多时要选用内吸性强的农药进行防治，避免卷叶对药效的影响。

三、桃粉大尾蚜

（一）为害状

以成、若虫群集在叶背吸食汁液，受害叶片边缘向背面纵卷，形成绿色至红色肥厚的拟虫座，严重时全叶卷曲呈绳状（图 8 - 30）。受害部位常留大量白粉。排泄蜜露常导致煤污病发生。

图 8 - 30　桃粉大尾蚜为害叶片

（二）发生规律

每年发生 10～20 代，北方 10 余代。以卵在桃等冬寄主的芽腋、裂缝及短枝杈处越冬。5～6 月繁殖最盛，危害严重。8～9 月迁飞至其他植物上为害，10月又回到冬寄主上，为害一段时间，出现有性蚜，交配进行有性繁殖，在枝条上产卵越冬。

（三）防治方法

消灭越冬卵，结合冬季修剪，除去有虫卵的枝条，可减少第2年的虫源。桃粉蚜天敌很多，如瓢虫、草蛉、食蚜蝇等。瓢虫、草蛉对桃粉蚜的分布场所有跟踪现象，1头七星瓢虫、大草蛉一生可捕食4 000～5 000头蚜虫。1只食蚜蝇幼虫1 d可捕食几百头蚜虫。因此，在用药时要尽量减少喷药次数，尽量使用有选择性的杀虫剂。

在卵量大的情况下，可于萌芽前喷洒3～4波美度的石硫合剂，5％柴油乳剂，或选用20％菊杀乳油2 000倍液，或吡虫啉粉剂2 000～3 000倍液喷施。防治成、若虫，可选用20％菊杀乳油2 000倍液，或50％辛硫磷乳剂2 000倍液，或50％马拉松乳剂1 000倍液，或50％灭蚜松可湿性粉剂1 000倍液，喷雾防治，都有良好的防治效果。

四、梨小食心虫

（一）为害状

梨小食心虫成虫多在白天羽化，昼伏夜出，以晴暖天气上半夜活动较盛，有明显的趋光性和趋化性。越冬代成虫多产卵在叶背上，卵散产；多产卵在果面上，一果多卵，因此后期也常见一果多虫，近成熟的果实着卵量较大。幼虫孵化后，先在产卵附近啃食果皮，然后蛀果，蛀孔部位未见明显规律。初孵幼虫先在果面上爬行，后蛀入果实内，然后蛀入果心中，最后将其掏空（图8-31）。此时，幼果果核尚未硬化，被蛀后极易脱落。随果落地的幼虫，多数尚未完成幼虫期。蛀果后未落地的幼果，幼虫可以转果为害，一头幼虫常常为害几个果实。第二代幼虫蛀果仅啃食果肉，不再转果。老熟后脱果结茧越冬。

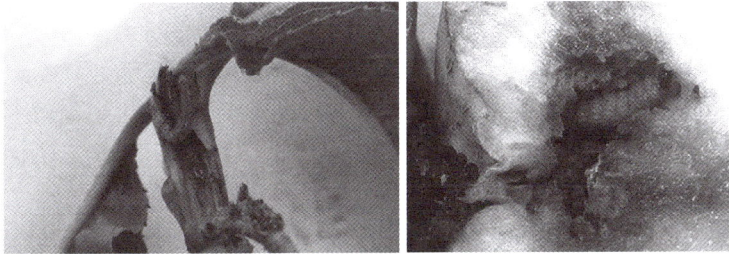

图 8-31 梨小食心虫

（二）发生规律

北方每年发生 1～4 代，大部分地区 2～3 代。老熟幼虫在树干基部、枝干的裂缝中、苗木嫁接处或果实仓库及果品包装器材结茧越冬。越冬代幼虫于翌年 3 月中下旬开始化蛹，4 月中旬开始羽化，5 月上旬达到羽化高峰，越冬代羽化成虫持续到 5 月下旬，第一代幼虫于 5 月开始为害嫩叶和新梢，6 月出现幼虫钻蛀树上部果实的现象；6 月中旬第一代成虫羽化达到高峰，第二代幼虫于 6 月下旬开始出现，幼虫继续为害新梢、果实；7 月下旬第二代成虫达到羽化高峰，第三代幼虫盛发于 8 月上旬，主要钻蛀果实为害，危害最重；8 月下旬出现第三代成虫羽化高峰，第四代幼虫于 9 月上旬达到为害高峰，幼虫在树干基部、翘起的老树皮下或果实内等处越冬。梨小食心虫世代重叠的现象严重，特别是第一代与第二代、第二代与第三代之间。

（三）防治方法

梨小食心虫世代重叠比较严重，防治时需采用农业防治、物理防治、生物防治和化学防治等综合防治方法，才能达到防控的效果。

1. 农业防治 梨小食心虫具有转移寄主为害的特性，尽量避免桃、李、杏与梨、苹果混栽。冬季时清扫果园落叶落果，刮除老翘皮，并集中深埋或烧毁，消灭越冬代幼虫。在幼虫发生初期，要及时剪除被害梢集中烧毁、及时摘除有虫果集中销毁。果实采收后要进行清园，消灭梨小食心虫虫源。

2. 物理防治　因成虫具趋光性、色觉效应和趋化性，在果园中挂设黑光灯、黄色粘虫板、诱捕器（诱芯为性信息素）或糖醋液加少量敌百虫，可诱杀成虫。脱果前，在树干上绑草堆诱集越冬幼虫，并在春季前集中处理。在果实膨大期，进行整穗套袋，防止梨小食心虫成虫在果上产卵。

3. 生物防治　梨小食心虫的天敌主要有赤眼蜂、白茧蜂、黑青金小蜂、寄生蜂、扁股小蜂、姬蜂和白僵菌等。在果园里释放赤眼蜂防治梨小食心虫，卵被寄生率可达 $40\%\sim60\%$。在果园里喷白僵菌粉防治越冬幼虫，越冬幼虫被寄生率达 $20\%\sim40\%$；特别是湿度大的果园，根茎土中越冬幼虫被寄生率高达 80% 以上。

4. 药剂防治　施药时最好选择在晴天的傍晚或全天阴天时进行，用 48% 乐斯本乳油 2 000 倍液、2.5% 三氟氯氰菊酯 2 000 倍液或 5% 锐劲特悬浮剂防治梨小食心虫效果明显。在卵期和幼虫脱果期，采用 20% 氟虫双酰胺和 20% 灭幼脲，也能控制梨小食心虫的危害。

五、桃小食心虫

（一）为害状

幼虫多由果实中、下部蛀入，不食果皮（图 8 - 32），蛀孔流出眼泪状果胶，俗称"滴眼泪"，不久后干涸，呈现白色蜡质粉末，蛀孔愈合成小黑点，略凹陷。幼虫进入果实内常直达果心，取食果肉，排粪于隧道中，俗称"豆沙馅"，没有充分膨大的

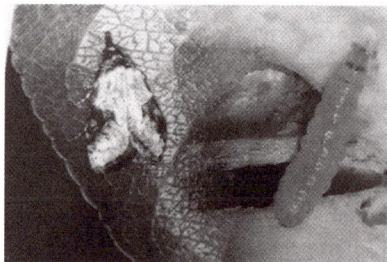

图 8 - 32　桃小食心虫

幼果受害多呈畸形，俗称"猴头果"。

（二）发生规律

北方1年发生1～2代，以老熟幼虫在土中结冬茧越冬，树干周围1 m范围内3～6 cm以上土层中占绝大多数，在堆果场等处亦有部分越冬。越冬幼虫因地区、年份、寄主的不同出土期而有所不同，一般年份在6月中旬至7月上旬，有时延续2个月，雨后土壤含水量达10％以上进入出土高峰，干旱推迟出土。越冬幼虫出土后在土石块或草根旁，1 d即可结成夏茧并在其中化蛹，于7月上旬陆续羽化，至9月上旬结束。羽化交尾后2～3 d产卵，成虫昼伏夜出，无明显趋光性。卵孵化后多自果实中、下部蛀入果内，不食果皮，为害20～30 d后老熟脱果，入土结冬茧越冬。

（三）防治方法

在越冬幼虫出土盛期，树冠下培土或覆盖地膜。防止幼虫出土及羽化为成虫。药剂处理土壤，用25％辛硫磷微胶囊加水50倍均匀喷于树冠下，或上述药剂加水5倍拌250倍细土，将毒土均匀撒于树冠下，可取得一定防治效果。在幼虫出土前，于5月进行果实套袋，减少其危害。当卵果率达1％～2％时，树上进行药剂防治。常用药剂有10％天王星2 500～3 000倍液，30％桃小灵1 500～2 000倍液，20％灭扫利2 000～2 500倍液，1.8％阿维虫清2 500～3 000倍液，2.5％功夫菊酯1 500～2 000倍液，20％速灭杀丁1 500～2 000倍液，25％灭幼脲3号1 500倍液，20％除虫脲4 000～6 000倍液等，同时加入农药助剂防治效果更明显。此外，注意桃园附近堆果场及其他树上（如枣树）的防治。

六、桃蛀螟

（一）为害状

成虫昼伏夜出，对黑光灯和糖酒醋液趋性较强，喜食花蜜和吸食成熟的葡萄、桃的果汁。常在枝叶茂密处的果上产卵。初孵幼虫先于果梗、果蒂基部吐丝蛀食，脱皮后从果梗基部蛀入果心，取食嫩仁、果肉为害，一般一果内有 1~2 头，多者 8~9 头。有转果习性，老熟后于果内、果间等处结茧化蛹。幼虫蛀果和种子，被害果内外排积粪便，导致果实腐烂、早落（图 8-33）。

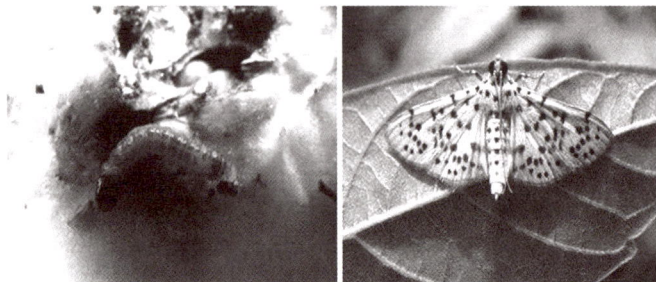

图 8-33　桃蛀螟幼虫及成虫

（二）发生规律

北方每年发生 2~3 代，均以老熟幼虫于粗皮缝中结茧越冬。越冬代成虫盛发期在 5 月中下旬，第一代在 6 月中下旬至 10 月上旬。

（三）防治方法

1. 物理防治　清除越冬幼虫：在每年 4 月中旬，越冬幼虫化蛹前，清除玉米、向日葵等寄主植物的残体，并刮除苹果、梨、桃等果树翘皮、集中烧毁，减少虫源。果实套袋：在套袋前结合防治其他病虫害喷药 1 次，消灭早期桃蛀螟所产的卵。诱杀成虫：在桃园内点黑光灯或用糖酒醋液诱杀成虫，可结合诱杀梨小食心虫进行。销毁落果和摘除虫果，消灭果内幼虫。

2. 药剂防治　不套袋的果园，要掌握第一、二代成虫产卵高峰期喷药。可用 50% 杀螟松乳剂 1 000 倍液或用 Bt 乳剂 600 倍液，或 35% 赛丹乳油 2 500~3 000 倍液，或 2.5% 功夫乳油 3 000 倍液。在产卵盛期喷洒 Bt 乳剂 500 倍液，或 50% 辛硫磷 1 000 倍液，或 2.5% 大康（高效氯氟氰菊酯）或功夫（高效氯氟氰菊酯），或爱福丁 1 号（阿维菌素）6 000 倍液，或 25% 灭幼脲 1 500~2 500 倍液。

七、桑白蚧

(一) 为害状

桑白蚧又叫桑盾蚧、桃介壳虫。桑白蚧是南方桃、李树的重要害虫。以雌成虫和若虫群集固着在枝干上吸食养分,严重时灰白色的介壳密集重叠,形成枝条表面凹凸不平,树势衰弱,枯枝增多,甚至全株死亡。寄主有桃、李、杏、樱桃、苹果、葡萄、核桃、梅、柿、柑橘等。北方果区1年发生2~3代,以第二代受精雌虫于枝条上过冬。寄主芽萌动后开始吸食汁液,虫体迅速膨大,4月下旬至5月上旬产卵,卵产于介壳下。5月中下旬出现第一代若虫,6月中下旬至7月上旬成虫羽化,第一代成虫每雌虫可产卵50余粒,卵孵化期为7月下旬至8月中旬。8月中旬至9月上旬成虫羽化,以受精雌虫于枝干上越冬。

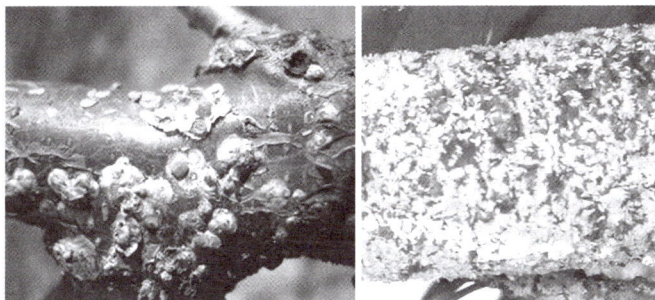

图8-34 桑白蚧成虫及若虫分泌的绵毛状蜡丝

(二) 发生规律

我国各地的发生代数不同,在华北地区一年发生2代,在山东省一年发生2~3代,在浙江省一年发生3代,在广东省一年发生5代。均以受精雌成虫在二年生以上的枝条上群集越冬。翌春果树萌芽时,越冬成虫开始吸食汁液,虫体随之膨大。在北方果产区,越冬成虫从4月下旬开始产卵,5月中旬为产卵盛期,每头雌虫产卵 250～300 粒。卵于 5 月上旬开始孵化，孵化盛期在 5 月中下旬。初孵若虫分散爬行到 2～5 年生枝条上取食，以枝条分杈处和阴面较多。7～10 d 后，便固定在枝条上，分泌绵毛状蜡丝，逐渐形成介壳（图 8－34）。第 1 代若虫期为 40～50 d，但爬行期很短。从 6 月下旬开始羽化第 1 代成虫，盛期在 7 月上中旬。成虫继续产卵于介壳下，卵期 10 d 左右。第 2 代若虫发生在 8 月，若虫期为 30～40 d。9 月出现雄成虫，雌雄交尾后，雄虫死亡，雌虫继续为害至 9 月下旬。此后，停止取食，开始越冬。

（三）防治方法

1. 人工防治　因其介壳较为松弛，可用硬毛刷或细钢丝刷刷除寄主枝干上的虫体。结合整形修剪，剪除被害严重的枝条。

2. 生物防治　桑门蚧的天敌主要是红点唇瓢虫，对抑制其发生有一定的作用。在桑白蚧若虫固定后，尽量不喷化学药剂，以减少对天敌的伤害。

3. 化学防治　根据调查测报，抓准在初孵若虫分散爬行期实行药剂防治。推荐使用含油量 0.2% 的黏土柴油乳剂（黏土柴油乳剂配制：轻柴油 1 份，干黏土细粉末 2 份，水 2 份。按比例将柴油倒入黏土粉中，完全湿润后搅成糊状，将水慢慢加入，并用力搅拌，至表层无浮油）混 80% 敌敌畏乳剂，或 50% 混灭威乳剂、50% 杀螟松可湿性粉剂、50% 马拉硫磷乳剂的 1 000 倍液。此外，40% 速扑杀乳剂 700 倍液亦有高效。

八、桃潜叶蛾

（一）为害状

成虫昼伏夜出，产卵在叶表皮内。幼虫孵化后在叶肉里潜食，初串成弯曲似同心圆状蛀道，常枯死脱落成孔洞，后线状弯曲也常破裂，粪便充塞蛀道内。幼虫老熟后钻出，多在叶背面吐丝搭架，于中部结茧、化蛹，少数在枝干上结茧化蛹（图 8－35）。

图 8 - 35　桃潜叶蛾为害状

(二) 发生规律

每年发生 10 代左右，以蛹及少数幼虫越冬。多数地区每年 4 月下旬越冬蛹羽化为成虫，5 月下旬田间开始发现为害，7～9 月夏秋梢抽发期为害严重，尤其以秋梢受害最重。

(三) 防治方法

冬季结合清园，扫除落叶烧毁。于虫卵孵化盛期或低龄幼虫期，每亩使用 2.5% 高效氯氟氰菊酯水乳剂 40～50 mL 喷雾，5% 甲维·高氯氟水乳剂 8～12 g 喷雾，3% 甲维·啶虫脒微乳剂 40～50 g 喷雾。成虫发生期喷药，常用药剂有 50% 杀螟松乳剂 1 000 倍液，功夫乳油 3 000 倍液。

九、红颈天牛

(一) 为害状

桃红颈天牛主要为害木质部，卵多产于树势衰弱枝干树皮缝隙中，幼虫孵出后向下蛀食韧皮部。翌年春天幼虫恢复活动后，继续向下由皮层逐渐蛀食至木质部表层，初期形成短浅的椭圆形蛀道，中部凹陷。6 月以后由蛀道中部蛀入木质部，蛀道不规则。随后幼虫由上向下蛀食，在树干中蛀成弯曲无规则的孔道，有的孔道长达 50 cm。仔细观察，在树干蛀孔外和地面上常有大量排出的红褐色粪屑。以幼虫在主干蛀道内为害。6～7 月成虫羽化，12～14 时活动最盛。卵产于主干表皮裂缝内，无刻槽。被害主干及主枝蛀道扁宽，且不规则，蛀道内充塞木屑和虫粪，危害重时，主干基部伤痕累累，并堆积大量红褐色虫粪和蛀屑（图8-36）。粪渣是粗锯末状，部分外排。桃树一般可活30年左右，但遭受红颈天牛桃树的寿命缩短到10年左右，因其以幼虫蛀食树干，削弱树势，严重时可致整株枯死。

图8-36　红颈天牛及树干为害状

（二）发生规律

每2~3年发生1代，以各龄幼虫越冬。北方地区发生期为7月上中旬至8月中旬。

（三）防治方法

1. 人工防治　幼虫孵化期，人工刮除老树皮，集中烧毁。成虫羽化期，人工捕捉，主要利用成虫中午至下午2~3时静栖在枝条上，特别是下到树干基部的习性，进行捕捉。由于成虫羽化期比较集中，一般在10 d左右。在此期间坚持人工捕捉，效果显著。成虫产卵期，经常检查树干，发现有方形产卵伤痕，及时刮除或以木槌击死卵粒。

2. 药剂防治　对有新鲜虫粪排出的蛀孔，可用小棉球蘸敌敌畏煤油合剂（煤油1 000 g加入80%敌敌畏乳油50 g）塞入虫孔内，然后再用泥土封闭虫孔，或注射80%敌敌畏原液少许，洞口敷以泥土，可熏杀幼虫。

3. 生物防治　保护和利用天敌昆虫，例如管氏肿腿蜂。

十、二斑叶螨

（一）为害状

以成、若螨在叶片和嫩梢上刺取汁液，使受害部位出现灰白色失绿斑（图 8 - 37）。成螨红色，雄螨后端较小，呈楔形，雌螨呈椭圆形。二斑叶螨主要寄生在叶片背面取食，刺穿细胞，吸取汁液，受害叶面先从近叶柄的主脉两侧出现苍白色斑点，随着危害的加重，可使叶片变成灰白色至暗褐色，抑制光合作用的正常进行，严重时叶片焦枯，提早脱落。

图 8 - 37　二斑叶螨在叶背面群集为害

（二）发生规律

以卵或雌成虫越冬，发生危害高峰期为 6 月中旬至 7 月中旬，一年发生多代，高温干旱有利于此虫的发生。

（三）防治方法

螨叶率达 10%～20%时施药防治，药剂种类有 1.8%害通杀 4 000 倍液，34%杀螨星 1 500～2 000 倍液，16%康福灵 1 000～1 500 倍液，40%炔螨特微乳剂 1 000～1 500 倍液，或每亩施用 4%联苯菊酯微乳剂 30～50 g 等。施药 15 d 后可在田间挂捕食螨，控制红蜘蛛的为害。

十一、茶翅蝽

（一）为害状

成虫和若虫均吸食嫩叶、嫩茎和果实的汁液（图 8 - 38），严重时造成叶片枯黄，提早落叶，树势衰弱。被害嫩梢停止生长，果实受害部分停止发育，形成果面凹凸的"疙瘩果"。对套塑料袋和纸袋的果实也有一定危害，严重影响果实品质及外观。

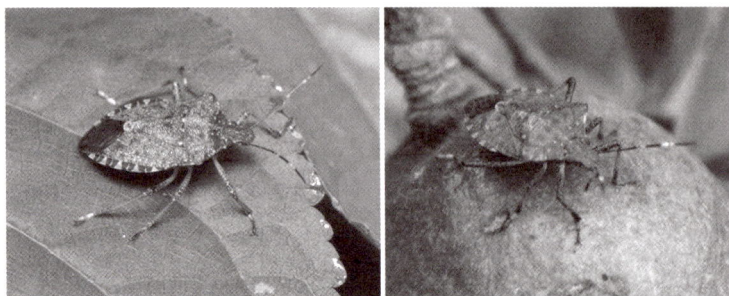

图 8 - 38　茶翅蝽为害叶片及果实

（二）发生规律

每年发生 1～2 代。以成虫在草堆、树洞、屋角、房檐下、石头缝等处越冬。3 月中下旬，越冬成虫开始陆续出蛰，4 月中旬开始向果园及多种林木上迁飞、取食。第一代若虫始见于 5 月中旬，6 月中下旬第一代成虫开始交尾产卵，7 月上旬第二代若虫孵化，继续为害。以 6 月上中旬为害最重。

（三）防治方法

1. 人工防治　随时摘除卵块及捕杀初孵若虫。利用茶翅蝽的假死性，选择气温小于 21 ℃的适宜日时段，以棒击树将虫震落，地面喷药触杀，可取得高效、安全的防治效果。此外，还可以利用该虫聚集越冬的习性，采用有效的诱集工具，集中诱杀。

2. 生物防治　茶翅蝽的寄生性天敌主要是卵寄生蜂，卵寄生蜂这一重要的天敌在害虫生物防治中广为应用，由于受寄主卵壳的保护从而减少杀虫剂的毒害，并且孵化后可以立即吸吮卵黄规避有毒物质的积累，因此起到重要的生防作用。

3. 药剂防治　目前，化学防治是用于茶翅蝽防治的主要方法。在茶翅蝽的新入侵地，拟除虫菊酯和新烟碱类广谱性杀虫剂被广泛采用。田间使用灭多威、噻虫嗪和联苯菊酯都对茶翅蝽具有高致死率。

十二、朝鲜球坚蚧

（一）为害状

初孵若虫分散在枝干、叶背为害，落叶前叶片上的虫转回枝干上（图 8 - 39）。以叶痕和缝隙处居多，此时若虫发育极慢。若虫和雌成虫刺吸枝、叶汁液，排泄蜜露常诱致煤污病发生，影响光合作用，削弱树势，严重时枯死。

图 8 - 39　朝鲜球坚蚧

（二）发生规律

一年发生 1 代，以 2 龄若虫在枝干上越冬，外覆有蜡被。3 月中旬开始从蜡质覆盖物下爬出，固着在枝条上吸食汁液。雌虫逐渐膨大呈半球形，雄虫开始化蛹。5 月初羽化出成虫，与雌虫交尾后不久即死亡。雌虫于 5 月下旬抱卵于腹下，抱卵后雌成虫逐渐干缩，仅留一空介壳，壳内充满卵粒，6 月上旬前后孵化。初孵若虫爬出母壳后分散到枝条上为害，至秋末蜕皮变为 2 龄若虫，即在蜕皮壳下越冬。

（三）防治方法

1. 人工防治　冬春结合修剪，剪除虫枝；雌虫膨大期采用人工刷除或捏杀虫体，以减少虫源。

2. 药剂防治　芽膨大时喷洒 5 波美度石硫合剂或 45% 晶体石硫合剂 300 倍液，或含油量 4%～5% 的矿物油乳剂，只要喷洒周到，效果极佳。

十三、桃剑纹夜蛾

（一）为害状

低龄幼虫群集叶背为害，取食上表皮和叶肉，仅留下表皮和叶脉，受害叶呈现网状。幼虫稍大后将叶片取食成缺刻，并啃食果皮，使果面上出现不规则的坑洼（图8-40）。

图8-40　桃剑纹夜蛾幼虫及成虫

（二）发生规律

华北年生2代，以茧蛹于土中和皮缝中越冬。5～6月间羽化，发生期不整齐。成虫昼伏夜出，有趋光性。羽化后不久即可交配、产卵，卵产于叶面。5月上旬始见第1代卵，卵期6～8 d。成虫寿命10～15 d。幼虫5月中下旬开始发生。为害至6月下旬开始老熟吐丝缀叶于内结白色薄茧化蛹。7月中旬至8月中旬均可见第1代成虫。8月上旬开始出现第2代幼虫，9月开始陆续老熟寻找适当场所结茧化蛹，以蛹越冬。

（三）防治方法

1. 农业防治　秋后深翻树盘和刮粗翘皮对杀灭越冬蛹有一定效果。

2. 药剂防治　虫量少时不必专门防治。发生严重时，可喷洒30%氟氰戊菊酯乳油2 000～3 000倍液，10%醚菊酯悬浮剂800～1 500倍液，20%抑食肼可湿性粉剂1 000倍液，8 000IU/mL苏云金杆菌可湿性粉剂400～800倍液，0.36%苦参碱水剂1 000～1 500倍液，10%硫肟醚水乳剂1 000～1 500倍液等。

十四、桃六点天蛾

(一) 为害状

成虫昼伏夜出，黄昏开始活动，有趋光性。老熟幼虫多于树冠下疏松的土壤内化蛹。幼虫取食叶片，常仅残留粗脉和叶柄（图8-41）。

幼虫

成虫

图8-41 桃六点天蛾

(二) 发生规律

天津、河北、山西、陕西、山东等地一年发生2代，以蛹在地下5～10 cm深处的蛹室中越冬，越冬代成虫于5月中旬出现，白天静伏不动，傍晚活动，有趋光性。卵产于树枝阴暗处、树干裂缝内或叶片上，散产。每雌蛾产卵量为170～500粒。卵期约7 d。第一代幼虫在5月下旬至6月发生为害。6月下旬幼虫老熟后，入地作穴化蛹，7月上旬出现第一代成虫，7月下旬至8月上旬第二代幼虫开始为害，9月上旬幼虫老熟，入地4～7 cm作穴（土茧）化蛹越冬。

(三) 防治方法

1. 农业防治 冬季翻耕树盘挖蛹，将在土中越冬的蛹翻至土表，使其被鸟类啄食，或晒干。幼虫发生期，发现有幼虫为害时，应仔细检查被害叶周围的枝叶上有无幼虫，如有，则应及时消灭。

2. 物理防治 用灯光诱杀成虫。

3. 药剂防治 3 龄幼虫达到 3～5 头/m² 时，每亩可用 2.5% 高效氯氟氰菊酯水乳剂 40～50 mL 喷雾，或 5% 甲维·高氯氟水乳剂 8～12 g 喷雾，或 3% 甲维·啶虫脒微乳剂 40～50 g 喷雾。

4. 生物防治 天敌绒茧蜂对第二代幼虫的寄生率很高，1 头幼虫可繁殖数十头绒茧蜂，其茧在叶片上呈棉絮状，应注意保护。

十五、麻田黄刺蛾

(一) 为害状

成虫昼伏夜出，有趋光性，羽化后不久就能交尾产卵。卵多产于叶背，排列成块。初孵幼虫有群居性，多在叶背啃食叶肉，稍大后逐渐分散取食，大量发生时常将叶片吃光。低龄幼虫啃食叶肉，老熟幼虫啃咬树皮，深达木质部，然后吐丝并排泄草酸钙的物质，形成坚硬蛋壳状茧（图 8-42）。

图 8-42 麻田黄刺蛾幼虫、成虫及茧

(二) 发生规律

东北及华北多年生 1 代，以前蛹在枝干上的茧内越冬。5 月中下旬开始化蛹，蛹期 15 d 左右。6 月中旬至 7 月中旬出现成虫，成虫昼伏夜出，有趋光性，羽化后不久交配产卵，卵产于叶背，卵期 7～10 d，幼虫发生期 6 月下旬至 8 月，8 月中旬后陆续老熟，在枝干等处结茧越冬。7～8 月高温干旱，黄刺蛾发生严重。

（三）防治方法

1. 人工防治 秋冬季摘虫茧或敲碎树干上的虫茧，减少虫源。

2. 药剂防治 在幼虫盛发期使用 80%敌敌畏乳油 1 000～1 200 倍液或 50%辛硫磷乳油 1 000～1 500 倍液喷雾，50%马拉硫磷乳油 1 000 倍液喷雾，25%亚胺硫磷乳油 1 300 倍液喷雾，5%来福灵乳油 3 000 倍液喷雾，或每亩用 2.5%高效氯氟氰菊酯水乳剂 40～50 mL 喷雾，5%甲维·高氯氟水乳剂 8～12 g 喷雾。

十六、桃树苹毛虫

（一）为害状

桃树苹毛虫又名苹果枯叶蛾，在桃树各种植产区普遍发生，严重影响了桃树的生长。成虫昼伏夜出，有趋光性。幼虫主要取食叶肉，有时也吃叶脉，最喜食嫩芽。幼虫取食嫩芽和叶片，造成叶片孔洞和缺刻，严重时将叶片吃光仅留叶柄（图 8-43）。

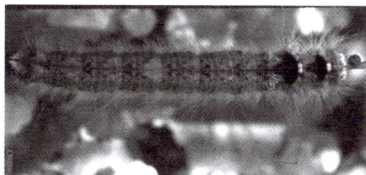

图 8-43 桃树苹毛虫幼虫

（二）发生规律

每年发生 1～3 代，以幼龄幼虫紧贴于树皮上或枯叶内越冬。5 月上旬越冬代幼虫化蛹，化蛹前先在小树枝上或树皮缝内结茧。5 月中下旬越冬代成虫羽化。

（三）防治方法

1. 农业防治 冬季结合整形修剪，刮除树皮、清理枯叶，杀灭越冬幼虫。

2. 物理防治 成虫发生期用黑光灯或高压汞灯诱杀，或用性诱剂诱杀，或用糖∶酒∶醋∶水为 1∶1∶4∶16 配制的糖酒醋液诱盆挂于树冠内诱杀成虫。

3. 生物防治 释放赤眼蜂：发生期隔株或隔行放蜂，每代放蜂 3～4 次，间隔 5 d，每株放有效蜂 1 000～2 000 头。

4. 药剂防治 春季幼虫为害初期选喷 50％辛硫磷乳油 1 000 倍液，或青虫菌 6 号 500～1 000 倍液，或 50％敌敌畏乳油 800 倍液，或 20％氰戊菊酯乳油等合成菊酯类农药 3 000 倍液。

十七、小绿叶蝉

(一) 为害状

出蛰后飞到树上刺吸汁液，经取食后交尾产卵，卵多产在新梢或叶片主脉里。成、若虫白天活动，在叶背刺吸汁液或栖息（图 8-44）。成虫善跳，可借风力扩散。被害叶初现黄白色斑点，后逐渐扩大成片，严重时全叶苍白脱落。

图 8-44 小绿叶蝉若虫及成虫

(二) 发生规律

每年发生 4～6 代，以成虫在落叶、杂草或低矮绿色植物中越冬。春天桃、李、杏发芽后出蛰，6 月虫口数量增加，8～9 月最多，为害最重。

（三）防治方法

1. 农业防治　收获后及时彻底清除田间及附近杂草，减少害虫的越冬场所。

2. 药剂防治　一般无须喷药，发生严重时可喷洒 20％氰戊菊酯乳油 2 000 倍液等。

十八、大青叶蝉

（一）为害状

成虫有趋光性，日夜均可活动取食，以产卵器刺破寄主植物茎秆、叶柄、主脉、枝条等部位的表皮，产卵于其中，初孵若虫具有群集性。成、若虫刺吸叶、叶柄及花序的汁液，造成褪色、畸形、卷缩，甚至全叶枯死（图 8 - 45）。此外，还可传播病毒病。

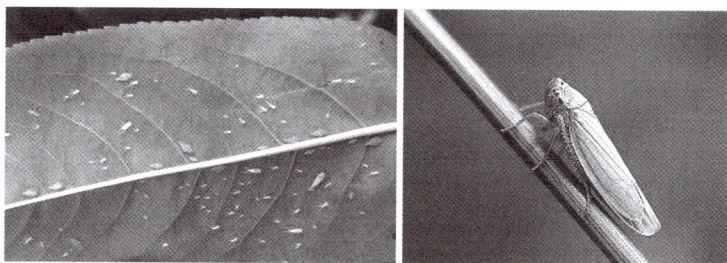

图 8 - 45　大青叶蝉若虫及成虫

（二）发生规律

每年发生 2～3 代，以卵于树木枝条表皮下越冬。前期主要危害农作物、蔬菜及杂草等植物，10 月中旬第三代成虫陆续转移到果树、林木上为害并产卵于枝条内。

（三）防治方法

1. 人工防治　在成虫期利用灯光诱杀，可以大量消灭成虫。成虫早晨不活跃，可以在露水未干时，进行网捕。

2. 药剂防治　在 9 月底至 10 月初收获庄稼时，或 10 月中旬左右，当雌成虫转移至树木产卵以及 4 月中旬越冬卵孵化，幼龄若虫转移到矮小植物上时，虫口集中，可以用 90％敌百虫晶体、80％敌敌畏乳油、50％辛硫磷乳油 1 000 倍液喷杀。

第三节　桃周年病虫害防治混合用药建议方案

一、清园

惊蛰后 5～8 d，可单用 5 波美度石硫合剂进行清园。

二、花露红期

开花前 5～8 d，用 10％苯醚甲环唑 2 000 倍液＋1％甲维盐 2 000～2 500 倍液＋2％阿维菌素 2 500 倍液＋5％吡虫啉 800～1 000 倍液＋0.2％硼砂（开水化开）进行混合喷雾。

三、花后第 1 次用药

谢花后 5～8 d，用 60％多锰锌 500～800 倍液＋10％吡虫啉 1 500 倍液＋20％甲维·氟铃脲 1 250 倍液＋0.3％～0.5％苦参碱 1 500 倍液＋套袋桃补钙 800～1 000 倍液进行混合喷雾。

四、花后第 2 次用药

距上次用药 8～10 d，用 10％苯醚甲环唑 2 500 倍液＋2.5％高效氯氟氰菊酯 1 500 倍液＋32％甲维盐 2 500 倍液＋35％硫丹 1 500～2 000 倍液＋套袋桃补钙 800～1 000 倍液进行混合喷雾。

五、花后第 3 次用药

距上次用药 10～12 d，用 50％纯白多菌灵 500 倍液＋25％丁硫克百威 1 500～2 000 倍液＋10％吡虫啉 1 500 倍液＋20％甲维·氟铃脲 1 250 倍液＋套袋桃补钙 800～1 000 倍液进行混合喷雾。

注：套袋桃品种喷药 6～12 h 后进行套袋。

六、套袋后第 1 次用药

距上次用药 12～15 d，用 10％苯醚甲环唑 2 500 倍液＋10％啶虫脒 1 500 倍液＋1％甲维盐 2 500 倍液＋不套袋桃补钙 800～1 000 倍液进行混合喷雾。

七、套袋后第 2 次用药

距上次用药 12～15 d，用 20％甲维·氟铃脲 1 250 倍液＋0.5％苦参碱水剂 1 500 倍液＋不套袋桃补钙 800～1 000 倍液进行混合喷雾。

八、套袋后第 3 次用药

距上次用药 15～20 d，用 2.5％高效氯氟氰菊酯 1 500～2 000 倍液＋1％甲维盐乳油 2 500 倍液＋不套袋桃补钙 800～1 000 倍液进行混合喷雾。

九、其他

于 7 月中旬后对未成熟采摘品种，可视情况喷 2～3 次杀虫剂；7 月底至 8 月初，桑白蚧严重桃园可用 40％乐斯本（毒死蜱）1 000～1 200 倍液＋2％阿维菌素乳油 2 500 倍液杀一次第 3 代幼蚧。

第四节　桃树病虫害绿色防控技术

一、休眠期至萌芽期（1月至3月中旬）

（一）防治对象

疮痂病、褐腐病、穿孔病、腐烂病、螨类、介壳虫等。

（二）防治措施

清洁果园。结合冬季修剪，剪除各种病虫枝、叶、干枯果穗，集中销毁清园后对树木刷白涂白，预防日晒与冻害，兼治病虫害。用3～5波美度石硫合剂喷干枝及地面，进行全面消毒。

二、萌芽期至开花期（3月中旬至4月上旬）

（一）防治对象

褐腐病、穿孔病、介壳虫、蚜虫、卷叶蛾、桃蛀螟、梨小食心虫、金龟子等。

（二）防治措施

花前或花后细喷吡虫啉1次，防治蚜虫；花后15 d左右喷蜡蚧灵，防治蚧虫类。病虫害发生严重的果园，喷施灭扫利加果虫灵、多菌灵或灭菌灵。用黑光灯诱杀，昆虫的向光性使得夜间野外的黑光灯具有强烈的诱虫作用，是杀虫用灯的理想光源。诱虫原理是昆虫的复眼对波长365 nm的紫外线辐射非常敏感，尤其是飞翔的昆虫。黑光灯引诱来的害虫，用化学或电的方法加以杀死。黑光灯诱杀害虫的技术在果树上得到了广泛应用，一盏20 W的黑光灯可管理3.33 hm^{2}农作物，一夜诱杀虫量达5 kg。平均每天每盏灯诱杀害虫几千头，高峰期可达上万头，降低落卵量达70％。利用黑光灯诱杀害虫，不仅杀虫的效率高，而且使用方便，有效达到降低农药施用量，减少农产品、土壤和水源污染，大大节省种植成本。

三、 新梢生长高峰成熟前期（4月中旬至6月上旬）

（一）防治对象

疮痂病、褐腐病、穿孔病、螨类、卷叶蛾、桃蛀螟、梨小食心虫、潜叶蛾等。

（二）防治措施

喷施达螨灵或阿维菌素防治螨虫类。喷施卷叶净或灭扫利，防治卷叶蛾。用性外激素或糖醋液诱集诱杀成虫。性外激素诱杀即利用昆虫间吸引异性进行交尾、繁殖后代的性外激素，有天然的或人工合成的昆虫性诱剂及类似物，诱杀交配害虫，导致昆虫种群的性别比例失调，从而降低种群密度，达到防治害虫的目的。生产上，一是用于测报虫情。将微量性信息素吸收在载体内，制成诱捕器，根据诱捕某种害虫的数量可预报虫情，确定施药适期。二是诱杀。在捕获器中，加一些杀虫剂可诱杀成虫。三是迷向。在一定区域内，大量释放性信息素，可扰乱害虫雌、雄之间的正常求偶行为，从而丧失繁殖力。四是药剂防治。产卵盛期用氰戊菊酯乳油或高效氯氰菊酯乳油喷雾，每隔14 d喷药1次防治病害，用70%代森锰锌800倍液或50%多菌灵800倍液，一般连喷2次即可。

四、 新梢生长减缓期至花芽分化期（6月下旬至7月下旬）

（一）防治对象

褐腐病、穿孔病、疮痂病、螨类、桃蛀螟、梨小食心虫、潜叶蛾、金龟子、天牛等。

（二）防治措施

金龟子和天牛等有趋光性，可用高压灯诱捕，集中诱杀。糖醋液诱杀。虫螨发生严重时集中喷药。防治穿孔病可以选用农用硫酸链霉素水溶性粉剂或70%代森锰锌可湿性粉剂800倍液喷雾。防治褐腐病，可用 50％多菌灵或 70％甲基硫菌灵可湿性粉剂 800 倍液喷雾。注意农药安全间隔期，果实采收前 15 d 停止用药。

五、 新梢停止生长期（8～10 月）

（一）防治对象

梨小食心虫、潜叶蛾、金龟子、桃蛀螟、桃红颈天牛、叶蝉、螨类、疮痂病等。

（二）防治措施

如果是晚熟的桃品种，梨小食心虫、金龟子、桃蛀螟、桃红颈天牛、疮痂病等容易发生，注意防控。防治叶蝉和叶蛾类，可用灭幼脲 3 号和功夫乳油喷雾。人工挖除桃红颈天牛幼虫或孔洞塞毒签。灯光诱杀叶蝉。8～9 月主干上绑草把诱集越冬的成虫和幼虫。结合施有机肥，深翻树盘，消灭部分越冬害虫。防治煤污病，可用百菌清或代森锰锌喷雾。套袋防鸟害，干旱年份套袋前要浇 1 次水。

六、 落叶休眠期（11～12 月）

（一）防治对象

桃树上越冬病虫。

（二）防治措施

落叶后树干主枝涂白（生石灰和食盐水等混合液），预防日灼与冻害，兼杀菌治虫。清理果园，消灭部分越冬病虫，减少翌年病虫基数。

第九章

桃保鲜及加工技术

第一节　果蔬保鲜概论

采收是果蔬产品生产中的最后一个环节，同时也是影响果蔬产品贮藏成败的关键环节。采收的目标是使果蔬产品在适当的成熟度时转化成为商品，采收速度要尽可能快，采收时力求做到最小的损伤和损失、最小的花费。

据联合国粮农组织的调查报告显示，发展中国家在采收过程中造成的果蔬损失达 8%～10%，其主要原因是采收成熟度不适当，田间采收容器不适当，采收方法不当而引起机械损伤严重，在采收后的贮运到包装处理过程中缺乏对产品的有效保护。果蔬产品一定要在其适宜的成熟度时采收，采收过早或过晚均对产品品质和耐贮性带来不利的影响。采收过早不仅产品的大小和重量达不到标准，而且产品的风味、色泽和品质也不好，耐贮性也差；采收过晚，产品已经过熟，开始衰老，不耐贮藏和运输。采收前必须做好人力和物力上的安排和组织工作，根据产品特点选择适当的采收期和采收方法。

新鲜的果蔬产品生长发育到一定的质量要求时就应收获，收获的果蔬产品由于脱离了与母体或土壤的联系，不能再获得营养与补充水分，且易受其自身及外界一系列因素的影响，质量不断下降甚至很快失去商品价值。为了保持新鲜果蔬产品的质量和减少损失，克服消费者长期均衡需要与季节性生产的矛盾，必须进行贮藏。

一、果蔬的成熟与衰老

(一) 成熟与衰老的含义

成熟一般指果实（或蔬菜营养贮藏器官）生长定型，细胞膨大结束，体积和重量基本不再增加，表现出该品种特征的阶段。这个阶段可在植株上完成，也可以在贮藏期完成，其时间长短取决于果蔬种类品种、栽培和贮藏条件等。

衰老一般指果蔬成熟阶段的变化基本结束，组织开始解体，细胞趋向崩溃的阶段。

成熟与衰老是一个连续过渡的过程，它们是生命进程中的不同阶段，两者既有区别，又无绝对的鸿沟，长成的果蔬即进入成熟，成熟也意味着衰老开始。

（二）果蔬成熟度的判断方法

确定果蔬成熟度应综合各方面因素加以分析判断。一般多以感官及果实生长期来判断，同时参考其他方面。通常从下面几个方面来判定。

1. 色泽　一般果实成熟前为绿色，成熟时绿色减退，底色、面色逐渐显现。可根据该品种固有色泽的显现程度，作为采收标志。

2. 硬度　随果实成熟度的提高，果实的硬度随之减小。因此，也可根据果实硬度的变化程度来鉴别果实的成熟度。常用果实硬度计测定。

3. 主要化学物质含量　果蔬中某些化学物质如淀粉、糖、酸的含量及果实糖酸比的变化与成熟度有关。可以通过测定这些化学物质的含量，确定采收时期。

4. 生长期　在正常气候条件下，各种果蔬都要经过一定的天数才能成熟。因此，可根据生长期来确定适宜采收的成熟度。

5. 植株生长状态　一些地下茎、鳞茎类蔬菜如芋、姜、洋葱等，在地上部分开始枯黄时采收，耐贮性最好。

6. 其他　如种子颜色、果实表面果粉的形成、蜡质层的薄厚、果实呼吸高峰的进程、核的硬化及果梗脱离的难易程度等，均可作为果蔬成熟的标志。

（三）果蔬的后熟作用

果蔬采摘后有一个自行完成熟化的过程，这就是"后熟作用"。为了运输或贮藏，有些果蔬需要提前采摘。其目的是，通过其自身的后熟作用，延长运、贮期。也可根据需要采取措施（如低温，气调等）抑制后熟过程，达到长期贮藏的目的。如果需要提早上市，利用乙烯剂等可促进果蔬后熟。有些果实如西洋梨，必须经后熟阶段才能更好食用。一般属于呼吸高峰型的果实具有明显的后熟特征。

（四）果蔬的适期采收

果蔬的采收时期，主要取决于果蔬产品器官的成熟度，但也与采后用途、市场远近和贮运条件有关。一般远运的比当地销售的适当早采，罐藏和蜜饯加工的原料应适当早采，而作为加工果汁、果酒、果酱提取淀粉的原料应当充分成熟后采收。

根据果蔬用途不同，人们将采收成熟度的标准分为：贮运成熟度、食用成熟度、加工成熟度和生理成熟度。

果实一般用手采摘。如苹果、梨、桃、番茄等，在采收时用手掌轻握果实向上略托或稍旋，果梗即在离层处与果枝分离。对于果梗与果枝结合牢固的种类，如柑橘类和葡萄等，常用采果剪剪下。对于组织坚硬的小型果实，如山楂、枣等，可以摇动树枝使之脱离。坚果类的核桃、栗子可以用竹竿打落。地下根茎类，如萝卜、芋头、洋葱等多用铣刨，也可用犁翻。有些蔬菜采收得用刀割，如大白菜、甜瓜等。

同一植株上的果实，成熟度不一致时，分期采收即可保证质量，又能增加产量。果树上的果实采收顺序是"先下后上，先外后内"。即应先从树冠下部的外围开始，然后再采内膛和树冠上部的。果蔬的表面结构是一个良好的天然保护层，应尽量保护，避免破坏。

分级就是根据果蔬产品的大小、重量、色泽、形状、成熟度、新鲜度以及病虫害和机械操作等情况，按照一定的规格标准，进行严格挑选，分为若干等级。分级主要是凭感官进行手工操作，因此挑选人员必须掌握分级规格标准和合同要求，精神集中，认真负责，逐个过目，仔细挑选。按产品的色泽、大小或重量分级，除目测和手测外，还可以采用简单的器械或机器，如分级板、分级机等，可以提高准确度和工效。

近年来，有些国家研制成的光电分级机，已用于柑橘、番茄、桃等果实的挑选分级，是比较先进的分级设备。

二、果蔬的包装要求

为了提高果蔬的商品价值，便于销售，有利贮运，果蔬包装前应进行适当处理，主要有洗涤、整理、涂被等。

有些果实，特别是出口外销果实，经过处理后要逐个用包果纸或塑料薄膜包严后装箱。包果纸应质地坚韧，大小适宜。塑料薄膜也可制成大小适宜的袋，每袋装一个或一定量的果实。食品包装材质要求通过食品安全（QS）认证。

装箱（篓）前，先在容器内衬垫蒲包、纸张、干草等缓冲物，再放入果蔬，在空隙间还应加纸条、干草等填充物，以防相互碰撞、挤压，若能增加隔板和托盘效果更好。果蔬上再加衬垫物后才能封箱，捆紧扎实，并注明产地、品种、等级、重量以及包装日期和单位名称等。

果蔬在包装容器内应有一定的排列方式。其目的在于能通风透气，整齐紧凑，充分利用容器又不致相互碰撞挤压，如水果、番茄、青椒等在圆形容器内多沿壁由外至内呈同心圆形排列。直线排列方法简单，排列整齐，便于计数，适用于小型果；对角线排列，底层果实承受压力少，通风透气较好，适用于大、中型果实。

三、果蔬呼吸作用的定义、方式及呼吸类型

果蔬在贮藏中，生命活动的主要表现是呼吸作用。呼吸作用的实质是在一系列专门酶的参与下，经过许多中间反应所进行的一个缓慢的生物氧化—还原过程。呼吸作用就是把细胞组织中复杂的有机物质逐步氧化分解成为简单物质，最后变成二氧化碳和水，同时释放出能量的过程。

果蔬的呼吸作用分有氧呼吸和无氧呼吸两种方式。在正常环境中（即氧气充足条件下）所进行的呼吸称为有氧呼吸。体内的糖、酸被充分分解为二氧化碳和水，并释放出热能。

果蔬在缺氧状态下进行的呼吸称为无氧呼吸（或缺氧呼吸）。在这种状态下，体内的糖、酸，不能充分氧化而生成二氧化碳和酸、醛、酮等中间产物。

有氧呼吸和少量的无氧呼吸是果蔬在贮藏期间本身所具有的生理机能。少量的无氧呼吸也是一种果蔬适应性的表现，使果蔬在暂时缺氧的情况下，仍能维持生命活动。但是长期严重的无氧呼吸，会破坏果蔬正常的新陈代谢。

果蔬的呼吸类型可分为呼吸跃变型和无呼吸跃变型。

（一）呼吸跃变型

也称呼吸高峰型。此类果蔬在成熟期出现的呼吸强度上升到最高值，随后就下降。在这种呼吸跃变期，果实的风味品质最好，随后变坏。故呼吸跃变期实际是果实从开始成熟向衰老过渡的转折时期。属于此类型的有番茄、网纹甜瓜、苹果、梨、香蕉等。

（二）无呼吸跃变型

又可分为呼吸渐减型和呼吸后期上升型。呼吸渐减型，指果实在成熟期，呼吸强度逐渐下降，无呼吸高峰出现。此类果实有柑橘、樱桃、葡萄等。呼吸后期上升型，指果实成熟后期呼吸强度逐渐增加，无下降趋势，此类果实有柿、桃、草莓等。

四、果蔬田间热和呼吸热的区别

果蔬采摘前后由于阳光和气温等因素暂蓄于果蔬体内的热量称为田间热。果蔬呼吸作用中释放的能量大部分以热的形式散发出体外，这种热量称为呼吸热。田间热和呼吸热是果蔬在低温下贮藏时首先应克服的两个热源。两者区别：一是热源不同，田间热源于果蔬之外，呼吸热源在果蔬之内；二是处理方法不同，对田间热通常采用预贮、预冷的方法，而呼吸热则要从控制呼吸强度、改善贮藏环境两方面入手。

五、 影响果蔬水分损失的因素及防止萎蔫的措施

果蔬保鲜，在很大程度上可以说是保持水分。果蔬在贮藏期间发生失水现象是不可避免的，因为果蔬的呼吸代谢要消耗部分水分。此外，多种因素还造成部分水分蒸发。影响果蔬水分损失的内因有果蔬组织构造的化学成分，如不同种类和品种、果实成熟程度、果皮厚度、蜡质层厚度、细胞间隙、细胞液浓度等；外部因素如贮藏环境温度、相对湿度、光照、风速等都会影响水分蒸发。

果蔬贮藏环境中空气的水蒸气压低于表面水蒸气压时，会引起果蔬水分蒸发，使细胞膨压降低，果蔬便产生萎蔫现象。一般失水超过 5% 就显示出失鲜状态，表面皱缩、光泽消退、细胞空隙增多，组织变成海绵状。柑橘、黄瓜、萝卜等都易见到这种现象。萎蔫造成果蔬外观损坏，品质下降，损耗增加，使正常的呼吸作用受到影响，促进酶的活性，加快了组织衰老，大大削弱了果蔬固有的耐藏性和抗病力。因而在果蔬保鲜工作中，必须防止过多的水分蒸发，以防果蔬萎蔫。其办法有：

（1）加强预冷处理，尽量减少入库后品温和库温温差；

（2）加强贮藏期温度控制，保证果蔬所需要的适宜湿度；

（3）控制好空气流速，亦可推广塑料薄膜包装技术。

果蔬在贮运中常可见到产品表面有凝结的水珠，这种现象称为"结露"（俗称发汗）。结露为微生物的迅速繁殖和生长创造了有利条件，特别是受机械损伤后的果蔬，更易引起腐烂。结露的原因是贮藏环境的气温降到露点温度，使过多的水蒸气从空间析出而在物体表面凝成水珠，若温度继续下降到 0℃ 以下就结成霜。

大堆的果蔬之所以有时结露，是因为堆大，不易通风透气散热。堆内温度高于表面温度，库温突然降低时，容易发生结露现象。内外温差越大越易结露。

为防止果蔬在贮运期间结露，要求贮运场所有良好的隔热条件；贮运期间，维持稳定的低温；通风时，内外温差不宜过大，一般说，温差超过 5 ℃就会出现结露现象；贮运期间果蔬不宜堆积过厚、过大，注意堆内通风良好。

六、 果蔬的冷害、冻害及控制措施

（一）冷害及控制措施

果蔬在 0 ℃以上的低温中表现出生理代谢不适应的现象，称为冷害或低温伤害。在果蔬贮藏中，若温度低于该品种的贮藏适温，就会发生冷害。如甜椒的贮藏适温为 7～8 ℃，若低于 5 ℃则受害；同理，香蕉不能低于 12 ℃。热带、亚热带或在夏季、初秋成熟的果蔬，对低温适应力差，如遇长期 0 ℃的低温环境，则容易发生冷害；在北方生长或秋冬季节成熟的果蔬，如苹果、大白菜，贮藏适温较低，不易发生冷害。

果蔬受冷害后，组织内变黑、变褐和干缩，外表出现凹陷斑纹，有异味。一些表皮较薄、较柔软的果蔬，则易出现水渣状的斑块。

控制措施：（1）变温贮藏。根据不同果蔬品种耐受低温的限度和时间，找出最适宜的贮藏温度以避受冷害。（2）温度调节。一般贮藏温度高有利于防止冷害的发生，这是水分蒸发减弱的缘故。（3）气体控制。环境气体中氧浓度过高或过低都会影响冷害的发生，为避免冷害，氧浓度以 7％为宜。同时，一定浓度的二氧化碳对冷害起抑制作用。（4）选育耐低温品种，这是一项根本性措施，需长期努力。此外，对果蔬采用逐步降温和提高果蔬成熟度也可降低对冷害的敏感。

（二）冻害及控制措施

果蔬因冻结而造成的损害称为冻害。是指在低于果蔬冰点温度下，果蔬所产生的生理机能紊乱、组织坏死的现象。

贮藏过程中发生冻害大致有两种情况：一是贮藏环境绝对温度

过低；二是忽冷忽热，温差太大所致。

深冬时节没能及时在库门、风孔处加置防寒苫盖物，冷库风机口没留出适当距离或不加盖苫盖物，是果蔬受冻的常见原因。

七、 乙烯对果蔬的作用及控制内源乙烯的方法

乙烯是许多果蔬正常代谢的产物，生理作用非常显著，只要有千万分之一（0.1 ppm）的量就有明显作用。果蔬采收后发生的一系列衰老现象，几乎均与乙烯有关。所以，人们称乙烯是最有效的催熟致衰剂。对跃变型和非跃变型果蔬供给外源乙烯，都能刺激呼吸上升，并起到脱涩、脱绿等作用。

控制果蔬贮藏中内源乙烯的方法是，首先要选育耐贮藏的优良品种并掌握采收成熟度，其次是利用低温或气调贮藏来抑制乙烯的作用。果实处在 2 ℃以下的环境中，乙烯刺激成熟能力明显减弱。活性炭是乙烯吸收剂，可降低环境中乙烯含量。操作中减少果蔬损伤，对控制乙烯伤害更有直接意义。

八、 果蔬含钙量与贮藏寿命的关系

钙质与果蔬细胞中胶层的果胶酸合成果胶酸钙，对果实的硬度起一定作用。钙可以发挥保护细胞结构、抑制果蔬呼吸的作用，同时还可以减弱果蔬因含氮高所带来的不利因素。一般果蔬含钙量高的要比含钙量低的呼吸强度低，贮存寿命长。所以人们越来越重视钙元素对果蔬品质和耐贮性的影响，果树盛花后 6~8 周喷布钙液和对采后的苹果用 0.1%氯化钙溶液浸泡，均可达到增加硬度，延长贮存寿命的目的。

九、 果蔬休眠期的调节控制

休眠是植物在进化过程中获得对不良季节适应的一种特征反

应。在休眠期中，新陈代谢降到最低水平，营养物质消耗和水分蒸发都很少，对贮藏十分有利。休眠有强迫休眠和生理休眠两类。目前生产上常用植物激素、辐射、控制贮藏环境条件等办法，来调节控制蔬菜的休眠。

(一) 植物激素处理

目前最常用的有青鲜素（MH）和萘乙酸甲酯等。洋葱、大蒜、萝卜在采收前用0.25％MH喷洒叶面，可抑制贮藏期的萌芽。采收后的马铃薯用0.003％萘乙酸甲酯粉拌撒，也可抑制萌芽。

(二) 控制贮藏环境条件

低温冷藏、低氧和适当高的二氧化碳是最有效、最安全、最方便的抑制发芽，延长休眠的措施。高温也抑制萌芽，如洋葱、大蒜等蔬菜，当进入生理休眠以后，处于30℃的高温干燥环境，也不利于萌芽。

打破休眠则采取喷施赤霉素，改变环境温湿度和通风换气等措施。

十、贮藏中引起果蔬变质的因素

(一) 果蔬变质的原理

果蔬在贮藏过程中必然发生内部营养成分的分解和变化，进而引起果蔬色、香、味和营养价值的降低。超过一定期限，致使果蔬腐烂而丧失营养价值，这个变化称为果蔬变质。

引起果蔬变质的原因主要有五种，即微生物作用、酶的作用、氧化作用、呼吸作用和机械损伤（温度、湿度、通风情况、清洁情况、损伤情况）。

1. 微生物作用 微生物几乎存在于自然界的一切领域，一般肉眼是看不到的，要用显微镜才能看见。水果在常温下放置，很快就会受到微生物污染和侵袭。引起水果腐败变质的微生物有细菌、酵母菌和霉菌等，它们在生长和繁殖过程中会产生各种酶类物质，破坏细胞壁而进入细胞内部，使水果中的营养物质分解。水果质量降低，进而使水果发生变质和腐烂。

2. 酶作用　酶作用是指水果在酶类作用下使营养成分分解变质的一种现象。蔬菜和水果等植物性食品蛋白质含量较少，但在氧化酶的作用下促进自身的呼吸作用，消耗营养成分而变得枯黄乏味，植物的呼吸热还使水果温度升高，微生物的活动加剧，而加速水果的腐烂变质。

3. 非酶作用　非酶作用引起水果变质包括氧化作用、呼吸作用、机械损伤等。例如维生素 C、天然色素（如番茄色素等）也会发生氧化，使水果质量降低乃至变质。

（二）果蔬生理病害与病理病害的区别

果蔬在生长发育和贮藏过程中，正常的生理机能受到不适宜的外界条件干扰而产生病害，称为生理病害。如肥料、水分、光照和贮藏环境中的温度、湿度、气体成分等因素，均可造成这类病害。如番茄脐腐病、甘蓝干烧心、鸭梨黑心病、柑橘褐斑病等。

果蔬病理病害是由微生物侵染引起的病害。如苹果、柑橘的炭疽病、蒂腐病，马铃薯和白菜的软腐病等。微生物病菌的侵染在果树、菜园与果蔬贮藏库都可发生，只要遇到适宜温度，病菌即生长繁殖，进而危害果蔬。

（三）果蔬在运输前进行预冷的原因及常用方法

将果蔬所携带的田间热在装车运输或入库贮藏之前尽快散发出去，这种工作在果蔬贮运中称为预冷。果蔬采收后带有田间热，体温高。因果蔬含水量大，比热大，温度下降慢，其品质降低的速度与温度有关，温度越高，品质下降越快。

预冷的方法很多，最简单的是将产品摊放在阴凉、通风的条件下，使其自然冷却，也可将产品浸渍在冷水中，或用流水漂荡、喷淋使体温降低。用冰进行预冷贮藏，在我国有悠久的历史，至今在某些产品中如苹果、梨、菠菜等仍然使用。国外则采用冷风机、水冷机、真空冷却装置进行预冷。预冷所要达到的温度，因种类、品种、运输条件、贮期长短等不同而异。

（四）果蔬对运输的基本要求

1. 快装快运　积压会造成损失，国家运输部门有规定，鲜活货物随到随运。

2. 轻装轻卸　避免机械损伤，防止产品腐烂变质，逐步实现机械装卸现代化。

3. 防热防冻　减少温差波动，重视利用自然条件和人工管理，配备降温和防冻的装置，发展有控温调气的大集装箱。

十一、果蔬贮藏方法

（一）果蔬简易贮藏法

1. 堆藏　是将果蔬按一定的形式堆积起来，然后根据气候变化情况，用绝缘材料加以覆盖。可以防晒、隔热或防冻、保暖，以便达到贮藏保鲜的目的。堆藏按地点不同，可分室外、室内和地下室堆藏等。

2. 架藏　是将果蔬存放在搭制的架上进行贮藏保鲜。架藏按照贮藏架的开头和放置果蔬方式，可分为竖立架、"人"字形栅架、塔式挂藏架、斜坡式挂藏架和 S 形铁钩等形式。

3. 埋藏　是将果蔬按照一定的层次埋放在泥沙、谷糠等埋藏物内，以达到贮藏保鲜的目的。埋藏又可分为露地、室内、容器物内和沟中贮藏等。

4. 假植贮藏　是将在田间生长的蔬菜连根拔起，然后放置在适宜的场所抑制其生理活动，保持蔬菜鲜嫩品质。

5. 窑窖贮藏　包括窑、窖两种。在土层侧面横伸掘进者称为窑，向土层地下纵向掘进者为窖。主要有棚窖、土窖洞和井窖等形式，其中以棚窖最为普遍。这些窑窖多是根据当地自然、地理条件的特点进行建造的。它们能利用变化缓慢而稳定的土温，又可利用简单的通风设备来调节和控制窖内的温度，产品可以随时入窖和出窖，并能及时检查贮藏情况（多种果品和马铃薯、胡萝卜等蔬菜）。

（二）机械冷藏法

有良好隔热效能的库房中，装置机械制冷设备，根据贮藏的果蔬种类对贮藏温、湿度的不同要求，进行人工调节和控制，以达到较长时期贮藏保鲜目的。它不受气候条件的影响，可以常年进行贮藏，贮藏效果好。

（三）果蔬贮藏保鲜新技术

1. 减压贮藏　是降温和低压结合的贮藏方式。其方法是在贮藏果蔬的冷藏室内，用真空泵抽出空气，使室内气压降低到一定程度，并在整个贮藏期内，始终保持低压。同时，经压力调节器，将新鲜空气不断通过加湿器进入冷藏室，使室内的产品始终处于恒定的低压、低温、高湿和新鲜空气的贮藏环境之中。

2. 电磁处理　目前采用的方法是：（1）磁场处理。产品在一个电磁线圈内通过控制磁场强度和产品移动速度，使产品受到一定的磁力线影响。（2）高压电场处理。即一个电极悬空，一个电极接地，两者间便形成不均匀的电场，将产品置于电场内，接受间歇的或连续的正离子、负离子和 O_3（臭氧）处理。对植物的生理活动，正离子起促进作用，负离子是抑制作用，故在果蔬贮藏上常用负离子空气处理。臭氧是极强的氧化剂，有灭菌消毒、破坏乙烯等作用。果蔬采用臭氧处理，可以抑制呼吸，延缓成熟，减少腐烂。目前，国内已有负离子空气发生器和臭氧发生器定型设备。

（四）常用的果蔬保鲜剂种类及作用

果蔬保鲜剂按其作用和使用方法可分为如下八类。

1. 乙烯脱除剂　能抑制呼吸作用，防止后熟老化。包括物理吸附剂、氧化分解剂、触媒型脱除剂。

2. 防腐保鲜剂　是利用化学或天然抗菌剂防止霉菌和其他污染菌滋生繁殖，防病防腐保鲜。

3. 涂被保鲜剂　能抑制呼吸作用，减少水分散发，防止微生物入侵。包括蜡膜涂被剂、虫胶涂被剂、油质膜涂被剂、其他涂被剂。

4. 气体发生剂　可催熟、着色、脱涩、防腐。包括二氧化硫发生剂、卤族气体发生剂、乙烯发生剂、乙醇蒸气发生剂。

5. 气体调节剂 能产生气调效果。包括二氧化碳发生剂、脱氧剂、二氧化碳脱除剂。

6. 生理活性调节剂 能调节果蔬的生理活性。包括抑芽丹、苄基腺嘌呤、2,4 - D。

7. 湿度调节剂 调节湿度。包括蒸气抑制剂、脱水剂。

8. 其他类保鲜剂 如烧明矾等。

(五)利用乙烯脱除剂保鲜果蔬

果蔬贮藏环境中，即使存在千万分之一浓度的乙烯，也足以诱发果蔬的成熟，所以果蔬采收后 1～5 d 内施用乙烯脱除剂可抑制果蔬的呼吸作用，防止后熟老化。下面分别举例说明其调配和使用方法。

1. 物理吸附型乙烯脱除剂 将活性炭装入透气的布、纸等小袋内，连同待贮藏的果蔬一起装入塑料袋或其他容器中贮存，果蔬贮量较大的，将活性炭分散地放置于果蔬中层和上层，使用量一般为果蔬重量的 0.3%～3%。如活性炭受潮，吸附性能会降低，应予以更换。

2. 氧化吸附型乙烯脱除剂 氧化型的保鲜剂一般不单独使用，而是将其被覆于表面积大的多孔质吸附体的表面，构成氧化吸附型乙烯脱除剂。如将高锰酸钾 5 g，磷酸 5 g，磷酸二氢钠 5 g，沸石 65 g，膨润土 20 g，放在一起混合（或按比例混合），加少量水，搅拌均匀，充分浸润，经干燥后粉碎制成粒径 2～3 mm 的小颗粒或制成 3 mm 左右柱状体。将保鲜剂装入透气的小袋中，与待贮藏的果蔬一起装入容器中，密封包装置阴凉处贮存。它适用于各种果蔬，尤其适用于甜瓜、葡萄、水蜜桃的保鲜贮藏，使用量按重量比为 0.6%～2%。

3. 触媒型乙烯脱除剂 触媒型乙烯脱除剂是用特定的有选择性的金属、金属氧化物或无机酸催化乙烯的氧化分解，适用于脱除低浓度的内源乙烯。如将次氯酸钡 100 g，三氧化二铬 100 g，沸石 200 g 混合在一起（或按此比例混合）加少量水搅拌均匀，制成粒径 3 mm 左右的颗粒或柱状体，阴干后在 10 ℃下人工干燥，冷却后即为所要求的保鲜剂，此保鲜剂适用于各种果蔬，使用量为 0.2%～1.5%。

（六）利用防腐保鲜剂保鲜果蔬

生物侵染常常是果蔬腐败变质的重要原因，杀菌防腐剂是消灭微生物病害最有效的方法。但是，对不同的微生物所采用的杀菌防腐剂不同，而侵害某种果蔬的微生物又不仅限于一种致病菌，故适当搭配使用杀菌防腐剂可提高防腐效果。

如将 4.5 g 山梨酸和 1.8 g 苯甲酸溶解在热水中，然后加入 1 g 柠檬酸，2.7 g 苹果酸，摇动或搅拌使其溶解，定容到 2 000 mL，调节 pH 至 3.5～4.0，即制成所要求的保鲜剂。量大可根据需要按上述比例配制。这种保鲜剂适用于苹果和梨的贮藏保鲜，使用时可采用浸渍或喷布的方法，使果实表面均匀地附着一层药剂，风干后即可装袋、装箱贮存。

（七）利用涂被保鲜剂保鲜果蔬

涂被保鲜剂通常是用蜡（蜂蜡、石蜡、虫蜡等）、天然树脂（以我国云南玉溪产虫胶制品质量最佳）、脂类（如棉籽油等）、明胶、淀粉等造膜物质制成的适当浓度的水溶液或者乳液。采用浸渍、涂抹、喷布等方法施于果蔬的表面，风干后形成一层薄薄的透明被膜，以达到抑制果蔬呼吸作用的目的。

1. 蜡膜涂被剂　如先将 100 g 蜂蜡和 10 g 蔗糖脂肪酸酯溶解在乙醇中，再将 20 g 酪蛋白钠溶解在水中，两液混合后定容到 1 000 mL（量多按比例配制），快速搅拌，乳化分散后即为所要求的保鲜剂。用浸涂法施于番茄、茄子、苹果、梨等表面，风干后即形成一层保鲜膜。

2. 天然树脂膜涂被剂　如将 50 g 虫胶加入 80 mL 乙醇、80 mL 乙二醇的混合溶液中浸泡，使其溶解。加 1 500 mL 氢氧化钠水溶液（由 20 g NaOH 配制而成），加热搅拌，使溶解了的虫胶皂化（量大按上述比例调配）。将苹果、柑橘、梨等果实放在此溶液中浸渍，取出后风干，即形成一层透明的薄薄的保鲜膜。

3. 油脂膜涂被剂　先将琼脂浸泡在 1 000 mL 温水中，待溶胀后加热化开。然后加入酪蛋白钠 2 g，脂肪酸单甘酯 2.5 g，豆油 400 g，进行高速搅拌得到乳化液（量大按上述比例调配）。将待保鲜物放在该乳液中浸渍，取出风干后贮存，保鲜期明显延长。例如，用上述乳化液处理蚕豆荚，在室温下存放半个月，仍保持绿色。未经处理的蚕豆荚，3 d 后表面即变黑，这种保鲜剂适用于果类和果菜类的贮运保鲜。

4. 其他膜涂被剂　先用少许冷水将 100 g 淀粉调匀，倒入 10 kg 沸水中调制成稀糨糊。冷即后加 50 g 碳酸氢钠，充分搅拌均匀。将柑橘在此浆液中浸渍，捞出晾干后形成一层保护膜，按常规办法包装，置于阴凉处贮藏。

（八）利用气体发生剂保鲜果蔬

气体发生剂是挥发性的物质或经过化学反应产生的气体，这些气体能杀菌消毒或脱除乙烯等气体以达到延长保鲜期的目的。

1. 二氧化硫发生剂　此法适用于贮藏葡萄、芦笋、硬花球花椰菜等容易发生灰霉菌病的果蔬。如将重亚硫酸钠 50 g 与氧化硅胶 100 g 混合（或按此比例），分装在用棉纸制成的小袋内，将选好的巨峰葡萄分两层果梗朝上排列在箱内。置于库温 0～2 ℃，相对湿度 90% 的库内贮存可达到 4 个月以上，使用量一般为 0.5%～1%。

2. 卤族气体发生剂　将碘化钾 10 g，活性白土 10 g，乳糖 80 g 放在一起充分混合，用透气的纤维质材料如纸、布等包装使用。亦可制成颗粒状包装在上述包装体中使用。使用量因贮藏的品种和包装材料的透气性能不同而有很大差异，通常按每千克果实使用无机卤化物 10～1 000 mg。

3. 乙醇蒸气发生剂　将 30 g 无水硅胶放在 40 mL 无水乙醇中浸渍，令其充分吸附。吸附完后除掉余液，装入耐湿透气的容器中，与 10 kg 绿色香蕉一起装入聚乙烯薄膜袋内，密封后置于温度 20 ℃ 左右的环境中保存，经 3～6 d 即可成熟。这种催熟方法最适合从南方向北方的长途运输中使用，到达目的地后就可出售。

（九）利用气体调节剂保鲜果蔬

气体调节剂是指调节气调贮藏中气体成分，其中主要是调节氧气、二氧化碳的制剂。

1. 脱氧剂　在果蔬贮藏保鲜中，使用脱氧剂必须与相应的透气透湿性的包装材料如低密度聚乙烯薄膜袋、聚丙烯薄膜袋、KOP（聚乙烯、偏二氯乙烯、聚丙烯层压）薄膜袋等配合使用，才能取得较好的效果。将铁粉 60 g，硫酸亚铁（$FeSO_4 \cdot 7H_2O$）10 g，氯化钠 7 g，大豆粉 23 g 混合均匀（量大按此比例配制），装入透气的小袋内，与待保鲜果蔬一起装入塑料等容器中密封即可。一般 1 g 保鲜剂可以脱除 1 000 mL 密闭空间的氧气。

2. 二氧化碳发生剂　将碳酸氢钠 73 g、苹果酸 88 g、活性炭 5 g 放在一起混合均匀（量多按此比例配制），即得到能够释放出二氧化碳气体的果蔬保鲜剂。为了便于使用和充分发挥保鲜效果，应将保鲜剂分装成 5～10 g 的小袋。使用时将其与保鲜的果蔬一起封入聚乙烯袋、瓦楞纸果品箱等容器中即可。

3. 脱氧（二氧化碳发生）剂　这类保鲜剂的特点是在脱氧气的同时产生二氧化碳气体，造成低氧高二氧化碳的贮藏环境。将铁粉 200 g、氯化亚铁 120 g、碳酸氢钠 200 g、邻苯二甲酸 80 g、斑脱石 200 g 放在一起混合均匀（量大按此比例配制），装入透气的小袋中即可投入使用。这种保鲜剂的特点是能脱除氧气，产生二氧化碳。将果蔬装入厚 0.02～0.04 mm 的低密度聚乙烯薄膜袋中，同时按 3～8 g/L 的剂量装入保鲜剂，密封后置于常温下保存，即可产生低氧高二氧化碳的气调贮藏环境。

4. 二氧化碳脱除剂　适度的二氧化碳气体能抑制果蔬的呼吸强度，但必须根据不同的果蔬对二氧化碳的适应能力，相应地调整气体组成成分。在可能引起二氧化碳高浓度障碍时，使用二氧化碳脱除剂更有效。将 500 g 氢氧化钠溶解在 500 mL 水中，配制成饱和溶液，然后将草炭投入氢氧化钠水溶液中，搅动令其充分吸附、过滤后控干即可使用，使用时将此保鲜剂装入透气的小袋中即可。

（十）利用湿度调节剂保鲜果蔬

果蔬贮藏过程中，为保持一定的湿度，通常采取在塑料薄膜包装内施用水分蒸发抑制剂和防结露剂的方法来调节，以达到延长贮藏期目的。将聚丙乙烯酸钠包装在透气的小袋内，与果蔬一起封入塑料薄膜内，当袋内湿度降低时，它能放出已捕集的水分以调节湿度，使用量一般为果蔬重量的 0.06%～2%。此保鲜剂适用于葡萄、桃、李、苹果、梨、柑橘等水果和蘑菇、菠菜、蒜薹、青椒、番茄等蔬菜。

（十一）利用生理活性调节剂调节保鲜果蔬

生理活性调节剂是指对植物生长具有生理活性的物质（植物激素）和能够调节或刺激植物生长的化学药剂。用 0.1 g 苄基腺嘌呤溶解于 5 000 mL 水中，配制成 0.002% 的溶液，用浸渍法处理叶菜类，能够抑制呼吸和代谢，有效地保持品质。这种保鲜剂适用于芹菜、莴苣、甘蓝、大白菜等叶菜类和菜豆、青椒、黄瓜等。使用浓度通常为 0.000 5%～0.002%。

鲜包装材料是在普通包装材料的基础上加入保鲜剂或经特殊加工处理，赋予保鲜机能的包装材料。目前已经开发出来的保鲜包装材料有保鲜包装纸、保鲜箱以及将触媒型乙烯脱除剂填充到造纸原料中或者浸涂在造好的纸上，使其具有保鲜性能。保鲜箱和保鲜纸的原理相同，可将箱体的全部或者一部分进行保鲜处理，亦可将保鲜纸贴在箱体内侧而得到。保鲜袋有硅橡胶窗气调袋，防结露薄膜袋，微孔薄膜袋和混入抗菌剂、乙烯脱除剂、脱氧剂、脱臭剂等制成的塑料薄膜袋。保鲜包装材料由于具有许多优点，是深受用户欢迎的包装材料，近年来被广泛用于果蔬的贮藏保鲜。

第二节　桃采后生理

桃果实肉质细腻，营养丰富，深受人们的喜爱。但因桃的采收期集中在高温的 7～8 月，再加上贮运过程中易受机械损伤，故桃在贮藏期间会出现严重的失水失重、硬度下降、果肉褐变等问题。为了能有效地减少桃果实的腐烂，促进流通，桃的采后生理及贮藏保鲜技术研究具有重要的理论和实践意义。

一、桃果实主要的化学成分

桃果汁多味美，芳香诱人，色泽艳丽，营养丰富，是人们最为喜欢的鲜果之一。每 100 g 果肉含糖 7～15 g，有机酸 0.2～0.9 g，蛋白质 0.90 g，脂肪 0.1～0.5 g，含维生素 C 3～5 mg，维生素 B_1 0.01～0.02 mg，维生素 B_2 0.2 mg，类胡萝卜素 1 180 mg。

二、桃果实的采后生理变化

（一）桃采后呼吸强度变化

果实采收后，呼吸作用明显加强，与其品质变化、贮藏寿命等密切相关。桃属于呼吸跃变型果实，在贮藏期间出现两次呼吸高峰及一次乙烯释放高峰，乙烯释放高峰先于呼吸高峰出现。呼吸高峰出现越早越不耐贮。水蜜桃果实采后呼吸强度迅速升高，平均呼吸强度比苹果高 1～2 倍。胡小松在研究中发现，在常温下第一次呼吸跃变前后，果实一直保持较高的硬度和良好的风味，随着第一次呼吸高峰期的结束，果实硬度开始下降，完全软化之前出现第二次呼吸跃变，随后果实风味丧失，果肉组织崩溃，果皮皱缩、腐烂。桃果实采后呼吸高峰的出现是其不耐贮藏的主要原因之一。另外，同一桃果实不同部位呼吸强度不同，果皮是果肉的 4 倍，果顶和果蒂是果实平均呼吸强度的 1/4。

（二）桃采后乙烯变化

乙烯是一种成熟激素，伴随着成熟从果实内部释放出来，不仅促进了呼吸作用，也促进果实的衰老。贮藏过程中乙烯的积累可以促进细胞膜透性的增加，从而使果肉硬度下降。桃属于呼吸跃变型果实，成熟过程中有大量乙烯产生，常温下贮藏的桃果实释放 50～

100 mL/（kg·h）的乙烯，当果实受到机械伤、病虫害、冷害、药害等伤害时，乙烯合成量会大幅增加。不同品种间的乙烯消长规律有显著差异，不同果实个体内的乙烯发生量也相差甚大。与早熟果实相比，晚熟果实启动乙烯合成所需要的时间较长，跃变期间产生乙烯的量较低，因此晚熟品种较耐贮藏。

（三）桃采后酶变化

桃果实采后伴随着一系列酶活性的变化。酶活性的异常变化将直接导致桃果实不能正常软化、絮败及褐变。果胶酶包括：果胶酯酶（PE）、果胶裂解酶（PL）和多聚半乳糖醛缩酶（PG），是与果实软化相关的酶。桃果实絮败与果胶物质的异常代谢有直接关系。果胶的组成与含量决定果实的硬度。果胶酶催化果胶的代谢直接影响果实硬度。低温下桃果实的絮败与这3种酶活性的异常变化有关。超氧化物歧化酶（SOD）、过氧化氢酶（CAT）是在贮藏过程中与果实衰老密切相关的两种酶。SOD、CAT活性上升有利于清除或减轻其对细胞膜的破坏作用。SOD、CAT活性的下降将导致自由基的积累，SOD、CAT活性在贮藏期间活性呈逐渐下降的趋势。杨书珍发现油桃在贮藏过程中CAT活性有两个高峰，前期活性较高，后期表现为逐渐下降的趋势。多酚氧化酶（PPO）是与果实褐变相关的酶，随着贮藏期的延长，PPO活性逐渐上升，促进果实褐变。段玉权对中华寿桃研究后发现，在2℃条件下贮藏，PPO活性逐渐上升，第20 d时活性达到高峰后开始下降。

（四）桃采后某些内含物含量变化（可溶性固形物、总酸、维生素C）

在果实贮藏过程中，内含物含量变化较显著的是可溶性固形物含量。桃果实采后依靠自身积累的营养物质维持自身的生命活动，因而在贮藏期间可溶性固形物含量下降，但是由于淀粉酶将淀粉分解成糖，使可溶性固形物上升，可溶性固形物含量在贮藏期并没有表现出单一的上升或下降趋势。另外，一些处理方法也会影响可溶性固形物含量的变化规律。在冷藏后期和完熟期间加温处理的桃果实可溶性固形物含量不断下降。桃果实主要含苹果酸，随贮藏期延长，酸含量逐渐下降。酸含量的变化可以反映出果实品质的优劣。热处理及热变处理均可以延缓可滴定酸含量的下降。维生素 C 是一类抗氧化物质，在贮藏期内逐渐下降，在体外受温度及 O_2 浓度影响较大，桃果实内维生素 C 含量则不受贮藏温度影响。

第三节　桃贮藏技术

一、采前因素与果蔬质量的关系

　　果蔬贮藏保鲜的最终目的是保持果蔬新鲜和具有较好的品质及风味；对贮藏工作者而言，优质果藏还应具有优秀的耐贮性。耐贮性是果蔬在采收后保持其品质（包括外观和内在质地、风味、营养）缓变、抵抗病原微生物侵染致病的特性，是活体果蔬特有的生命状态的标志。所以，在学习讨论的范畴内，果蔬质量是指果蔬的品质与耐贮性。果蔬采收后的生命活动，是采收前生长发育过程的继续，采前因素是决定果蔬质量的前提。影响果蔬贮藏的因素有很多，采前因素中的产品自身因素、生态因素和农业技术因素及采后的贮藏条件都会影响产品的品质。选择生长发育良好、健康品质优良的产品作为贮藏原料，是搞好果蔬贮藏工作的重要方面之一，因此，既要重视采后贮运的各个技术环节，同时也要首先了解各种采前因素与果蔬质量，尤其是与果蔬耐贮性的关系，这是成功进行果蔬贮藏的先决条件。

二、桃贮藏特性

　　1. 桃属典型的呼吸跃变型果实，呼吸强度比苹果高 1～2 倍，在常温下极易变软，果肉变褐发糠，风味下降。
　　2. 桃表皮被覆的茸毛绝大多数与表皮皮孔相通，使桃的蒸发面积增大数十倍至数百倍。因此，桃采后在裸露状态下失水十分迅速，一般在 20 ℃下裸放 7～10 d 失水量超过 50%。因此，桃在常温下能迅速软化失水。油桃因皮覆蜡质且无茸毛，失水则显著少于桃。

3. 桃对低温的敏感性比其他水果强。采后低温贮藏可强烈抑制呼吸强度，但在－1 ℃下长期贮藏极易产生冷害，风味淡化，果肉变硬发糠和维管束褐变。

4. 桃对二氧化碳极为敏感，贮藏环境二氧化碳浓度超过 1%，即可能产生二氧化碳伤害，果肉褐变，并出现异味。

5. 桃成熟期气温高，而桃汁多营养丰富，采后极易受微生物病害危害导致腐烂。因此，桃一般不作长期贮藏，只进行短期贮藏以避开市场旺季和延长销售期。对于某些名优品种，其贮藏保鲜更具有价值。对于晚熟、耐贮性好的桃和油桃可作 2 个月以内的贮藏。

6. 不同品种和不同成熟期的桃耐贮性差异很大。一般地讲，晚熟品种较早熟品种耐贮，中熟次之。而且中、晚熟品种的桃较适于贮藏。离核品种、软溶质品种的耐贮性差，硬质肉类品种较耐贮。但整体来讲，油桃比毛桃耐贮。

三、对贮藏环境的要求

(一) 温度

温度是桃贮藏保鲜的基本条件。多数桃的冰点温度为－2～－3 ℃。实践中贮藏温度为 0～1 ℃为宜。在贮藏过程中桃不能冻结。通常在－1 ℃时，若贮藏时间过长，桃就会受冻发生冷害，也会引起品质劣变，从而限制桃的贮藏。

(二) 湿度

桃的皮薄，果实中水分极易散失，因此在桃入库预冷时，需要补湿，提高库房湿度，以减少果实的水分蒸发。

(三) 气体成分

桃对二氧化碳十分敏感，贮藏环境应尽量避免二氧化碳的积累，浓度不超过 1%。桃的贮藏环境中最好无乙烯存在。

四、贮藏保鲜的关键技术

（一）采收

桃属于呼吸跃变型果实，但桃采后一般不能在后熟过程中增进其品质，其真正的品质、风味、色泽必须在树上完成。所以桃不宜采收过早。特别是用于贮藏的桃以 8 成熟为宜，超过 8 成熟的桃不宜久存。

多数桃的成熟度区分标准是：

1. 7 成熟　底色为绿色，已充分发育，果面基本平展无坑洼，中晚熟品种在缝合附近有少量坑洼痕迹，但茸毛多而厚；

2. 8 成熟　底色变淡，果面丰满，毛茸稍稀，果实仍稍硬，但已有些弹性，有色品种阳面少量着色；

3. 9 成熟　果面呈现成熟时的本色，毛茸稀，弹性增大，有芳香气味，表现品种风味特性，桃头已变软。

用于贮藏的桃采收应选在晴天早上进行，下午 2 时以后不宜采收。采摘时，要先用手心轻托住桃果实，再用手指满把将桃接住带果柄采收。不能用手指捏，如有捏伤果皮很快变褐，并引起腐烂，称为"印伤"。桃果柄极短，果肩往往又突起，若不注意，稍一拧转果肩即会被果枝碰伤成为次果。桃在树上成熟有先有后，要注意分期分批采收。

（二）包装

桃果在成熟时皮薄肉嫩，对碰撞、振动和摩擦的耐力很弱，包装容器要浅而小，装载数量不宜过多，一般少于 5 kg 为宜。包装容器最好选用苯板箱，也可选用双瓦楞纸箱。纸箱装桃果前先用 PE 或 PVC 保鲜袋衬入箱内，苯板箱则先装果，预冷后再将保鲜袋套在箱的外围。

（三）消毒预冷

桃果入库前先进行库房消毒，办法是用库房专用烟雾消毒剂或

$10\sim20$ g/m³ 碎硫黄点燃密闭 24 h，打开门窗散出库内的残留雾。打开制冷机先将库房充分预冷。

因桃采后温度很高，降低果实温度，能很快降低果实呼吸强度，使果实从常温降至 0 ℃，其呼吸强度降低 10 多倍，果肉软化率减缓近 10 倍。此外为了防止结露导致腐烂，在预冷时要打开包装箱，将箱内的保鲜袋敞开，防止结露。一般预冷 $24\sim30$ h，还可用 $0.5\sim1$ ℃的冷却水与液体保鲜剂浸泡结合。预冷结束后放入桃果专用保鲜剂，再扎紧袋口。

五、贮藏方法

(一) 冷藏

桃采后对温度的反应比其他果实都敏感。如果库温波动大或库温过高，就会出现两次呼吸高峰，第一次呼吸高峰会使果实开始变软；第二次呼吸高峰到来后，果实维管束开始变褐，继而发展到整个果肉褐变。因此冷藏温度应控制在 $0\sim1$ ℃恒温下，温度过高，会使果实呼吸强度成倍增大，贮藏寿命成倍减少，最好在库内放 $3\sim4$ 只水银温度计。

(二) 码垛

在预冷结束后要进行码垛，码垛时要离开地面 20 cm，离开蒸发器对面墙 20 cm，两面侧墙 10 cm，要离开库顶 $50\sim70$ cm。码垛最好是从里边开始，在码垛时应尽量减少库内工作人员，以免造成二氧化碳伤害和库温升高，造成果实第二次呼吸，缩短贮藏寿命。

(三) 气调贮藏

气调贮藏较为简便，将桃贮藏在 0 ℃、氧气 8%～10%、二氧化碳 3%～5%的环境中，可贮 $60\sim80$ d。但气调库造价很高，一般要比同等的冷藏库高出 2 倍以上。更主要的是气调库一般容量为 $500\sim2\,000$ t，建议一般果农使用冷藏库，规模大的最好使用气调库。

六、桃果实贮藏保鲜常规技术

（一）利用温度调节保鲜

1. 贮前热处理 贮前热处理可抑制桃果发绵，减少腐烂，增加耐藏性。热处理一般是指用高于果实成熟季节 10～15 ℃的温度对果实进行的采后处理，然后再置于低温下。40 ℃热空气处理 24 h 可保持果实的硬度，抑制果皮中叶绿素的降解，推迟了呼吸高峰的出现，保持了细胞膜的完整性，热处理抑制了乙烯的释放，降低了 LOX 和 POD 活性。韩涛等报道，桃果实经适宜的热激处理后再进行冷藏，在一定程度上可以保持果实的硬度，降低酸度，增加耐藏性，其中以 37 ℃处理 2 d 的效果为佳。

2. 预冷 预冷可延缓果蔬变质和成熟，节省贮运中的制冷负荷，节约能源。桃果采后要尽快将桃预冷到 4 ℃以下，可防治褐腐病和软腐病发生。桃采后迅速预冷至 0～1 ℃，可适当抑制桃果的生理活动。

3. 低温贮藏 低温贮藏可以抑制桃果呼吸速率和内源乙烯的产生，降低软化速度和保持硬度，延长贮藏期。但在低温环境下桃果容易受到低温伤害，在−1 ℃会遭受冻伤；一般认为在 2 ℃左右贮存效果较好，但在 0～4 ℃贮藏过久，桃果会出现海绵状变化，遭受冷害。所以一般低温贮藏时间也不超过 6 周。

4. 间歇升温 桃果实对温度较为敏感，低温贮藏易造成冷害，采用间歇升温可有效防止冷害发生，试验认为每 14 d 升温 1 次，能够较好地保持桃果实的风味与质地。

5. 冰温保鲜 冰温保鲜是贮藏温度介于一般冷藏和冻藏温度之间，并控制在果蔬冰点温度或略低于该温度下进行贮藏的方法。运用此方法保存的果蔬新鲜如初，未发现细菌败坏或变质现象，有害微生物繁殖甚微，而且果实的硬度有所增加。研究表明，冰温能大大降低桃的呼吸强度，推迟呼吸高峰的到来，很好地保持桃的水分和硬度，在试验条件下，贮藏 30 d 后好果率为 92%。

(二)气调贮藏保鲜

在冷藏的基础上，通过对贮藏环境中温度、湿度及二氧化碳、氧气和乙烯浓度等条件的控制，抑制果蔬呼吸作用，延缓其新陈代谢过程。具体方法可分为自发气调（MA）和人工调节（CA）。自发气调贮藏是通过水果自身的呼吸作用来改变周围气体成分，抑制呼吸作用的快速进行以及抑制内源乙烯产生，从而达到保鲜目的。不同厚度薄膜包装对水蜜桃品质变化的影响试验表明，气调包装可显著保持果实可滴定酸水平，抑制总糖含量的降低。

CA技术是利用机械制冷的密闭贮库，配用气调装置的制冷装置，使贮库内保持一定的低氧、低温、适宜的二氧化碳和湿度，并及时排除贮库内产生的有害气体，从而有效降低所贮果蔬的呼吸速率，以达到延缓后熟、延长保鲜期的目的。气调组合试验证明，（2%～5%）O_2＋（2%～5%）CO_2可以明显抑制果肉衰败、褐变，可以维持较高的果肉硬度、维生素C和可滴定酸含量，延长货架寿命。

(三)减压贮藏保鲜

减压贮藏是气调贮藏的发展，又称低压贮藏或真空贮藏，是在冷藏的基础上降低氧气合成量，不断地把有害气体排出，并补充高温低压的新鲜空气的过程，被国际上称为21世纪的保鲜技术。减压贮藏能够降低桃果实的呼吸强度，并抑制果实内乙烯的生物合成。尤其是在控制果实失水方面效果显著。利用循环、新鲜、潮湿、低压、低氧的空气，去除桃果田间热、呼吸热及代谢产生的乙烯、二氧化碳、乙醛、乙醇等，使果实长期处于最佳休眠状态的同时，延缓桃果的成熟与衰老。试验认为水蜜桃的较佳压力为50～60 kpa。

(四)其他

应用于桃果贮藏的技术还有辐照保鲜、冰窖保鲜、化学保鲜、生物技术保鲜、涂膜保鲜等。

七、贮藏保鲜技术研究的发展趋势

国内外虽然在桃果实采后生理与贮藏保鲜技术方面取得了一定的进展，但是有很多技术都是单一的，已经不能满足当前贮藏保鲜技术发展的需求。如何建立一个有效的综合保鲜贮藏体系已经成为未来重点研究的内容与方向，需要加以匹配研究桃果实采后抑制衰老所涉及的各个方面，形成技术集成，从而更好地解决贮藏保鲜过程中遇到的各种难题。

（一）新型保鲜剂研发

虽然 SO_2 等化学保鲜剂对果实保鲜效果明显，但是残留问题已日益引起人们的关注；1-MCP 又是一种无色无味的气体，不便于包装与运输，使用范围受到一定的限制；生物保鲜剂虽已成为研究的热点，但是保鲜效果不太稳定或成本过高。因此，研究新型高效保鲜剂是贮藏生产中的一大需求。国外可食性保鲜剂、聚合物衍生物保鲜剂、全能保鲜剂等生化保鲜剂已经投入生产应用，而且取得了很好的经济效益，给保鲜剂产业化发展提供了新的借鉴。

（二）新技术的开发与综合技术的应用

近年来，减压贮藏、臭氧保鲜、生物保鲜技术尤其是最近刚兴起的冰温贮藏保鲜技术的诞生，给果蔬贮藏保鲜注入了新的活力，但是在应用技术研究上还缺乏系统的配套措施。而且，由于单一保鲜技术的应用离走向市场还有一段距离，如何尽快地将新技术应用到生产实践中，融入技术体系形成集成技术，克服目前新技术独臂难撑的局面，是保鲜研究发展的重点。

（三）保鲜设备设施研发

发展果蔬低温贮藏保鲜产业的基础是保鲜设施的建设。在果蔬保鲜工程中采用制冷新技术、新设备是产业发展的必然趋势，如强风预冷技术、真空预冷技术、差压预冷技术、制冷节能等技术的应用，设备与技术的同步发展，相互促进，才能更快地带动贮藏保鲜产业化的发展。

（四）采前与采后技术衔接

保持果实的固有风味，延长保鲜期，不仅与采后贮藏技术有关，而且与采前的管理、采收成熟度的标准、采收方法、预冷技术等密切相关，如果其中某项过程不规范，都会造成很大的经济损失。所以，建立一套集采前、采中、采后的综合标准化体系，将是贮藏保鲜研究的基础目标。

（五）冷害机制的研究

目前，桃果实贮藏保鲜技术研究还是以温度和应用为基础，低温易造成冷害，但冷害及其生理生化反应是相当复杂的过程，其中起关键作用的酶或代谢并不是很一致，某些关键生理生化过程还不清楚，有待进一步调查研究。冷害导致果蔬抗病性与耐贮性下降，造成严重腐烂与品质劣变，限制了低温技术在冷敏感性果蔬贮藏中的应用，每年因贮藏温度过低造成冷害经济损失严重，因此冷害的发生机制及控制技术研究是未来值得继续关注的课题。

第四节　桃加工技术

桃加工在我国水果加工产业中占据了重要的位置，但我国桃加工水平在品种、种植技术和加工水平等方面与国外相比还有一定的差距。我国桃加工原料主产区主要在安徽砀山县、山东临沂、大连金州、河北和湖北枣阳等地，种植面积为 50 万亩，年产加工桃原料约 70 万 t，可基本满足国内加工企业的需求。

一、桃脯加工

（一）工艺流程

原料选择、预处理→硬化及护色→糖煮→浸渍→整形→烘干→包装→成品

（二）操作要点

1. 原料选择、预处理

（1）原料选择。选用新鲜饱满、无腐烂、无病虫害，九成熟，酸分偏多的果实。按果实横径大小分级（75 mm 以上为一级，65～74 mm 为二级，64 mm 以下为三级）。

（2）原料预处理。去皮、切半、去籽巢。桃洗净后用去皮机旋去果皮（果皮厚度不超过 1.2 mm），一级果纵切为 3 瓣，二级和三级果纵切为 2 瓣。果心刀挖净籽巢和梗蒂。

2. 硬化及护色

将桃果块放入 0.3% $NaHSO_3$ 和 0.5% $CaCl_2$ 溶液中浸泡 20 min。

3. 糖煮

按 1∶1 配糖，先将一半糖配成 40% 糖液后倒入桃果块，加 1% 柠檬酸，加热至沸腾，然后分三次将剩余白糖加入锅中，煮至果块透明出锅。

4. 浸渍

浸渍时间为 12～24 h。

5. 整形

将捞出的桃坯，沥净多余糖液，摊放在烘盘上冷却，待冷却后，用手逐一将桃碗捏成整齐的扁平圆形，规格不齐的剔出另作处理，然后再入烘房烘干。

6. 烘干

于 60～65 ℃烘至表面不黏，含水量 18%，时间 18～24 h。

7. 包装

桃脯可用玻璃纸逐个包装；也可装入塑料薄膜食品袋，然后装入纸箱内。注意防潮。

（三）注意事项

1. 返砂与流糖

制品中蔗糖含量过高而转化糖不足导致。影响转化糖的因素是糖液的 pH 与温度，当 pH 在 2.0～2.5 之间，加热时能促使糖转化形成转化糖。

2. 煮烂与皱缩

煮烂与品种、成熟度有关。皱缩是由于"吃糖不足，干燥后出现皱缩干瘪。可以在糖制过程中分次加糖，使糖液质量分数逐渐提高，并延长浸渍时间。

二、桃罐头制作

(一)工艺流程

原料选择→清洗→去皮、去核→预煮→修整分选→装罐→加罐糖液→排气→密封→杀菌→冷却→擦水入库

(二)操作要点

1. 选果洗果 除去有机械伤、过生、过熟，软、烂、有病虫害及干瘪畸形果实，用清水洗净。

2. 分级切瓣 按大小果分开，投产时冷藏桃果心温度应在15 ℃以上，沿合缝线对切，防止切偏。

3. 去核去皮 切半后用挖核刀挖核，核窝处不得留有红色果肉。将桃反扣进行淋碱去皮。去皮的条件是13％～16％氢氧化钠液，温度80～85 ℃，时间50～80 s，淋碱后迅速搓洗去净残留果皮，再以流动水冲洗去净果实表面的残留碱液。

4. 预煮 在预煮机中，水温95～100 ℃（或蒸汽中）预煮时间4～8 min，以煮透为止，预煮水先加入0.1％柠檬酸，加热煮沸后再倒入桃片，煮后急速冷却，以冷透为止，置清水中以待修整。

5. 修整 将斑点、虫害、变色红肉、伤烂、切偏及核尖等缺陷除掉，切口毛边软烂，核窝光滑，果块呈半圆形或修成4、6、8开等。

6. 分选 按不同色泽大小分开放入盆内，以待装罐。

7. 装罐量 510 g玻璃瓶装果肉330～340 g、糖水170～180 g；450 g回旋瓶装果肉290～300 g、糖水150～160 g。

8. 配糖液 将砂糖盛入双层锅中，加适量水溶化（50 kg糖用25～30 kg水溶化），并加入适量搅散的蛋白（100 kg糖用4～5个鸡蛋，将蛋白搅散成泡沫状，蛋黄不得混合）加热煮沸，不断打捞泡沫杂质，使糖液清澈为止，检查浓度，加煮沸过清水调整糖液至要求的浓度。要求计算糖液的浓度：

$$Y=(W_3Z-W_1X)/W_2$$

式中，Y——要求糖液浓度％（以折光计）

W₁——每罐装入果肉量（g）

W₂——每罐加入糖液量（g）

W₃——每罐总重量（g）

X——装罐时果肉可溶性固形物含量（％，以折光计）

Z——要求开罐时的糖液浓度（％，以折光计）

加水调整计算：

$$加水量＝[(a－b)/(b－c)]×W$$

式中，W——加水量（g，以重量计）

a——浓糖液的浓度（％，以折光计）

b——要求配制的糖液浓度（％，以折光计）

W——浓糖液重量（g）

要求糖液浓度按下表配制（按开罐时糖水浓度为16％计）

果肉原有的可溶性固性物含量（％）	7.0～7.9	8.0～8.9	9.0～9.5	10～10.9
要求配制糖水的浓度（％）	35	33.5	31.0	29

按调整浓度正确的糖水量，加入 0.1％～0.3％柠檬酸溶液（根据果肉原有含酸量而定，若果肉含酸量在 0.9％以上，则不加柠檬酸，含酸量 0.8％左右则加柠檬酸 0.1％，含酸量 0.7％则加 0.3％柠檬酸）。

9. 加罐液　如用热装密封法，装罐时糖液的温度不得低于 95 ℃，趁热装入罐内，称重。加罐液量至罐型内容物总重量的 ±1％～2％，装罐后上面留约 0.5 cm 的顶隙，趁热密封罐口，注意密封时罐内温度不得低于 75 ℃。若用真空封罐机，可装入温度稍低的糖液，抽空密封。

10. 排气密封　用热力排气使罐心温度 85 ℃趁热密封，密封后逐罐检查封口是否良好，抽气密封 450～550 mmHg。

11. 杀菌冷却　密封后的罐头应尽快杀菌，其时间不得超过 30 min。

12. 擦水入库

附：蒸汽去皮法

1. 选果　选除机械伤、病虫害、干瘪畸形及过生果实，放至阴凉处，室温下后熟 3~5 d 使果实达到 9 成熟，适合蒸汽去皮为度。

2. 切片去核　沿合缝处对剖为二，随即挖去核，核窝处的红色果肉挖尽。

3. 预煮　去核的桃片反扣在不锈钢传送带上进入蒸煮机，蒸汽温度 100 ℃，时间 8~12 min，以蒸煮适度，然后淋水冷却。

4. 去皮　淋水后的桃片，用手轻轻剥去果皮，尤其注意蒂部及边缘处的果皮要去净，将去皮的桃片放在清水中以待修整。

（三）注意事项

1. 蒸汽去皮较碱液去皮色泽好芳香浓，特别是白桃更明显，但有些品种如水蜜桃及冷藏的桃和未成熟的桃，不宜用蒸汽去皮。

2. 装罐前对白桃核尖、核窝部分的紫红色果肉必须剔除，黄桃带青黄色者也应剔除。

3. 桃罐头的酸度，开罐后最好平衡在 0.2%~0.3%，因此装罐前桃肉含酸量低的品种，应在糖水中加入适量的柠檬酸。

4. 碱液去皮，对碱液浓度、温度、淋碱时间，应根据原料成熟度很好掌握，淋碱后立即用清水冲洗黏附碱液，随后迅速预煮透，以抑制酶活性，预煮水可加 0.1% 柠檬酸（pH 5 以下）以防变色。

5. 成熟度高的软桃，采用 100 ℃ 蒸汽煮 8~12 min，迅速淋水冷却后撕皮，软桃杀菌时间一般较硬桃少 5 min。

6. 糖水中加入 0.02%~0.03% 的维生素 C，对桃肉轻微花青色素具有褪色作用，糖水应加满，防止桃肉露出液面变色。

三、桃酱加工

（一）工艺流程

原料→去皮→切分去核→预煮→打浆→浓缩→装罐→封盖→杀菌和冷却→成品

（二）操作要点

1. 原料选择　要求选择成熟度适宜，含果胶、酸较多，芳香味浓的桃。

2. 清洗　将选好的桃用清水洗涤干净。

3. 去皮、切分、挖核　将洗干净的桃用不锈钢刀去掉果梗、花萼，削去果皮。

4. 预煮、打浆　将果块放入不锈钢锅中，并加入相当于果块质量 50% 的水，煮沸 15～20 min 进行软化，预煮软化升温要快，然后打浆。

5. 浓缩　果浆和白砂糖为 1 :（0.8～1）的质量比，并添加 0.1% 左右的柠檬酸。先将白砂糖配成 75% 的浓糖液煮沸后过滤备用。将果浆、白砂糖液放入不锈钢锅中，在常压下迅速加热浓缩，并不断搅拌；浓缩时间以 25～50 min 为宜，温度为 106～110 ℃时，便可起锅装罐。出锅前，加入柠檬酸并搅匀。

6. 装罐、封盖　将瓶盖、玻璃瓶先用清水洗干净，然后用沸水消毒 3～5 min，沥干水分，装罐时保持罐温 40 ℃以上。

果酱出锅后，迅速装罐，须在 20 min 内完成，装瓶时酱体温度保持在 85 ℃以上，装瓶后迅速拧紧瓶盖。

7. 杀菌、冷却　采用水浴杀菌，升温时间 5 min，沸腾下保温 15 min；然后产品分别在 75 ℃、55 ℃水中逐步冷却至 37 ℃左右，得成品。

（三）质量要求

可溶性固形物含量 65%～70%；总含糖量不低于 50%；含酸量以 pH 计，在 2.8 以上，3.1 左右为好。

四、桃汁饮料制作

（一）工艺流程

原料选择→洗果→打浆→酶解→榨汁→澄清→调配→脱气、杀菌→灌装、封口

（二）操作要点

1. 原料选择 选成熟度良好的果实，如成熟度低，则需进行后熟，剔除病、虫、腐烂的果实。用清水漂洗干净。桃毛太多时，可用洗涤剂洗去，然后用清水冲洗干净。

2. 打浆 桃果实经洗净后直接用打浆机打浆，使皮和核分离出来。也可以加入果重的 0.5 倍水打浆。

3. 酶处理 每吨桃果肉添加精制桃专用果胶酶制剂 1.2 kg。先用果汁将果胶酶配成含酶量 2% 的酶液，然后加入果肉，并搅拌均匀。在 30～35 ℃条件下酶解 3～4 h。

4. 榨汁 将酶处理后的果浆榨汁，至果渣呈干饼状。

5. 澄清 将所得桃汁过滤或澄清。如酶解时加酶量不足或酶解时间不够，使果胶分解不完全，过滤后果汁易因果胶形成二次沉淀，可在每吨果汁中加入 30～50 g 果胶酶制剂，进行二次酶解。再经精过滤后，便可得到无沉淀的澄清桃汁。

6. 调配 用白砂糖配成 60% 的糖液，煮沸过滤。将柠檬酸配成 50% 的酸液。用糖液、酸液和水调饮料中原果汁含量在 10% 以上，含糖量 12%，总酸含量至 0.35%，再用天然色素柠檬黄调色。也可不加色素调配。

7. 脱气、杀菌 将调配好的果汁真空脱气，高温瞬时杀菌，杀菌条件 96 ℃，30 s。

8. 灌装、封口 将果汁趁热装入杀过菌的热玻璃瓶中，蒸气或沸水浴保温 10～20 min。分段冷却至 38 ℃。

（三）质量要求

黄桃果汁饮料呈淡黄色，白桃果汁饮料呈白色，澄清透明无沉淀，无异物。酸甜适口，有桃子特殊的风味，含糖量在 12% 以上（按折光计）。

五、桃清汁发酵

果酒酿制的基本方法有 3 种，即传统发酵法，浸泡法和发酵与浸泡结合法。

传统发酵法是指果浆或果汁经天然酵母或人工培养酵母，在一定条件下发酵，直至糖分耗尽后发酵自然终止的方法。这种方法常用于含汁较多的水果，桃属于此类。它的特点是发酵结束后，残留糖分很低，每升原酒含糖分 4 g 以下，目前市场销售的果品干酒如葡萄干红、干白酒都是由此法酿制的。由于发酵全过程时间较长，浸出物比较丰富，果实香气浓郁，酒香优美，后味绵长，口味醇而丰满，便于原酒贮藏和管理。

下面简单介绍桃清汁发酵的特点。

（一）工艺流程

原料分选→破碎→榨汁（加白砂糖、果胶酶、二氧化硫）→澄清→调整成分→前发酵（接入酵母）→倒桶→后发酵（加入二氧化硫）→分离过滤→装瓶→成品入库

（二）操作要点

1. 原料前处理　原料要求完全成熟，含汁量多，无病虫害及腐烂变质，剔除未熟果，去除杂质，用清水洗涤沥干，切分去核。然后加适量水（为总重量的 20%～30%），加热至 75 ℃ 20 min，以提高出汁率。

2. 榨汁、澄清　在果浆中每千克加入 50 mL 二氧化硫、100 mg 果胶酶，搅拌均匀后，静置 2～4 h，进行榨汁。在每千克果汁中加入 15～20 mg 果胶酶，30～40 ℃下保持 2～3 h，分离得澄清果汁。

3. 调节　将澄清果汁用糖进行调整。一般桃的含糖量为每百毫升 11～14 g，因此只能生成 6～8 度的酒。而成品酒的酒精度要求为 12～13 度，可根据生成 1 度酒需 1.7 g 糖，计算出所需加糖量，加入果汁中。

4. 主发酵　将澄清果汁调整理化成分后，接入人工培养的纯种酵母液，进行前发酵 1 周。然后，倒桶进行后发酵，并每千克补加 50 mg 二氧化硫，在 15～18 ℃ 的温度下缓慢地进行后发酵，使残糖进一步发酵为酒精。当发酵液比重下降至 0.993 左右时即结束。

5. 调整、装瓶 发酵结束后调整成分，分离过滤、装瓶，即为成品。

（三）质量要求

酒液微黄色，澄清透明，无悬浮物，无沉淀物，具有桃典型的清雅果香和酒香，滋味纯净柔和、酸甜适中，无异杂味。桃酒酒精度 8%～13%，总糖不高于 5 g/L，总酸 6～8 g/L，挥发酸不高于 1 g/L，维生素 C 每百克含量高于 10 mg。

六、蜜桃片制作

（一）工艺流程

原料选择→清洗→切分→石灰腌渍→烫煮→配料→糖渍→糖煮→干制→包装

（二）操作要点

1. 原料选择 挑选肉质坚实的桃果，果实外皮带绿色而微红。剔除腐烂果和过熟果。

2. 清洗 将桃果放入明矾水中浸漂，每百千克桃用明矾 60 g。小量以淹没桃果为准，用木棒搅动，用力切勿过度，以免桃受伤。洗净桃果上的茸毛和污物后，随即捞出沥干。

3. 切分 用切桃机沿洗净桃果的缝合线切入，将桃果切成两半，果核也劈开为两半，再将每半个果肉纵切为薄片，深达核部，切后的桃肉薄片连在桃核上，每片厚度 0.2 cm 左右。

4. 石灰腌渍 用生石灰 1 kg 加水 100 kg，配制成石灰水，搅拌，再倒入 100 kg 桃果，继续搅拌后浸渍 5 h 左右捞出，在清水中漂洗，漂净石灰，沥干水分。

5. 烫煮 将漂洗沥干后的桃果烫煮 3～4 min，以煮至果皮发软、果肉转黄为度，接着放冷水中漂洗 30 min，沥干后即可糖制。

6. 配料 桃果 100 kg，砂糖 40 kg，饴糖 8 kg。

7. 糖渍 先取白砂糖 16 kg 将桃果腌渍，下层放五分之一的糖，中层放十分之三的糖，上层放二分之一的糖。充分混合糖渍

10 h左右，沥去糖液。

8. 糖煮 将糖液用纱布过滤，加入适量砂糖，使糖液浓度提高到60%，剩余的砂糖也配成浓度为60%的糖液。糖煮时，预先将桃片投入腌渍过的糖液内煮沸10 min，新糖液每隔20 min添加一次，共加四次，最后加饴糖。糖煮时，应不停地搅拌，捞出泡沫和杂质。当温度达到112～115 ℃，糖液浓度达80%左右，即可捞出桃片冷却，并装缸内存放一星期。

9. 干制 从缸中取出晒至半干，散热后可包装成制品。

10. 包装 用0.5 kg装的塑料薄膜食品袋包装。

质量标准：色黄，片均匀，味甜香，肉糯，呈干状带黏性，含糖量达60%左右。

<<< 参 考 文 献 >>>

陈东元，黄建民，2004. 猕猴桃无公害高效栽培［M］. 北京：金盾出版社.

冯社章，赵善陶，2007. 果树生产技术（北方本）［M］. 北京：化学工业出版社.

高梅，潘自舒，2009. 果树生产技术（北方本）［M］. 北京：化学工业出版社.

郭晓成，韩明玉，严潇，等，2005. 桃树树形及整形修剪技术［J］. 北方园艺
　　（5）：29-31.

郭衍银，王相友，2004. 园艺产品保鲜与包装［M］. 北京：中国环境科学出
　　版社.

蒋锦标，吴国兴，2000. 果树反季节栽培技术指南［M］. 北京：中国农业出
　　版社.

雷世俊，2012. 果树保护地栽培优秀指南［M］. 北京：中国农业出版社.

李俊强，何峰，2021. 果树栽培技术［M］. 北京工业大学出版社.

刘凤之，聂继云，2004. 苹果无公害高效栽培［M］. 北京：金盾出版社.

刘光生，1995. 十二种果树整形修剪图解［M］. 北京：中国农业出版社.

马骏，2006. 果树生产技术（北方本）［M］. 北京：中国农业出版社.

汪景彦，李敏，2013. 苹果树简化省工修剪法［M］. 北京：金盾出版社.

王春良，李炳智，2014. 图说苹果郁闭园改造技术［M］. 北京：金盾出版社.

王跃进，杨晓盆，2002. 北方果树整形修剪与异常树改造［M］. 北京：中国
　　农业出版社.

张鹏，王年有，刘建霞，2005. 梨树整形修剪图解［M］. 北京：金盾出版社.

张同舍，肖宁月，2021. 果树生产技术［M］. 机械工业出版社.

图书在版编目（CIP）数据

桃新品种新技术 / 郑精杰编著 . —北京：中国农
业出版社，2024.3
（专业园艺师的不败指南）
ISBN 978 - 7 - 109 - 31198 - 5

Ⅰ.①桃… Ⅱ.①郑… Ⅲ.①桃—果树园艺 Ⅳ.
①S662.1

中国国家版本馆 CIP 数据核字（2023）第 191067 号

桃新品种新技术
TAO XINPINZHONG XINJISHU

中国农业出版社出版
地址：北京市朝阳区麦子店街 18 号楼
邮编：100125
责任编辑：国　圆
版式设计：王　晨　　责任校对：张雯婷
印刷：北京通州皇家印刷厂
版次：2024 年 3 月第 1 版
印次：2024 年 3 月北京第 1 次印刷
发行：新华书店北京发行所
开本：880mm×1230mm　1/32
印张：9.5
字数：260 千字
定价：48.00 元
